JN087652

Rust

Rust Hands-On

ハンズオン

掌田津耶乃 [著]
Tuyano SYODA

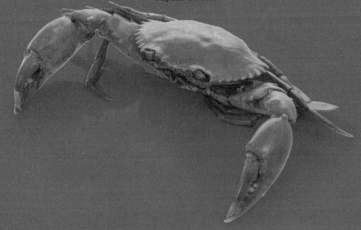

秀和システム

はじめに

✚新時代の「C/C++」の到来だ!

　長らく、ネイティブコードの世界は、C/C++という古めかしいプログラミング言語に支配されていました。わかりにくく、難しく、本職の人間ですらとてもスラスラとコーディングすることのできない言語。無理やり作った複雑怪奇なオブジェクト指向、作る先から生じるメモリリーク。こんなもので**「絶対にバグのないシステム」**を作るなど、一体どんな罰ゲームだ?　と頭を抱えた無数のプログラマたちへ。ようやく登場しました。C/C++を置き換えるプログラミング言語が。それが**「Rust」**です。

　Rustは、システム開発等まで視野に入れて設計された本格的なネイティブコード開発言語です。Rustは、C/C++とは全く違う、洗練された言語です。メモリは非常にユニークな方式で管理され、正しくコーディングすればリークすることはまずありません。マルチスレッドはわかりやすく設計され、デッドロックの要因も極力なくしています。そしてやたらスピードとメモリを消費するオブジェクト指向はきっぱりと切り捨て、構造体をベースとして再設計されています。こういう言語を待っていた!　と多くのC/C++開発者は思うことでしょう。

　ただし、非常にユニークな設計思想を持っているため、ある程度Rustの基本的な考え方がわからないと、**「一体これは何だ?」**と混乱してしまうでしょう。これは**「難しいから」**ではありません。**「今まで、見たことがないから」**です。が、わかってしまえば、非常に快適にプログラミングできるものなのです。

　そこで、Rustを初めて手にする人のために本書を執筆しました。本書は、一応プログラミング未経験者でも読めるようには考えていますが、多少はプログラミング経験がある方がスムーズに読み進められるでしょう。なお、C/C++の知識は必要ありません。またオブジェクト指向の知識も不要です。最初のうちは、プレイグラウンドというWebベースのツールで学習を進めていきますから、どんな環境でも学び始めることができます。

　本書ではRustの基本文法の他、実際にプログラムを作成してみたい人のことを考え、デスクトップアプリとWebアプリ開発のためのフレームワークについてもページを割いています。**「文法は覚えた、でも何も作れない」**ということのないように配慮したつもりです。

　本書を手に、どうぞRustの世界を探訪して下さい。今までのプログラミングの世界にはなかった、ユニークな体験ができることは請け合いますよ。

2023.04　掌田津耶乃

Contents 目　次

Chapter 6　axumを使ったWebアプリケーション開発　　　325

Chapter **1**

Rustの準備

ようこそ、Rustの世界へ！ Rustは、C/C++を置き換える可能性を秘めたプログラミング言語です。まずはRustの利用環境を整え、プログラムの作成から実行まで一通りの操作を行えるようになりましょう。

Section
1-1

Rustを用意する

ポイント
- ▶Rustの言語としての特徴を理解しましょう。
- ▶Rustをインストールし使えるようにしましょう。
- ▶rustcコマンドでバージョンを確認しましょう。

新たなシステムプログラミング言語の必要性

プログラミング言語というのは、その時代ごとに常に新しいものが登場しています。そして、たいして使われることなく消えていくものもあれば、長い年月が経過してもなお使われ続けるものもあります。

現在、もっとも広く使われているプログラミング言語といえば、JavaやJavaScript、Pythonといったものと並んで「**C/C++**」の名前が挙がるでしょう。このC言語が誕生したのは1972年、既に半世紀以上も前のことです。他の多くの言語が時代とともに流行が変わるのに対し、C/C++だけは登場から現在まで一貫して高い人気を誇っています。

なぜ、そんなに古い言語が未だに主要言語として使われ続けているのか。その理由は、「**他に代わりがないから**」です。

C/C++は、「**システムプログラミング言語**」と呼ばれるものです。すなわち、OSなどのシステム自体を開発するのに用いられる言語なのです。こうした開発には、一般的なアプリやWeb開発などとは比較にならないほどに厳しい条件が課せられます。厳格なメモリ管理が可能であること、そして高速であること。最低でもこの2つの条件はクリアしていなければいけません。

多くの言語は、安全のためにメモリ操作を行えないようにしていたり、ガベージコレクションなど安全にメモリ解放をする仕組みのためにスピードを犠牲にしたりしています。こうしたものをシステムの開発に使うわけにはいきません。メモリをしっかりと管理でき、なおかつ高速な言語。それは長らく「**C/C++**」の独擅場だったのです。

◉ ネイティブコード開発の需要

システムに限らず、最近では再び「ネイティブコードによるプログラムの開発」が注目をあびるようになってきています。インターネットがコンピュータ以外のさまざまな機器と接続し始めたことで、これまでの「プログラムの開発はコンピュータの中だけの話」だった時代から「あらゆる機器でプログラムが必要」な時代に変わりつつあります。

こうした機器で動くプログラムは基本的にすべてネイティブコードであり、Webで使われているようなインタープリタ言語は使えません。またコンパイラ言語にしても、限られたハードウェアで動作するためには、限られたメモリで高速に実行できるプログラムを開発できる言語が必要です。そして、そのような言語といえば、今までは「C/C++」ぐらいしか見当たらなかったのです。

なぜRustなのか

そんな中、C/C++の置き換えを目指して登場したのが「Rust」です。Rustは、オープンソースで開発されているネイティブコード生成可能なコンパイラ言語です。これはC/C++の開発を行っている多くの開発者に歓迎され、着実に浸透しつつあります。

Rustは、おそらく「C/C++に置き換え可能な言語」と考えられている、初めての言語かもしれません。このRustとはどんな言語なのか、なぜC/C++に取って代わろうとしているのか。その理由を考えてみましょう。

◉ 安全なメモリ管理

C/C++の最大の欠点は「メモリ管理」にあります。C/C++はメモリ管理を行える言語ですが、プログラマがメモリの解放を忘れたりすることでメモリリークが発生し、プログラムを動かしているとどんどんメモリが消費されていく、というような事態に陥りかねません。メモリ管理はすべてプログラマに委ねられており、プログラマがきちんとプログラムを書くことでしか解決できないのです。

Rustは、変数に所有権という概念を導入することで、変数への参照を制限し、安全なメモリ管理を実現しています。C/C++のメモリ管理のように「うっかり忘れてメモリリーク」といった危険を極力なくし、「安全で高速」という本来なら相反する2つの利点を兼ね備えたものになっています。

◉ 安全なマルチスレッド

C/C++で実装が難しい処理に「マルチスレッド」があります。複数のスレッドが並行して動

いているとき、共有するリソースの管理は非常に重要です。C/C++では複数スレッドでリソースに自由にアクセスできるため、「**データの競合**」と呼ばれる問題（複数スレッドが同時にリソースを書き換えたりすること）が発生しがちでした。

こちらも所有権システムを導入することで、「**コードのコンパイルが通れば、設計上はデータ競合は起きないことが保証される**」ようになっています。もちろん、完全ではなくコーディングによっては競合が発生することもありますが、それでも安全なマルチスレッドプログラムの作成がC/C++などより遥かに容易になっています。

◉ クラスを持たないオブジェクト指向

昨今の言語では「**オブジェクト指向**」を実装するのが当たり前のようになっており、オブジェクト指向でない言語というのはほとんど見られなくなりつつあります。多くのオブジェクト指向では「**クラス**」としてオブジェクトを定義し、これを継承するなどしてオブジェクトを書くようしていけます。

しかしRustには「**クラス**」の概念がありません。オブジェクト指向特有の考え方（ポリモーフィズムなど）はきちんと採用しているのですが、クラスと継承の概念だけは実装されていないのです。これにより、オブジェクトの肥大化を防ぎ、オブジェクト指向のよい面を最低限だけ実装した「**オブジェクト指向ではないけれどオブジェクト指向的な言語**」となっています。

Column Rustのライバル「Go」

Rustと同様に、「**C/C++の置き換え**」を目指している言語に「**Go**」があります。GoもRustと同様にネイティブコードを生成するコンパイル言語であり、安全なメモリ管理を実現していて両者はよく比較されます。

どちらが優れているか？ といった疑問には「**もともと違う言語なので比べようがない**」としかいえません。言語全体の仕様として、「**Goはよりシンプルに**」「**Rustはより精密な制御**」を考えて設計されているといえます。従って、短期間で覚えて使えるようになりたい人にはGoが向いていますが、時間をかけてじっくり取り組み、より高品質のコードを作成しよう、と考える人にはRustが向いているでしょう。

Rustを準備する

では、Rustを準備しましょう。Rustは、Webサイトで情報が公開されています。まずは以下のURLにアクセスして、Rustの基本的な情報を得ておきましょう。

https://www.rust-lang.org/ja

▼図1-1：RustのWebサイト。基本的な情報はここで入手できる

トップページの右上にある**「はじめる」**というボタンをクリックすると、Rustのインストールに関するページに移動します。あるいは直接以下にアクセスしてもかまいません。

https://www.rust-lang.org/ja/learn/get-started

▼図1-2：インストールのページ。インストール方法やWindows用プログラムのダウンロードリンクが用意されている

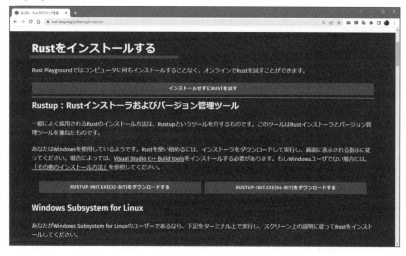

このページの「**Rustup：Rustインストーラおよびバージョン管理ツール**」というところに、各プラットフォーム向けのインストール方法が説明してあります。簡単にまとめておきましょう。

◉ macOS/Linux の場合

macOSやLinuxを利用している場合、Rustのインストールは簡単です。インストーラをダウンロードしたりする必要はありません。

インストールはコマンドラインから行えます。ターミナルを起動し、以下のコマンドを実行してください。これでRustがネットワーク経由でダウンロードされ、インストールされます。

```
curl --proto '=https' --tlsv1.2 -sSf https://sh.rustup.rs | sh
```

◉ Windows の場合

Windowsの場合、専用のセットアッププログラムが用意されています。インストールページに「**RUSTUP-INIT.EXEをダウンロードする**」というボタンが用意されています（32bit用と64bit用があります）。このボタンをクリックしてプログラムをダウンロードしてください。

ダウンロードされるのはコマンドラインプログラムです。ダブルクリックして実行するか、あるいはコマンドプロンプトを起動してダウンロードしたプログラムがある場所に移動し、「**rustup-init.exe**」を実行してください。途中でCurrent installation options:という表示が現れたり、何らかのキー入力が求められたりすることがありますが、基本的にそのままEnterキーを押して実行しましょう。これでインストールが完了します。

▼ 図1-3：rustup-init.exe を実行後、オプションの表示が現れたらそのまま Enter する

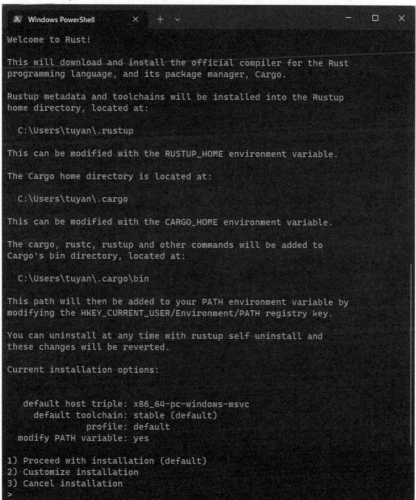

```
Windows PowerShell        ×   +  ∨                    —   □   ×

Welcome to Rust!

This will download and install the official compiler for the Rust
programming language, and its package manager, Cargo.

Rustup metadata and toolchains will be installed into the Rustup
home directory, located at:

  C:\Users\tuyan\.rustup

This can be modified with the RUSTUP_HOME environment variable.

The Cargo home directory is located at:

  C:\Users\tuyan\.cargo

This can be modified with the CARGO_HOME environment variable.

The cargo, rustc, rustup and other commands will be added to
Cargo's bin directory, located at:

  C:\Users\tuyan\.cargo\bin

This path will then be added to your PATH environment variable by
modifying the HKEY_CURRENT_USER/Environment/PATH registry key.

You can uninstall at any time with rustup self uninstall and
these changes will be reverted.

Current installation options:


   default host triple: x86_64-pc-windows-msvc
     default toolchain: stable (default)
               profile: default
  modify PATH variable: yes

1) Proceed with installation (default)
2) Customize installation
3) Cancel installation
>
```

Column　WindowsユーザーはC++ toolsを用意しよう

　Windowsの場合、セットアップの際に「C++ toolsのインストールが必要」といったメッセージが表示されることがあります。Windowsの場合、コードのデバッグにVisual Studioに用意されているC++ toolsが必要となるためです。

　このツールの利用にはVisual Studioがインストールされている必要があります。Rustのインストーラの表示に従って作業していれば、またVisual Studioが用意されていなければこれらのインストール作業も行ってくれるはずです。しかし既にVisual Studioがインストールされていたり、何らかの原因でインストールが実行されなかったりした場合は、手作業でインストールを行う必要があります。以下のURLにアクセスし、Visual Studio Installerを入手して

ください。

https://visualstudio.microsoft.com/ja/downloads/

　Visual Studio Installerを起動し、インストールしているVisual Studioの**「変更」**を選んで**「C++によるデスクトップ開発」**というワークロードをチェックしインストールしてください。これでC++ toolsがインストールされ、Rustが正常に機能するようになります。

▼ 図1-4：Visual Studio Installer からVisual Studio の「変更」ボタンを押し、「C++ によるデスクトップ開発」をインストールする

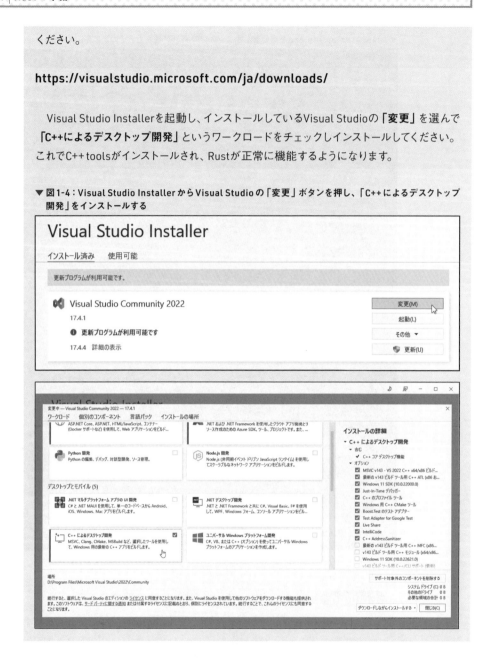

インストール後の確認作業

　無事、インストールができたら、問題なく動いているか確認をしましょう。Rustは、コンパイラとライブラリ管理ツールなどで構成されています。これらはすべてコマンドラインプログラムです。

では Windows のコマンドプロンプトや macOS／Linux のターミナルを起動してください。そして以下のコマンドを実行しましょう。

```
rustc --version
```

▼図1-5：rustcのバージョンを確認する

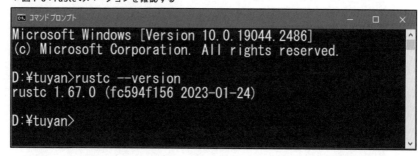

ここで実行している**「rustc」**というコマンドプログラムは、Rust のコンパイラです。これを使って Rust のソースコードをコンパイルします。--version により、rustc のバージョンが表示されます。これが問題なく表示されたなら、正常にインストールされています。

もし**「プログラムが認識されない」**といったメッセージが表示されたなら、インストールに失敗しているか、インストールしたプログラムのパスがわからないかもしれません。インストールをし直すか、あるいは PATH 環境変数に追加されたパスの値を確認してください。

（※rustc はホームディレクトリ内の**「.cargo」**フォルダにインストールされています。rustc を利用するには、この中にある**「bin」**フォルダのパスが PATH 環境変数に追加されている必要があります。これはインストール時に自動設定されているため、通常、ユーザーが設定を行う必要はありません）

◉ rustup でアップデートする

Rust がインストールできたら、最初に行うのは**「アップデート」**です。Rust を最新の状態に更新してから利用しましょう。

これもコマンドで行います。コマンドプロンプト／ターミナルから以下を実行してください。

```
rustup update
```

▼ 図1-6：rustupでアップデートする

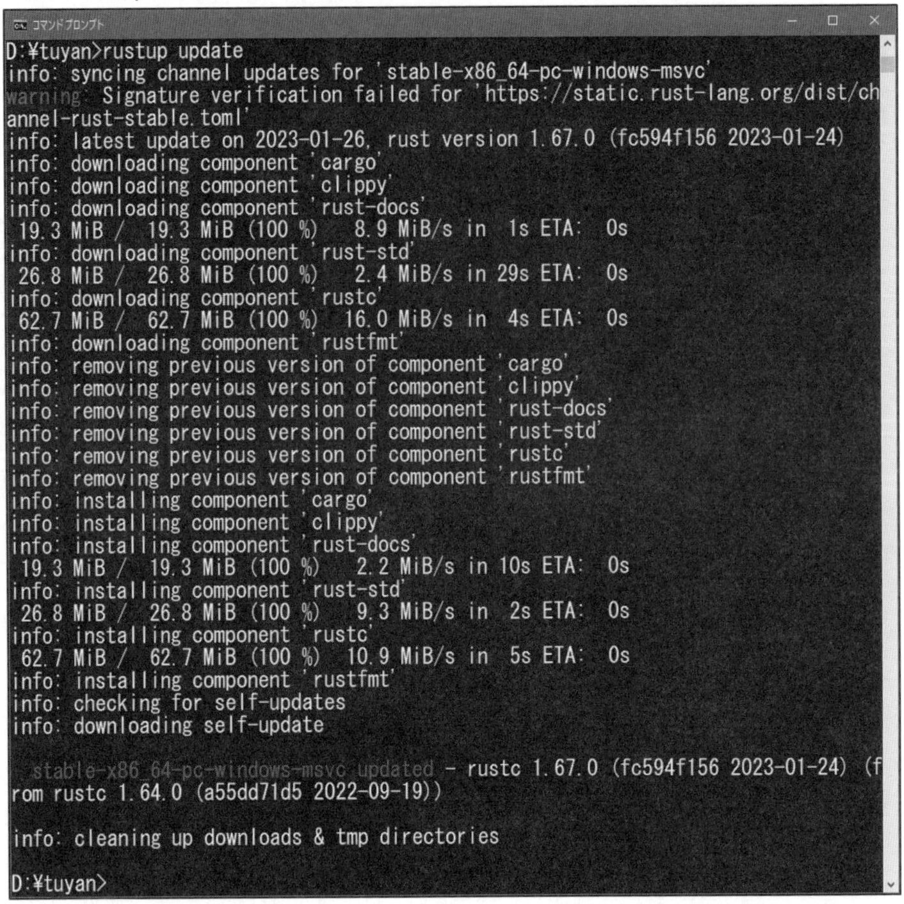

これでRustの配布サーバーにアクセスし、最新情報を取得してRustをアップデートします。作業が完了したら、もうRustは使えるようになっています。

Rust Playground の利用

ポイント
▶ Rust Playground がどんなものか、どんな使い方ができるか理解しましょう。
▶ Rust Playground の基本的な使い方を覚えましょう。
▶ コマンドパレットで表示を調整しましょう。

Rustを使う3つの方法

　では、実際にRustを利用してみましょう。Rustはプログラミング言語ですから、これを利用するということは、Rustのソースコードを記述し、これをコンパイルし、生成されたプログラムを実行する、という作業を行うことになります。

　これらの作業を行う方法は、実は1つではありません。大きく3つの方法があると考えてください。

＋Rust Playground を使う

　Rustの開発元では、「**Rust Playground**」というサービスを提供しています。これはWebベースで提供されており、Webブラウザからアクセスするだけで、その場でRustのソースコードを記述し実行することができます。

　Webベースであるため、ビルドしてプログラムを生成することはできませんが、その場でソースコードを書いて動かせるため、Rustの学習には最適です。

＋CLI を使う

　Rust開発のもっとも一般的な方法でしょう。コマンドラインプログラムを実行できる環境（コマンドプロンプトやターミナルなど）からrustcコマンドを実行してプログラムをビルドします。ソースコードの作成などは別途テキストエディタなどを用意して行う必要があります。

＋開発ツールを使う

　Rustに対応した開発ツールは多数リリースされています。例えば、Visual Studio Codeで

Chapter **1**

2

3

4

5

6

は、Rust利用のための拡張機能が用意されており、これをインストールすることで快適にRustの開発を行うことができます。

　これらはいずれも一長一短あり、用途に応じて使い分けるのがよいでしょう。Rustを始めるときにもっとも便利なのは、Rust Playgroundです。最初のうちは、Rustの学習はこれを利用しながら行うと快適に学習を進められます。

　多少Rustに慣れてきたら、CLIでRustの開発を行う基本を覚えてください。Rustのプログラムはコマンドプログラムとして提供されており、CLIベースの開発はRust利用の基本ともいえます。これさえきちんとわかっていればRust利用で困ることはありません。

　本格的にRustを利用するようになったら、開発ツールを導入してより効率的にRustを利用できる環境を整えていくとよいでしょう。

Rust Playgroundで動かす

　では、実際にRustを動かしてみましょう。これには、Rust Playgroundを利用するのが一番です。Webブラウザから以下のURLにアクセスしてください。

https://play.rust-lang.org/

▼ 図1-7：Rust Playgroundの画面

　Rust Playgroundは、上部に並ぶいくつかのボタンと、ウィンドウに広がるRustの編集エリアで構成されています。編集エリア部分は簡単なテキストエディタになっており、その場でソースコードを記入し編集できます。本格的な入力支援機能は持っていませんが、文法に応じた

オートインデントや単語や記号類の色分け表示など基本的な編集支援機能は用意されています。

上部に並んでいるボタン類は以下のような役割を持ちます。

▼ 左側のボタン

「RUN」	ソースコードを実行します。右側の「…」をクリックすることで、通常の実行（RUN）の他、ビルド（BUILD）やテスト（TEST）など実行する内容を切り替えることができます。
「DEBUG」	実行時のモードを示します。クリックして「DEBUG（デバッグ）」と「RELEASE（リリース）」を切り替えられます。
「STABLE」	Rustのバージョンを示します。「STABLE」は現在の正式バージョンを示します。この他に開発中バージョンの「BATA」と「NIGHTLY」があります。

▼ 右側のボタン

「SHARE」	共有のためのものです。これをクリックすると「SHARE」という表示が現れ、共有アドレスのリンクが表示されます。これにより、リンクを使って現在のソースコードを共有できます。
「TOOLS」	利用可能なツールがまとめられています。ソースコードのフォーマッタ、Lint、インタープリタ、マクロの展開などの機能が用意されています。
「CONFIG」	Playgroundの設定です。エディタやUIに関する設定項目が表示され、利用環境をカスタマイズできます。

これらの機能は、「とりあえずソースコードを書いて動かしたい」というのであれば特に設定する必要はありません。すべてデフォルトの状態のままで問題なく使えます。よりPlaygroundを使い込みたい、というときに利用するものだ、ぐらいに考えておきましょう。

◉ プログラムを実行する

デフォルトでは、Playgroundのエディタに簡単なソースコードが書かれていることでしょう。おそらく以下のようなものです。

▼ リスト1-1
```
fn main() {
  println!("Hello, world!");
}
```

▼ 図1-8：実行すると「Hello, world!」と出力される

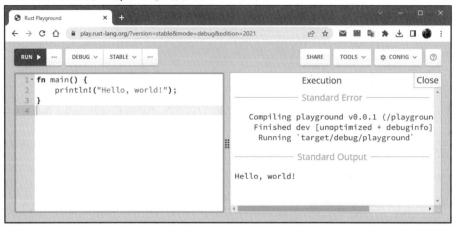

　では、このプログラムを動かしてみましょう。左上のボタンには「**RUN**」と表示されていますね？（もし、他の表示になっていたら、ボタン右の「**…**」をクリックし、「**Run**」を選択してください）。この「**RUN**」ボタンをクリックすると、その場でソースコードがコンパイルされ実行されます。

　エディタの右または下に「**Execution**」と表示されたエリアが現れ、そこで「**Standard Error**」というところにコンパイルの結果が表示されます。そして「**Standard Output**」というところにプログラムの実行結果が表示されます。おそらく、「**Hello, world!**」というテキストが表示されていることでしょう。これが、このプログラムの実行結果です。このサンプルは、「**Hello, world!**」というテキストを表示するものだったのですね。

◉ ソースコードを編集する

試してみよう　では、記述されているソースコードを少し書き換えてみましょう。ソースコードが掲載されているエディタ部分をクリックし、マウスでソースコードを書き換えてください。以下のように変更してみましょう。

▼ リスト1-2

```
fn main() {
  let answer = 1 + 2 + 3 + 4 + 5;
  println!("合計は、{} です。", answer);
}
```

▼図1-9：ソースコードを書き換える

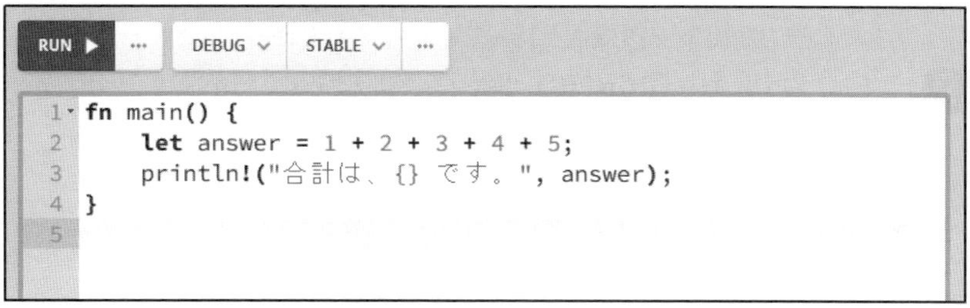

Playgroundのエディタは、普通のテキストエディタと同様にテキストを編集できます。マウスで選択してCtrlキー（またはappleキー）＋「X」「C」「V」キーでカット、コピー、ペーストといった編集機能も使えます。またテキストのインデント（文の開始位置）はTabキーで右に移動することができます。実際にソースコードを書き換えながら、基本的な使い方を覚えていくとよいでしょう。

修正できたら、また「RUN」ボタンで実行してみましょう。こんどは「**合計は、15 です。**」といったメッセージに変わります。簡単な計算を行わせたわけですね。こんな具合に、エディタでソースコードを修正しては「RUN」ボタンで実行、ということを繰り返してRustの使い方を学んでいけばいいのです。

▼図1-10：実行すると1＋2＋3＋4＋5の結果を表示する

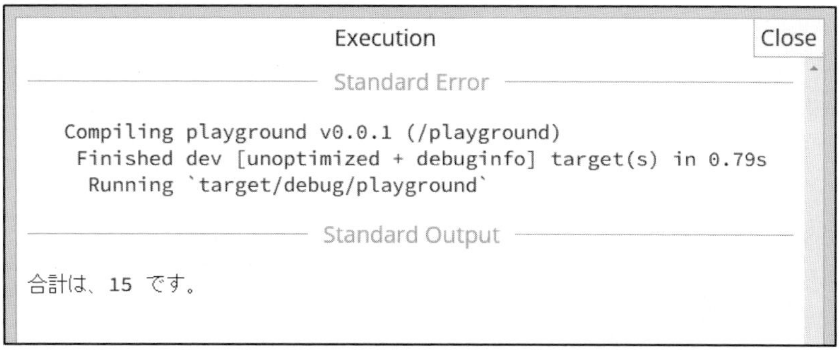

Monacoエディタを使う

デフォルトでは「**Ace**」と呼ばれるJavaScript製のエディタが使われています。これは基本的な編集機能だけでなく、コードの色分け表示なども行えます。これはこれで便利ですが、実はこれ以上に強力なエディタがPlaygroundには用意されています。「**Monaco**」というものです。

Monacoは、Visual Studio Codeなどで使われているエディタをベースにしたもので、Aceよりも更に強力な編集支援機能を持っています。これを使ってみましょう。

試してみよう　では、右上にある「**CONFIG**」ボタンをクリックしてください。設定項目がプルダウンして現れるので、その中から「**Editor**」の値を「**Monaco**」に変更してください。

▼ 図1-11：「CONFIG」の「Editor」項目を「Monaco」に変更する

エディタの表示が変わります。おそらく、背景が黒いダークテーマになったのではないでしょうか。これは、Monacoのデフォルトテーマがダークであるためです。見た目には、行番号があり、ソースコードも色分け表示されていて、Aceとさほど変わらないように見えるでしょう。

▼ 図1-12：Monacoのエディタ。デフォルトではダークテーマになっている

◉ テーマを変更する

試してみよう　ダークテーマのままでもいいのですが、通常のライトテーマの表示に戻したい人もいるでしょう。Monacoのテーマは、「**CONFIG**」で変更できます。ボタンをクリックし、プルダウンして現れた設定項目から「**Theme**」の項目をクリックしてください。ここに利用可能なテーマが現れます（2023年4月現在、3種類のテーマがあります）。ここから「**vs**」を選択すると、一般的なライトテーマに変わります。

▼ 図1-13：「Theme」の値を「vs」にするとライトテーマに変わる

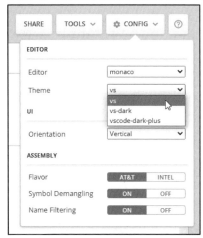

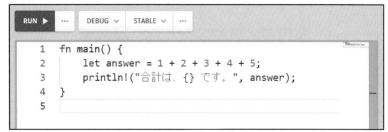

```
1  fn main() {
2      let answer = 1 + 2 + 3 + 4 + 5;
3      println!("合計は、{} です。", answer);
4  }
5
```

◉ Monaco の入力支援機能

試してみよう　MonacoのエディタにはAceにない入力支援機能が用意されています。例えば、エディタの適当なところを改行し「**p**」とタイプしてみてください。その場に「**println**」という項目がポップアップして現れます。これをクリックすると、自動的に「**println**」が入力されます。

▼図1-14：「p」とタイプすると「println」がポップアップ表示される

```
1  fn main() {
2      let answer = 1 + 2 + 3 + 4 + 5;
3      println!("合計は、{} です。", answer);
4      p
5  }    abc println
6
```

　何も書かれていない場所を選択し、Ctrlキー＋スペースキーを押してみましょう。すると、現在、エディタに書かれている単語類がすべて整理されポップアップ表示されます。ここから書きたかったものを選択すればそれが自動的に出力されます。これにより、一度書いたキーワードは常にポップアップから選ぶだけで入力できるようになります。

　この支援機能は、ただ**「書くより楽」**というだけでなく、キーワードの書き間違いを防止してくれます。入力時、リアルタイムで候補の単語が現れるため、書き間違えると候補が表示されなくなるため、すぐに**「間違えた」**ということに気づきます。常に正しいスペルで記述できるようになるのです。

▼図1-15：Ctrlキー＋スペースで候補のリストを呼び出す

```
1  fn main() {
2      let answer = 1 + 2 + 3 + 4 + 5;
3      println!("合計は、{} です。", answer);
4      print!("ok.");
5      |
6  }    abc answer
7         abc fn
         abc let
         abc main
         abc ok
         abc print
         abc println
         abc です。
         abc 合計は、
```

◉ コマンドパレットについて

　Monacoのエディタは、細かな調整が行えます。これは**「コマンドパレット」**と呼ばれるものを使います。

試してみよう　エディタの適当なところを右クリックしてください。その場にメニューがポップアップして現れ

ます。ここから「Command Palette」を選択しましょう。あるいは、F1キーを押して呼び出すこともできます。

▼図1-16：右クリックして現れるメニューから「Command Palette」を選ぶ

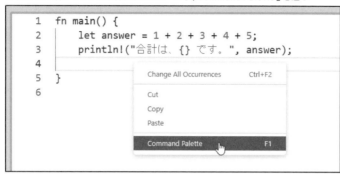

　画面の上部に、入力フィールドとプルダウンメニューがずらっと現れます。これがコマンドパレットです。ここから項目を選ぶと、その機能を実行できます。

　用意されているコマンドは非常に多いため、入力フィールドで検索して利用するのがいいでしょう。フィールドにテキストを記入すると、そのテキストを含むコマンドだけが表示されます。一度選んだコマンドは、プルダウンメニューの上部に表示されるので、よく使うものはすぐに選ぶことができます。

　参考までに、覚えておくと便利なコマンドをいくつかピックアップして紹介しておきましょう。

Editor Font Zoom In/Out	エディタのフォントサイズを少しだけ大きくしたり小さくしたりします。何度も選べば少しずつ変化していきます。
Toggle Line/Block Comment	選択されたテキストをラインコメント／ブロックコメントに変更したり、コメントからコードに戻したりします。
Add/Remove Line Comment	選択したテキストをすべてラインコメントにしたり、コメントからコードに戻したりします。
Fold All Block Comments	すべてのブロックコメントを折りたたみます。
Convert Indentation to Tab/Space	インデントを Tab 記号またはスペースに変換します。

▼ 図1-17：コマンドパレットには多数のコマンドが用意されている。フィールドにテキストを入力し検索できる

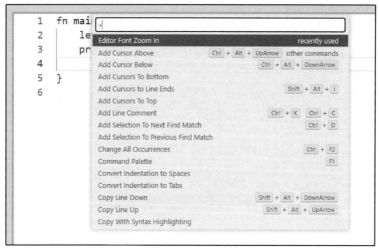

　とりあえず、「**Editor Font Zoom In/Out**」を使ってフォントサイズを見やすい大きさに調整しておくといいでしょう。ただし、この設定は記憶はされていないため、Webブラウザを閉じてしまうと、次回開いたときには初期状態に戻ってしまいます。コマンドパレットの使い方に慣れて、すぐに設定変更できるようになっておきましょう。

Section 1-3 CLIと Visual Studio Code

ポイント

▶rustc コマンドでソースコードをコンパイルしましょう。

▶Visual Studio Code をセットアップしましょう。

▶Visual Studio Code でビルドと実行をできるようになりましょう。

CLIを利用する

Playgroundの基本的な使い方がわかったら、次はCLIでのRust利用について説明しましょう。CLIでは、Rustのコマンドプログラムを使ってソースコードをコンパイルします。そのためには、あらかじめソースコードファイルを用意しておく必要があります。

試してみよう では、適当なテキストエディタ（Windowsのメモ帳やmacOSのテキストエディットなどでかまいません）を起動してください。そして先にPlaygroundで書いたソースコード（リスト1-2）を記述しましょう。

記述できたら、デスクトップに**「main.rs」**という名前のテキストファイルとして保存しましょう。Rustのソースコードファイルは、このように**「.rs」**という拡張子をつけた名前にしておくのが一般的です。

▼ 図1-18：テキストエディタを開き、ソースコードを記述する

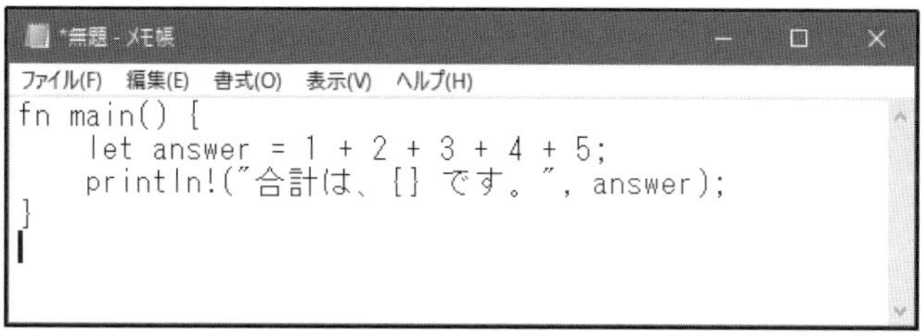

```
 *無題 - メモ帳                              −   □   ×
ファイル(F)  編集(E)  書式(O)  表示(V)  ヘルプ(H)
fn main() {
    let answer = 1 + 2 + 3 + 4 + 5;
    println!("合計は、[] です。", answer);
}
```

続いて、コマンドプロンプトまたはターミナルを起動します。そしてデスクトップにカレントディレクトリを移動しましょう。

```
cd Desktop
```

これでデスクトップに移動します。そしてrustcコマンドでmain.rsファイルをコンパイルします。以下のコマンドを実行してください。

```
rustc main.rs
```

▼ 図1-19：rustc コマンドで main.rs をコンパイルする

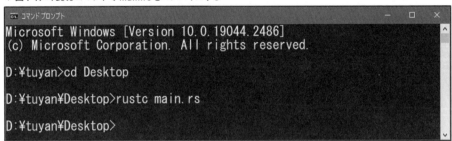

実行した後もまだコマンドプロンプト／ターミナルは終了しないでください。まだ使うことがあります。

rustcコマンドは、指定したソースコードファイルをコンパイルします。以下のように実行します。

```
rustc ファイルパス
```

これで指定のファイルをコンパイルし実行可能なネイティブコードのプログラムファイルを作成します。作られるプログラムファイルは、指定したファイル名と同名になります。もしプログラム名を設定したいのであれば以下のように実行できます。

```
rustc ファイルパス -o プログラムファイル名
```

この他にもrustcには多数のオプション引数が用意されていますが、とりあえずこれだけ知っていればソースコードファイルをコンパイルできるようになります。

Column Windows 11でOne Driveを利用している場合

Windows 11では、デフォルトでデスクトップフォルダがOne Driveに設定されている場合があります。このような場合、cd Desktopでデスクトップフォルダに移動できません。通常、OneDriveは、ホームディレクトリ内に配置されていますから、以下のようにすればデスクトップに移動できます。

```
cd OneDrive¥デスクトップ¥
```

OneDriveの配置場所が別のところになっている場合は、エクスプローラーでOneDriveの
「**デスクトップ**」を開き、フォルダのパスのテキストをコピー＆ペーストしてcdしてください。

◉ コンパイルされたファイル

では、作成されたプログラムを見てみましょう。main.rsと同じ場所に、「**main.exe**」あるい
は「**main**」という名前でプログラムのファイルが保存されてるでしょう。これがコンパイルして
作られたプログラムです。Windowsの場合、この他に「**main.pdb**」というファイルも作られま
す。これはプログラムのデバッグなどで使われるもので、作られたexeファイルを利用するだけな
ら不要です。

▼ 図1-20：コンパイルして作成されたexeファイル。Windowsの場合、他に.pdbファイルというものも作られ
る

試してみよう プログラムができたら、これを実行してみましょう。コマンドプロンプトあるいはターミナルは
まだ起動したままになっていますか？ では「**main**」とコマンドを実行してみましょう。作成さ
れたmainプログラムが実行され、「**合計は、15です。**」とメッセージが表示されます。プログ
ラムが正常に動いていることが確認できました。

▼ 図1-21：mainプログラムを実行する

Visual Studio Codeを利用しよう

　CLIで実行できるようになったら、続いて開発ツールを利用してみましょう。ここでは、Microsoftが開発する「**Visual Studio Code**」（以後、VSCと略）を使ってみます。

　VSCは、Microsoftの統合開発環境「**Visual Studio**」からソースコードの編集関係の機能だけを切り離したようなプログラムです。オープンソースで公開されており、無料で使えます。まずは以下のアドレスにアクセスしてください。

https://code.visualstudio.com/

▼図1-22：Visual Studio Codeのサイトからダウンロードする

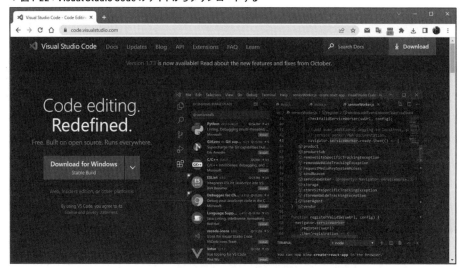

　このページに表示されている「**Download for XXX**」（XXXはプラットフォーム名）といったボタンをクリックしてください。Windowsならば専用のインストーラがダウンロードされます。そのままダブルクリックしてインストールを行ってください。

　macOSの場合はアプリケーションを圧縮したZipファイルがダウンロードされます。そのままファイルを展開し、「**アプリケーション**」フォルダにコピーすれば使えるようになります。

　インストールされるVSCは、デフォルトでは英語表示になっています。起動すると、ウィンドウの右下に「**表示言語を日本語に変更するには……**」というアラートが表示されます。そのまま「**インストールして再起動**」ボタンをクリックすると、日本語の拡張機能をインストールして組み込みます。次に起動したときには日本語で表示されるようになっています。

▼ 図1-23：アラートのボタンをクリックして日本語化する

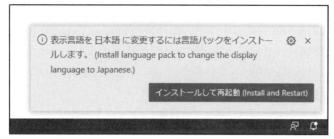

◉ rust-analyzerをインストールする

VSCには、標準ではRust編集のための機能は組み込まれていません。そこで拡張機能をインストールしてRustに対応させることにします。

起動したウィンドウの左端には、縦にいくつかのアイコンが並んでいます。その中から「**拡張機能**」というアイコンをクリックしてください。右側に、VSCで利用できる拡張機能のリストが表示されます。

その最上部にあるフィールドに「**rust**」と入力して検索してください。「**rust-analyzer**」という拡張機能が見つかります。これを選択し、「**Install**」ボタンをクリックするとプログラムをインストールします。

インストール完了後、VSCをリスタートすれば、次に起動したときからRustが使えるようになっています。

▼ 図1-24：rust-analyzerを検索しインストールする

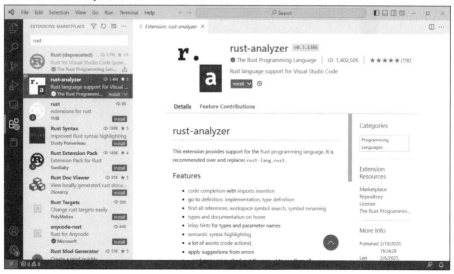

◉ VSCのテーマについて

　VSCを開いたとき表示されるウィンドウが、本書に掲載されている図とだいぶ違っている、という人もいるかもしれません。これは、使用テーマが違っているからでしょう。

　VSCでは、テーマを指定して全体のカラーなどを設定できるようになっています。このカラーは、デフォルトでいくつかのものが用意されています。

　「ファイル」メニューにある**「ユーザー設定」**内から**「Theme」**という項目の中の**「配色テーマ」**を選んでください。これが色を設定するテーマのためのメニューです。

▼ 図1-25：「Theme」のサブメニューから「配色テーマ」を選ぶ

　ウィンドウ上部にコマンドパレットが現れます。そしてプルダウンメニューに利用可能なテーマがリスト表示されます。ここから使いたいテーマを選べば、そのテーマが設定されます。

　テーマはいつでも変更できるので、自分にとって見やすいテーマに設定しておくとよいでしょう。

▼ 図1-26：コマンドパレットからテーマを選択する

エディタでmain.rsを開く

VSCは、ファイルやフォルダを開いて編集するツールです。ファイルを直接開くこともできますし、フォルダを開いて中のファイルを開き編集することもできます。

試してみよう　では、実際に編集をしてみましょう。先ほど作成したmain.rsファイルをVSCのウィンドウにドラッグ＆ドロップしてください。これでファイルが開かれます。もしうまく開けない場合は、「**ファイル**」メニューの「**ファイルを開く...**」を選んでmain.rsを選択してください。

▼ 図1-27：main.rsをVSCにドラッグ＆ドロップして開く

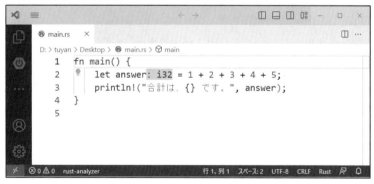

開いたmain.rsは、PlaygroundのMonacoエディタと同様に色分け表示されます。また、適当なところをクリックして改行し、「**p**」とタイプしてみましょう。「**p**」で始まるキーワードがポップアップ表示されます。これはPlaygroundのMonacoエディタのように、開いているファイルに書かれている単語ではありません。Rustに用意されているキーワードが一通り用意されており、それを元に利用可能なものを検索しているのです。この補完機能により、うろ覚えでもほぼ正確にキーワードが入力できるようになります。

▼図1-28：pとタイプすると、pで始まるキーワードがポップアップ表示される

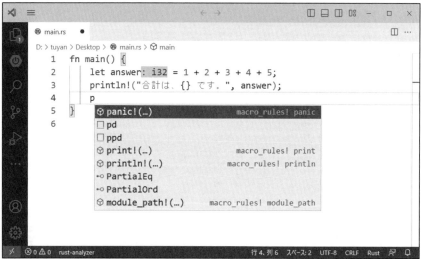

試してみよう VSCでビルド&実行する

では、記述したmain.rsをビルドし、プログラムを作成しましょう。これは、専用の機能などが用意されているわけではありません。CLIの場合と同じくrustcコマンドを使います。ただし、コマンドプロンプトやターミナルを起動する必要はありません。VSC自身にそのための機能が用意されているのです。

「**ターミナル**」メニューから「**新しいターミナル**」を選んでください。ウィンドウ下部に横長のビュー（VSCのウィンドウ内に表示される各種のツールを表示するもの）が現れます。これがターミナルです。

ターミナルは、VSC内からコマンドプログラムを実行するためのものです。

▼ 図1-29：ターミナル・ビュー。ここでコマンドを実行する

では、このターミナル・ビューに命令を入力し実行してみましょう。まずは **「cd」** コマンドを使って、main.rsがある場所（デスクトップ）にカレントディレクトリを移動してください。そして、**「rustc main.rs」** コマンドを実行しましょう。これでmain.rsをコンパイルしプログラムを生成します。

▼ 図1-30：rustc コマンドで main.rs をコンパイルする

問題なくmainプログラムが作成されていたら、そのまま **「main」** を実行してプログラムを動かしてみましょう（Windowsでなぜか **「マウス」** コントロールパネルが開いてしまった人は、**「main.exe」** と実行してみてください）。ターミナル・ビューの中でプログラムが実行されます。

Chapter
1

2

3

4

5

6

▼図1-31：main を実行する。

Column fn mainを実行！

　VSCにrust-analyzerがインストールされている場合、実はもっと簡単にプログラムを実行することができます。

　ソースコードの「fn main() {」という行の上に「Run | Debug」という表示が追加されているでしょう。この「Run」をクリックすると、プログラムをコンパイルし実行してくれます。「Debug」をクリックすれば、デバッグモードで実行します。

Section 1-4 Cargoの利用

ポイント

▶Cargoとはなにか理解し、プロジェクトを作れるようになりましょう。

▶Cargoプロジェクトの構成とファイルの役割を理解しましょう。

▶プロジェクトのビルドと実行の方法を覚えましょう。

Cargoによるプロジェクト

作成したソースコードファイル（main.rs）をそのままコンパイルして実行する、というRustのもっとも基本的な操作はこれでだいたいできるようになりました。またPlaygroundやVSCを利用した編集作業も基本的なことはわかってきたことでしょう。基本がだいたいわかったところで、次は「**プロジェクト**」の利用についても行ってみましょう。

プロジェクトとは、プログラム開発に必要となる各種のファイルや情報をまとめて管理するための仕組みです。本格的なアプリケーション開発になってくると、「**1つのソースコードファイルを書いて完成**」ということはまずありません。ソースコードファイルも必要に応じていくつも作ることになるでしょうし、イメージや各種のデータファイルなどを用意したり、場合によっては外部のライブラリをインストールしたりすることもあるでしょう。

このように開発するアプリケーションが巨大化してくるとそれに応じてプログラムの構造も複雑になり、多数のファイルや情報を管理していかなければいけなくなります。そこで登場するのが「**プロジェクト**」です。

◉ Cargoについて

プロジェクトは、アプリケーション開発に必要なものをすべて1つのフォルダにまとめ、その中で編集を行っていきます。Rustに用意されているコマンドプログラムにより、プロジェクトの作成や、プロジェクトのビルド（ソースコードをコンパイルし、必要なリソース類をすべてまとめてプログラムを完成する作業）を行うことができます。

このプロジェクトの管理のためにRustに用意されているのが「**Cargo**」というツールです。Cargoは、プロジェクトの作成／ビルドといった処理の他、Rustのパッケージ（プログラムを公

41

開し配布できる形にまとめたもの。Rustでは**「クレート」**と呼ばれるものをまとめたものです）を管理する機能も持っています。このCargoを使うことで、より複雑なプログラムの作成をスムーズに行えるようになります。

　Cargoは、Rustをインストールした際に同時に組み込まれており、別途インストールなどの作業は不要です。

◎ 試してみよう プロジェクトを作成する

　では、実際にCargoを使ってプロジェクトを作成してみましょう。Cargoで新しいプロジェクトを作成するには、以下のようなコマンドを使います。

```
cargo new プロジェクト名
```

　「cargo new」というコマンドで、その後に作成するプロジェクト名をつけて実行します。では、やってみましょう。コマンドプロンプト／ターミナルから、以下を実行してください。

```
cargo new sample_rust_app
```

▼ 図1-32：cargo newで新しいプロジェクトを作成する

```
D:\tuyan\Desktop>cargo new sample_rust_app
    Created binary (application) `sample_rust_app` package

D:\tuyan\Desktop>
```

　これでカレントディレクトリに**「sample_rust_app」**というフォルダが作成されます。これが、プロジェクトのフォルダです。

◎ 試してみよう VSCでプロジェクトを開く

　では、作成したプロジェクトをVSCで開いてみましょう。既にVSCではmain.rsファイルを開いていましたね。これを閉じてください。そして何も開いてない状態になったら、**「sample_rust_app」**フォルダをVSCのウィンドウ内にドラッグ＆ドロップしてください。これでフォルダが開かれます。

　もし、うまく開けないようなら、**「ファイル」**メニューから**「フォルダーを開く...」**メニューを選び、作成した**「sample_rust_app」**フォルダを選択してください。

VSCでフォルダを開くと、左側に**「エクスプローラー」**というビューが表示されます。これは左端にあるアイコンバーの一番上にあるアイコンで表示されるもので、開いたフォルダ内のファイルなどを階層的に表示するものです。

▼図1-33：作成したプロジェクトをVSCで開く

プロジェクトのファイル構成

では、作成されたプロジェクトがどのようになっているのか見てみましょう。**「sample_rust_app」**フォルダの中には以下のようなものが用意されています。

▼デフォルトで用意されるもの

「src」フォルダ	Rustのプログラムで使われるファイル類をまとめておくところです。この中にRustのソースコードファイルもあります。
Cargo.toml	Cargoのためのもので、このプロジェクトの情報が記述されています。
.gitignore/「.git」フォルダ	Git（バージョン管理ツール）のためのものです。

▼その後追加されるもの

「target」フォルダ	プログラムを実行すると作成されます。ビルドして生成されるファイルが保存されるところです。
Cargo.lock	コンパイルし実行すると自動生成されるものです。Cargoが利用するためのもので、プログラマが直接使うことはほとんどありません。

プロジェクトの中でもっとも重要なのは**「src」**フォルダです。この中に、作成するRustのプログラムが用意されます。デフォルトでは、**「main.rs」**というファイルが1つだけ作成されています。

また、**「Cargo.toml」**も開発を行う上で重要です。これはプロジェクトの基本的な情報を記述するだけでなく、プロジェクトで必要となるライブラリなどをインストールして利用するような場合も、ここに情報を記述し管理します。

◎ 試してみよう main.rsを開く

では、作成されているファイルの中身を見てみましょう。デフォルトでは、以下のようなソースコードが記述されていることでしょう。

▼ リスト1-3

```
fn main() {
println!("Hello, world!");
}
```

これは、Playgroundにデフォルトで記述されていたのと同じものですね。「**Hello, world!**」というテキストを出力するだけの簡単なサンプルです。Rustのソースコードの書き方は、Playgroundでもプロジェクトでも全く同じなのです。

◎ 試してみよう Cargo.tomlファイルについて

もう1つの重要なファイル「**Cargo.toml**」についても、どのような記述がされているのか開いてみてみましょう。

▼ リスト1-4

```
[package]
name = "sample_rust_app"
version = "0.1.0"
edition = "2021"

# See more keys and their definitions at https://doc.rust-lang.org/cargo/reference/
manifest.html

[dependencies]
```

おそらく、このような内容になっていることでしょう。このCargo.tomlの記述は、整理すると以下のようになります。

```
[設定の種類]
項目 = 値
……必要なだけ記述……

# シャープで始まるのはコメント
```

Cargo.tomlでは、[]を使って設定の種類を指定し、その下に○○ ＝ ××というようにして設定の項目名と値を記述していきます。デフォルトでは以下のような種類と設定項目が用意されています。

▼ 設定の種類

[package]	このプロジェクトに関する情報を記述するもの
[dependencies]	プロジェクトが依存するライブラリ類を指定するもの

▼ 設定項目

name	プロジェクトの名前
version	プロジェクトのバージョン
edition	プロジェクトのエディション

[package]のところに用意されているのが、このプロジェクトで作成するプログラムに関する情報です。名前、バージョン、エディションといったものが用意されていますね。バージョンはこのプログラムのバージョンのことで、プログラムをアップデートするごとに値を変更していきます。

エディションというのは使用するRustのバージョンに相当するものです。Rustはリリース以来、何度もメジャーなアップデートを行っており、「どのRustか？」によって内容的にも大きな違いがあります。editionでは、このプログラムがどのRustを使うかを指定するものです。2023年4月現在、もっとも新しいRustのエディションは"2021"になります。

◉ プロジェクトをビルドする

プロジェクトで作成されるプログラムは、ただコンパイルするだけでは作れません。プロジェクトで利用する複数のソースコードをコンパイルし、必要なリソースなどをまとめて1つのプログラムとして生成する必要があります。この作業は一般に「ビルド」と呼ばれます。

Cargoプロジェクトのビルドも、やはりCLIの「cargo」コマンドを使って行います。

試してみよう ではやってみましょう。コマンドプロンプト／ターミナルで、まずカレントディレクトリをプロジェクトのフォルダ内に移動します。

```
cd sample_rust_app
```

これで、プロジェクト内でコマンドが実行されるようになります。ビルドは、以下のコマンドで実行されます。

```
cargo build
```

▼図1-34：プロジェクトをビルドする

　これでソースコードをすべてコンパイルし、1つのプログラムにまとめて作成します。このビルドでは、プログラムは「**デバッグビルド**」と呼ばれるもので、プログラムにデバッグ情報などが含まれた状態になっています。これにより、プログラム実行時にデバッグなどを行うことができます。

　プログラムを正式リリースする際は、「**リリースビルド**」と呼ばれるビルドを行います。これは「**--release**」というオプションを付けてcargo buildを実行します。リリースビルドではデバッグ情報などがすべて取り除かれた状態になります。

◉ ビルドされたプログラム

　cargo buildを実行すると、プロジェクトのフォルダ内に自動生成された「**target**」フォルダの中に「**debug**」または「**release**」というフォルダが作成され、その中にビルドされたプログラムが保存されます。これらは、それぞれデバッグビルドとリリースビルドにより作成されます。ここに保存されたプログラムのファイルは、そのままコピーして実行することができます。

　これで、プログラムの作成からビルド、実行まで一通りの作業が行えるようになりました。では、次章からいよいよRustのプログラミングに進むことにしましょう。

Rustの基礎文法を学ぶ

では、Rustの基本的な文法から学んでいきましょう。まずは基本である値と変数、そして処理を制御する制御フロー、多数の値を扱うコレクション、まとまった処理を定義する関数といったものについて説明していきます。

Section 2-1 値と変数

> **ポイント**
> ▶ 型と値の基本的な知識を身につけましょう。
> ▶ 数値の値の計算を行ってみましょう。
> ▶ 変数の働きについて理解しましょう。

値の「型」について

　では、Rustのプログラミングについて説明をしていきましょう。プログラミングを学ぶ際、最初に理解しなければいけないのは何か？ それは、「**値**」です。

　プログラミングとは、突き詰めれば「**値を操作するもの**」であり、値はすべてのプログラムでもっとも重要なものといえます。

　「**値**」と一口にいっても、これにはさまざまなものがあります。数字の値、文字の値、論理的な状態を表す値、等々。プログラミング言語では、これらの値の種類を「**型（タイプ）**」と呼びます。

　Rustには、さまざまな値の「**型**」が用意されています。値を使うためには、まずどのような型があるのかを理解し、それぞれの型の使い方（どう書くのか、どういう性質を持つのか、など）を知っておく必要があるでしょう。

◉ Rustは静的型付け言語

　Rustの値を理解するとき、まず頭に入れておきたいのは「**Rustは静的型付け言語である**」という点です。プログラミング言語では、値の扱いについて2つの方式があります。「**静的型付け**」と「**動的型付け**」です。

✚ 静的型付け

　使用するすべての値の型がプログラムのビルド時に決まっているものです。ソースコードをコンパイルする際にはすべての値の型が決められており、すべての値の型が正しく指定されているかをチェックします。生成されたプログラム内では型を変更できません。

✚動的型付け

　　使用する値の型が実行時に決められるものです。ソースコードをコンパイルする際にはまだ型が決められていないため値の型のチェックなどは行われません。生成されたプログラムを実行すると、その中で状況に応じて型が設定されます。

　　この2つはどちらが優れているといったものではなく、プログラミング言語によってどちらを採用するかが決まってきます。

　　静的型付けは、値の型が固定されているため柔軟性に欠けますが、作成されたプログラムはすべて決まった型の値として処理されるので、予想していなかった型の値が使われることで発生するような問題は起こりません。

　　動的型付けは実行時に必要に応じて型が決められるため、非常に柔軟な値の利用が可能です。ただし実行してみると予想しなかった値が使われたりすることでトラブルを引き起こすことも多々あります。

　　Rustは、**「静的型付け」** を採用しています。Rustはシステムプログラミング言語となることを考えており、生成されたプログラムを実行したときに問題が発生することは極力避けたいのです。コンパイル時にすべての値の型が決定される静的型付けは、Rustに合う方式といえるでしょう。

主な値の型について

　　では、Rustで使われる主な値の型について説明しましょう。Rustには、主な値の型として **「整数」「実数」「論理」「文字」** といったものが用意されています。

◉整数の型

　　整数は、もっともよく利用される数字の型でしょう。これは、1つだけでなく多数の型が用意されています。以下に用意されている型を整理しておきましょう。

▼整数に用意されている型

サイズ	符号付き	符号なし
8 bit	i8	u8
16 bit	i16	u16
32 bit	i32	u32
64 bit	i64	u64
可変	isize	usize

なぜ、こんなにたくさんの型があるのか？ それは、整数の値の**「サイズ」**と**「符号の有無」**によります。

サイズというのは、その値に割り当てられるメモリサイズです。小さいほうがメモリを消費しませんが、しかし扱える値の範囲が狭くなります。サイズが大きくなるほどメモリは消費しますが扱える値の範囲が広がります。

符号というのは、正負を表す符号（マイナス記号のことと考えていいです）です。例えば同じ1という値でも、**「1」**と**「-1」**は違います。マイナスの値も扱えるようにするためには符号が扱えないといけません。特にマイナスの値などを使わないのであれば、符号なしの型を使い、より幅広い範囲の値を扱えるようにできます。

最後の**「可変」**というのは、プログラムを実行しているプラットフォームが32bit環境か64bit環境かによって変わるものです。いずれも32bitまたは64bitサイズの値として扱われます。

こんなにたくさんあったら、どれを使えばいいかわからない」と思うかもしれませんね。とりあえず、整数の値は**「特別な理由がなければ、i32を使う」**と考えてください。これは**「基準型」**と呼ばれるもので、普通に整数の値を書けば、基本的にこのi32型の値として扱われます。

この他にisizeやusizeも基本の整数型としてよく利用されます。それ以外のものは、それを使わないといけないような場合にのみ使うもの、と考えていいでしょう。

✚ 値（リテラル）の書き方

整数の値は、そのまま数字を書くだけです。**「123」**といった具合ですね。この他、10進数以外の値などちょっと変わった書き方も用意されています。

16進数	冒頭に「0x」とつける	例）0xAF
8進数	冒頭に「0o」とつける	例）0o71
2進数	冒頭に「0b」とつける	例）0b1011

とりあえず、**「普通に整数の値を書けば、i32型の整数値として扱われる」**ということだけ頭に入れておいてください。それ以外の書き方は、必要になったら調べればいいでしょう。

> **Column** リテラルとは？
>
> 値の書き方で**「リテラル」**という言葉が出てきました。リテラルとは、ソースコードに直接記述される値のことです。これは静的な値であり、変更できません。
>
> プログラミング言語では、値は直接記述されるものだけではありません。**「変数」**という

ものを使い、プログラムの中でやり取りしたり変更したりできる値をたくさん使います。

◉ 実数（浮動小数）の型

実数の値は、プログラミング言語では**「浮動小数」**と呼ばれます。これは実数の値を仮数（1.23……といった小数）と乗数（10の○乗といった値）の組み合わせとして扱うためです。こうした浮動小数の型には以下のものがあります。

▼ 浮動小数に用意されている型

サイズ	型名
32 bit	f32
64 bit	f64

これらも、違いは割り当てられるメモリサイズです。f64はf32の2倍のメモリを割り当てられています。メモリのサイズが違うと、扱える仮数と乗数の桁数も違ってきます。このため、f64はf32よりもより多くの桁を扱うことができます。

通常、1.23というように実数の値を書けば、それは自動的にf64型の値として扱われます。f32型は特別な理由がない限り使わないでしょう。

浮動小数の値の書き方は、整数と同じようにただ数値を書くだけです。Rustでは、書いた数値に小数点が含まれていると浮動小数として、含まれていないと整数として扱われるようになっています。例えば**「123」**は整数ですが、**「123.」**は浮動小数になります。

この他、**「10の累乗を使った書き方もサポートされています。例えば、「1.23×10のn乗」**というような表現ですね。これは、数値の末尾に**「e数字」**とつけて記述します。例えば**「1.23e4」**といった形です。このように記述された値は、例え小数点以下がなく整数の値であったとしても浮動小数の値として扱われます。

◉ 文字の値

数字ではなく、テキストの値にも2つの種類があります。テキストに関する型も、やはり複数のものが用意されています。

➕ char型

文字（1文字）の型です。これは文字の前後にシングルクォート記号をつけて記述します。

例）'a'　　　'あ'

✚str型

複数の文字による、一般的なテキストの型です。これはテキストの前後にダブルクォート記号を付けて記述をします。

例）"Hello"　　　"あいうえお"

1文字だけのchar型と、複数の文字によるテキストを扱うstr型があるのですね。これらは、charはシングルクォート、strはダブルクォートというようにリテラルの書き方がはっきりと分かれています。同じ文字関係の型ですがまったく別のものなのだ、ということは理解しておきましょう。

Column strとString

ここではテキストの型としてstrを挙げておきましたが、実をいえばstr型というのはテキストのリテラルだけを扱う型です。これは、固定されたテキストの型で、メモリ内に保管されているテキストを参照する「**文字列スライス**」というものなのです。

実際のプログラミングでは、テキストとテキストをつなげたり切り離したりというように、テキストを書き換えるような操作を行います。しかしstrは固定された値なので、こうしたことには使えません。

編集可能なテキストを扱うには、str型ではなく「**String**」という型を使います。これはRustの標準の型ではなく、Rustに用意されているライブラリで定義されているものです。Stringについては、もう少し先で説明します。

◉ 論理型について

プログラミング言語特有の型として「**論理型**」と呼ばれるものもあります。これは「**bool**」型というもので、「**真か、偽か（正しいかそうでないか）**」といった二者択一の状態を表すのに使います。

論理型に用意されている値は「**true**」と「**false**」の2つだけです。それ以外にはありません。「**そんな値、何に使うんだ？**」と思うでしょうが、これは制御フローなどを使うようになる

と多用することになります。今は「そういう型がある」ということだけ覚えておいてください。

◉ スカラー型とベクタ型

ここで挙げた4つの標準型 (str以外の整数、浮動小数、論理、文字) は「スカラー型」と呼ばれるものです。スカラー型というのは、「1つの値を扱う型」のことです。Rustで使われるもっとも基本となる型といっていいでしょう。

このスカラー型以外にも標準型はあります。それは「複合型」と呼ばれるもので、複数の値を持つ型です。更には、これらとは別に「**複数の値を保管でき、動的に値の数を増やしたり減らしたりできる型**」というのもあります。これは「**ベクタ型**」と呼ばれます。テキストを自由に扱えるString型などもベクタ型の仲間です。一口に「型」といっても、このようにさまざまなものがあるのですね。

なお、スカラー型以外のもの (複合型とベクタ型) については改めて取り上げます。まずは基本である「**1つの値だけ扱うスカラー型**」からしっかり理解していきましょう。

値の演算

Rustには、値を演算するための機能ももちろん用意されています。これは「**演算子**」と呼ばれる記号です。

まずは、数値関係の型の四則演算を行うための演算子についてです。これには以下のような者が用意されています。

(わかりやすいようにAとBを演算する形で記述します)

A + B	AにBを足す
A - B	AからBを引く
A * B	AにBをかける
A / B	AをBで割る
A % B	AをBで割った余りを得る

非常に単純ですね。だいたい見たことがある記号ばかりでしょうが、「**%で割り算の余りを得る**」というのは見たことがないかもしれません。通常の割り算 (/) と合わせて覚えておきましょう。

これらは整数型と浮動小数型で使うことができます。この他、演算の優先順位を指定する()も使えます。(1 + 2) * 3というようにして先に演算すべきところを指定することができます。

まぁ、このあたりは一般的な四則演算の記号と同じなのでだいたいわかるでしょう。

◉ 演算と型の関係

この四則演算子を扱う際にしっかりと覚えておきたいのは「**式で使う値の型は統一しておく**」ということでしょう。例えば、こんな式があったとします。

```
1 + 2 + 3.
```

これは、エラーになります。3のあとにドットが付いていますね？ これは小数点ですから、3.は実数（浮動小数）の値になります。整数型である1と2と、浮動小数型の3.を演算しようとしているためにエラーになるのです。

また、演算結果の値は、式で使われた値と同じ型になります。整数型の演算は、結果も整数型になるわけです。

◉ 型の変換（キャスト）

では、異なる型を1つの式の中で使いたいときはどうするのでしょうか。これは、「**型変換（キャスト）**」と呼ばれる処理をします。これは、ある型の値を別の型に変換することで、「**as**」というものを使います。

```
値 as 型
```

このように記述をします。例えば整数の値123を浮動小数（f64）の型に変換したければ、「**123 as f64**」というように記述します。先ほどの式ならば、以下のようにすればエラーが出ず、演算できます。

```
1 + 2 + 3. as i32
```

ここではリテラルで式を書いているので、「**だったら最初から整数型の値で書けばいいじゃないか**」と思うでしょうが、このあとの「**変数**」を使うようになると、このキャストという処理の重要性が少しずつ分かってくるでしょう。

◉ テキストの演算

演算子は数値だけしかないわけではありません。テキストの値にも演算子は用意されています。それは「**+**」というもので、2つのテキストを1つにつなげる働きをします。

```
テキスト1 + テキスト2
```

このように使うわけですね。ただし！ 注意してほしいのは「**str型どうしではこれは使えない**」という点です。テキストをつなげるためには、「**参照**」というものを利用しないといけません。これについては改めて触れるので、ここでは「**テキストも+でつなげられるが、テキストリテラルどうしはダメ**」とだけ覚えておいてください。

変数について

値は、リテラルでしか使わないわけではありません。それ以上にプログラムの中で多用されるのが「**変数**」というものです。

変数とは、値を保管しておくことのできるメモリ内の領域です。必要に応じて値を保管し、必要に応じて取り出したり、場合によっては値を変更したりすることもできます。

この変数は、以下のようにして作成します。

```
let 変数 = 値;
```

あるいは、あらかじめ変数だけを用意しておき、あとから変数に値を代入することもできます。

```
let 変数;
変数 = 値;
```

letで変数を用意したら、あとは変数に=で値を入れるだけです。ここで使われている「**=**」記号は、右側の値を左側の変数に入れる働きをします。このように値を変数に入れることを「**代入**」といいます。

◉ 変数の型を指定する

変数も、リテラルと同様に型があります。ある型の変数には、その型の値しか保管できません。letで変数に値を代入すると、自動的にその型の変数として作成されます。

もし、型をはっきりと明示して変数を作成したいというときは、以下のようにして作ることができます。

```
let 変数: 型 = 値;
```

これで、指定をした型で値を代入できます。これは、まったく同じ型でなくとも使えます。例え

ば、整数リテラルの値（i32）をi16やi64型の変数に代入すると、自動的に型変換され、i16/i64型の値として代入されます。

ただし、その型の値として扱えない値を代入しようとするとエラーになります。例えば、i8型の変数には-128～127の範囲の値しか保管できません。それ以上の値を代入することはできません。

試してみよう　では、実際に変数を使って計算をしてみましょう。Playgroundでも、前章で作成したmain.rsファイルでもかまいません。以下のリストを記述して実行してみてください。

▼ リスト2-1

```
fn main() {
  let x = 100;
  let y:i64 = 200;
  let z = x + y;
  println!("{} + {} = {}", x, y, z);
}
```

▼ 図2-1：実行するとx + yを計算し結果を表示する

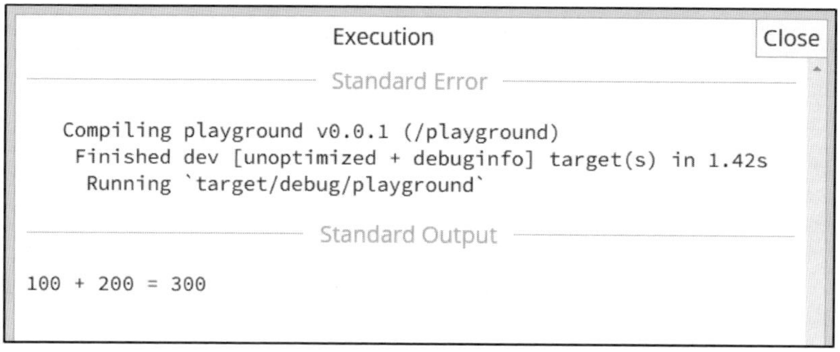

```
                        Execution                          Close

   ──────────────────── Standard Error ────────────────────

      Compiling playground v0.0.1 (/playground)
      Finished dev [unoptimized + debuginfo] target(s) in 1.42s
        Running `target/debug/playground`

   ──────────────────── Standard Output ───────────────────

   100 + 200 = 300
```

これを実行すると、「**100 + 200 = 300**」といったテキストが出力されます。

ここではxに100を、yにはi64型の値として200を代入し、zにはx + yの結果を代入しています。変数は、このように値を代入するだけではなく、値と同じように演算の式などで使うことができます。非常にユニークなのは、xの型の扱いです。これは型の指定がないので通常はi32型となりますが、ここではi64と演算することがわかっているため、自動的にi64に変換されます。

println!について

リスト2-1では、演算した結果をprintln!というもので表示しています。このprintln!は、PlaygroundやCargoプロジェクトで作られるデフォルトのソースコードでも使われてましたね。

値を簡単に表示できるので、ここで使い方を覚えておきましょう。

```
println!( テキスト );
```

　println!は、このようにテキストの値を出力するものです。簡単なメッセージなどを出力するのに使うことができます。

　これは基本的にテキストを出力するものですが、では「**テキスト以外は出力できないのか？**」というと、実は可能です。先ほどのサンプルを見ると、テキストの中に‖という記号があったことに気づいたでしょう。これは、「**この{}の部分に、このあとに用意した値をはめ込んで表示する**」ということを示しています。例えば、こんな具合です。

```
println!("答えは、{} です。", 123);
```

　こうすると、「**答えは、123 です。**」というテキストが出力されるというわけです。先ほどのサンプルを見てみましょう。

```
println!("{} + {} = {}", x, y, z);
```

　このようになっていましたね。これで3つの‖に、テキストのあとにあるx, y, zの値がはめ込まれて表示されていた、というわけです。こんな具合に、複数の値がある場合はカンマで区切って記述していくことができます。

　また、このようにテキストにはめ込める値は、基本のスカラー型であればどんなものでも利用できます。テキストや数値をまとめて表示させたいときは、このprintln!を使いましょう。

Column　println!の「!」って何？

　このprintln!は、よく見るとprintlnのあとに!がついています。これは一体、何だ？ と思った人もいるでしょう。

　この!は、これが「**マクロ**」であることを示すものです。Rustに用意されているさまざまな機能は「**関数**」と呼ばれるものとして用意されていることが多いですが、マクロはこれらとは違い、Rustのコードを生成するものです。例えば、println!というマクロは、実行時にstd::ioというところにある機能を使って標準出力に値を出力するソースコードに置き換えられます。「**よく使う処理だけど書くのが面倒くさい**」ので、マクロでprintln!という簡単な単語で実行できるようにしてあるわけです。

　私たちプログラミングをする人間が利用する場合、どちらもほとんど同じような感覚で使うことができます。ですから、「**!はマクロだ**」ということはあまり意識せず、「**最後に!がついてる、ちょっと変わった名前**」程度に考えておけばいいでしょう。

Rustのソースコードの書き方

　値と変数について学び、ごく簡単なサンプルを作ってみたところで、**「Rustのソースコードはどのように書くのか」** を意識せざるを得なくなってきました。Rustのソースコードを書く場合、**「このように書く必要がある」** という基本的なルールがあります。それを簡単にまとめておきましょう。

- ◆ Rustの文は、基本的に「半角文字で書く」と考えてください。全角文字は、日本語のテキストを使うときしか使わない、と考えましょう。
- ◆ Rustでは、大文字と小文字は別の文字として扱われます。ですから、さまざまなキーワードや名前などもすべて大文字小文字まで正確に書く必要があります。
- ◆ プログラムで使われるさまざまなものに名前をつけることがよくありますが、これらの名前は「スネーク記法」と呼ばれるスタイルを使います。これは小文字で書かれた名前をスペースバーでつなげたものです。例えば「my first variable」という名前を変数につけたければ、「my_first_variable」とします。「MyFirstVariable」というような書き方はしません。
- ◆ 変数などRustで使われるものの名前には、半角アルファベットと数字、アンダースコア（_記号）といったものを使います。ただし1文字目には数字は使えません。
- ◆ Rustの文は、文末にセミコロン（;）をつけて記述するのが基本です（ただし、関数の戻り値など例外はあります）。長い文は、途中で改行して書くこともできますし、文末に;をつけていれば複数の文を1行にまとめて書くこともできます。
- ◆ 実行する文以外のメモなどを書く場合はコメントとして記述します。コメントは2通りあります。行コメントは、//記号をつけるとその後から改行までをコメントとみなすものです。またブロックコメントは/*から*/までの間をすべてコメントとみなします。

　たくさんあるように感じますが、実際に何度か書いてみればだいたい **「こういうところに気をつければいいんだな」** ということがわかってくるものです。ざっと頭に入れておいて、あとは実際にコードを書きながら覚えていけばいいでしょう。

試してみよう 変数の不変性

　変数の使い方はわかりましたが、実はこれだけでは変数は使いこなせません。まだまだ知っておくべきことがあります。

　例えば、以下のようなコードを書いて実行したとしましょう。

▼ リスト2-2

```
fn main() {
  let x = 123;
  let y = 45;
  let z = x + y;
  println!("{} + {} = {}", x, y, z);
  z = x - y;
  println!("{} - {} = {}", x, y, z);
}
```

▼ 図2-2：実行するとエラーが発生する

```
                          Execution                      Close
                      ── Standard Error ──

    Compiling playground v0.0.1 (/playground)
error[E0384]: cannot assign twice to immutable variable `z`
 --> src/main.rs:6:5
  |
4 |     let z = x + y;
  |         -
  |         |
  |         first assignment to `z`
  |         help: consider making this binding mutable: `mut z`
5 |     println!("{} + {} = {}", x, y, z);
6 |     z = x - y;
  |     ^^^^^^^^^ cannot assign twice to immutable variable

For more information about this error, try `rustc --explain E0384`.
error: could not compile `playground` due to previous error
                      ── Standard Output ──
```

　先ほどのサンプルを修正して、z = x + yで足し算をし、z = x - yで引き算をして結果を表示させます。

　これを実行するとエラーになってしまいます。どこでエラーが発生しているかというと、z = x - y;の文です。ここで、その前に作成したzにx - yの結果を代入しています。なぜこれがエラーになったのか？ それは、「**変数は、代入した値を変えられない**」からです！

　変数というのは、基本的に「**値を入れたらそのまま、変更はできない**」ようになっています。従って、最初にz = x + yでzにx + yの結果を代入したので、その後のz = x - yでエラーになったのです。

◉ mutによる可変設定

だけど、「変」数というのだから必要に応じた値を変更できるんじゃないか、と思いますよね？　それに「値を入れたら一切変えられない」というのでは、リテラルだけのときと変わらないじゃないか、思うことでしょう。

実は、変数はデフォルトで変更不可になっているだけで、値を変えられるようにすることもできるのです。これには「mut」というキーワードを使います。

```
let mut 変数 = 値;
```

試してみよう　このようにして作成した変数は、あとで値を自由に代入して変更することができます。では、先ほどの例を書き換えてみましょう。

▼ リスト2-3

```
fn main() {
  let x = 123;
  let y = 45;
  let mut z = x + y;
  println!("{} + {} = {}", x, y, z);
  z = x - y;
  println!("{} - {} = {}", x, y, z);
}
```

▼ 図2-3：実行すると問題なく動いた！

```
─────────────── Standard Output ───────────────

123 + 45 = 168
123 - 45 = 78
```

今度は正常に実行できます。let mut z = x + y;というように変数zを可変にして宣言したので、その後でz = x - y;を実行しても問題はありません。

◉ 変数のシャドーイング

試してみよう　このように「変数を可変として宣言する」というやり方とは別に、実はもう1つのやり方があります。それはRust特有の「シャドーイング」という機能を利用するのです。

これは、実際にサンプルを見たほうが早いでしょう。先ほどの例をシャドーイングで書き換えてみます。main関数を以下に変更してください。

▼ リスト2-4

```
fn main() {
  let x = 123;
  let y = 45;
  let z = x + y;
  println!("{} + {} = {}", x, y, z);
  let z = x - y;
  println!("{} - {} = {}", x, y, z);
}
```

　これでも、問題なくプログラムは動作します。ここでは、let z = x + y;というように通常の変更できない変数としてzを宣言しています。これでなぜ問題が起こらないのか？　それはその後にあるlet z = x - y;に秘密があります。なぜか、ここでもまたletを使って変数zを宣言していますね。これはどういうことでしょうか。

　これが**「シャドーイング」**なのです。シャドーイングとは、**「すでにある変数と同名の変数を宣言して、前の変数を隠蔽すること」**です。

　Rustでは、同じ名前の変数をいくつでも作ることができます。そして同じ名前の変数を新たに作ると、それまであった同名の変数は新たな変数に隠れてしまい、利用されなくなるのです。つまり、最初の変数zが変更されたのではなく、新たにzを作ったので使われなくなっただけなのですね。

　このシャドーイングは、このあとの構文を使うようになるとその使い方がわかってくるでしょう。ここでは**「そういう機能がRustにはある」**ということだけ頭に入れておいてください。

◉ 定数について

　変数は、このようにmutすることで値を変更できるようになります。またシャドーイングを使えば、不変の変数も上書きして別の値に置き換えることができます。Rustでは、変数はいくらでも値を変更することができるのです。

　しかし、値によっては**「絶対に変更できない変数」**が必要なこともあります。このような値は**「定数」**として作成することができます。

　定数は、**「変更ができない変数」**といっていいでしょう。mutをつけない変数は、値は変えられませんが、シャドーイングにより別の値に置き換えできます。しかし定数はできません。最初に設定した値から別の値に変更することも、またシャドーイングで新たな値に置き換えることもできません。定数は、常に必ず同じ値であり続けるものなのです。

　この定数は**「const」**というキーワードを使って宣言します。

```
const 定数:型 = 値;
```

定数は、宣言する際、名前だけでなく型名も必ず指定します。また定数は宣言時に必ず=で値を代入する必要があります。変数のように**「とりあえず宣言しておいて、あとで値を代入」**は許されません。

試してみよう　では、先ほどのサンプルを定数に書き換えてみましょう。

▼ リスト2-5

```
fn main() {
  const X:i32 = 123;
  const Y:i32 = 45;
  const Z:i32 = X + Y;
  println!("{} + {} = {}", X, Y, Z);
}
```

こうなりました。X, Y, Zの3つすべてが定数になっています。ここで注意したいのは、**「すべて大文字の名前になっている」**という点でしょう。

Rustでは、変数はすべて小文字で、定数はすべて大文字で書くのが基本です。こうすることで両者を明確に区別できるようにしています。

◉ 定数と変数の関係

変数と定数は、両方とも同じソースコード内で使われます。この両者は混在して使えるのでしょうか。両者を使う際の基本ルールを整理しておきましょう。

◆定数には、変数を使った値は代入できない。
◆変数には、定数を使った値は代入できる。

「定数の値には変数は使えない」ということはよく理解しておきましょう。基本的に定数はリテラルを使って値を設定するものです。定数の目的は**「重要なリテラルに名前をつけておくこと」**といえます。例えば、3.14159といった値をよく利用するのにPIと名前をつけておくと使いやすくなりますね？ 定数とはそういう用途のためのものなのです。

Section 2-2 制御フロー

ポイント
- ▶ifによる分岐について理解しましょう。
- ▶3種類の繰り返しを使えるようになりましょう。
- ▶構文と変数のスコープの関係について考えましょう。

if式について

プログラムというのは、ただ書かれた順に計算をすれば完成、というわけではありません。そのときの状況（変数の値がどうなっているか、など）に応じて異なる処理を実行したり、必要に応じて処理を何度も繰り返したりすることもあります。

こうした「**処理の流れを制御するための仕組み**」としてRustに用意されているのが「**制御フロー**」です。制御フローには、1つの条件分岐と複数の繰り返しが用意されています。これらについて順に説明しましょう。

まずは、条件分岐についてです。条件分岐とは、条件に応じて処理を分岐するものです。Rustには「**if式**」と呼ばれる条件分岐のための制御フローが用意されています。これは以下のように記述します。

✚if式の基本形

```
if 条件 {
    ……true時の処理……
} else {
    ……false時の処理……
}
```

if式は、「**if**」というキーワードのあとに、チェックする条件となるものを用意します。これは「**論理値として得られるもの**」を使います。論理値というのはtrue/falseという2つの値だけ

しかない型でしたね。この論理値の入った変数や結果が論理値になる式などを条件として用意するのです。

Rustはこの条件となるものをチェックし、値がtrueならばその後にある||内を実行します。また値がfalseだった場合は、elseのあとにある||部分を実行します。ただし、このelse |……|という部分はオプションなので、必要なければ用意しなくても問題ありません。その場合、条件がfalseだと何もしません。

◎ 試してみよう if式を使う

では、実際にif式を利用したサンプルを書いて動かしてみましょう。ソースコードを以下のリストに書き換え実行してみてください。

▼ リスト2-6

```
fn main() {
  let num = 1234; //☆
  if num % 2 == 0 {
    println!("{}は、偶数です。", num);
  } else {
    println!("{}は、奇数です。", num);
  }
}
```

▼ 図2-4：実行すると、変数 num が偶数か奇数かをチェックして表示する

```
──────────── Standard Output ────────────

1234は、偶数です。
```

これは、変数に保管した値が偶数か奇数かをチェックするものです。実行すると「**1234は、偶数です。**」といったメッセージが出力されます。☆マークの変数numの値をいろいろと書き換えて試してみましょう。

ここでは、num % 2 == 0という式をifの条件に指定しています。これは「**num % 2の結果が0と等しい**」という式です。この式は、結果が正しければtrueとなり、正しくなければfalseになります。つまり、結果がtrueならば、2で割り切れる値（つまり偶数）である、というわけです。

◎ 比較演算子による条件式

このif式を実際に使ってみて痛感するのは「**条件がすべて**」ということでしょう。思った通り

の条件を正しく用意することができればifは使いこなせるようになります。

ただし、条件として使えるのは**「論理値」**の変数や式などです。論理値というのはあまり馴染みがないものですから、**「具体的にどんな式を作ればいいかわからない」**という人も多いことでしょう。

そこで、当面は**「2つの値を比較する式」**を使う、と考えましょう。先ほどのサンプルも、**「numを2で割った余り」**と**「ゼロ」**を比較するものでしたね。こうした2つの値を比較するための演算子がRustには一通り用意されています。一般に**「比較演算子」**と呼ばれるものですが、これらを使った式を条件として用意すればいいのです。

では、Rustに用意されている比較のための演算子を整理しておきましょう。

（AとBの2つを比較する形で掲載します）

A == B	AとBは等しい
A != B	AとBは等しくない
A < B	AはBより小さい
A <= B	AはBと等しいか小さい
A > B	AはBより大きい
A >= B	AはBと等しいか大きい

これらの式は、条件が成立すればtrueとなり、しなければfalseとなります。また、これらは数値だけでなく、テキストの値でも使えます。==で2つのテキストが等しいか調べたり、またどちらが大きいか／小さいかを調べたりできます。

◉ else ifによる連結

このif式は、基本的に二者択一であり、3つ以上の分岐は行えません。しかし、もっと細かく分岐を行いたいことはよくあるでしょう。

そのようなときは、ifを組み合わせていくことで更に細かな制御を行えるようになります。このようにするのです。

```
if 条件1 {
    ……条件1がtrueのとき……
} else if 条件2 {
    ……条件2がtrueのとき……

    ……必要なだけelse ifを用意……
```

```
} else {
    ……すべてfalseのとき……
}
```

　　ifのelseのあとに次のifを用意し、次の条件をチェックさせます。そしてそのelseのあとに、更に次の条件を用意し……というようにして、**「条件がfalseだったら次の条件に進む」**というようにするのです。こうすることで、次々と条件をチェックしながら分岐を作成していくことができます。

試してみよう　では、else ifを利用した簡単な例を挙げておきましょう。

▼ **リスト2-7**

```
fn main() {
    let num = 123;
    if num % 5 == 0 {
        println!("{}は、5で割れます。", num);
    } else if num % 4 == 0 {
        println!("{}は、4で割れます。", num);
    } else if num % 3 == 0 {
        println!("{}は、3で割れます。", num);
    } else if num % 2 == 0 {
        println!("{}は、2で割れます。", num);
    } else {
        println!("{}は、うまく割れませんでした。", num);
    }
}
```

▼ **図2-5：実行すると、「123は、3で割れます。」と表示される**

```
──────────────── Standard Output ────────────────

123は、3で割れます。
```

　　これは、変数numに用意した値が1〜5のいずれかで割れるかをチェックするものです。いくつかの数字で割れれば**「○○で割れます。」**と表示し、1でしか割れないものは**「うまく割れませんでした。」**と表示します。

　　このサンプルを見ると、最初にif num % 5 == 0で**「5で割れるか」**をチェックし、次にelse if num % 4 == 0で**「4で割れるか」**を、続いて**「3で割れるか」「2で割れるか」**とチェックしていて、最後のelseにどれでも割れなかったときの処理を用意しています。

　　ifが次々と書かれているので、慣れないと**「何をやってるのかわからない」**という感じになっ

てしまうかもしれません。ただ、実行するifは常に1つだけで**「1つが終わったら次へ進む」**というものなので、じっくり読んでいけばやっていることはわかってくるはずですよ。

match式について

条件分岐には、実はもう1つの方式があります。それは**「match」**というものを使った方法です。これは以下のような形をしています。

```
match チェックする値 {
  値1 => 処理1,
  値2 => 処理2,
  ……必要なだけ用意……
  _ => マッチしないときの処理
}
```

このmatchというものは、その後にある値をチェックし、||内にそれと等しい値が用意されているか調べます。そして同じ値があれば、そこにジャンプして⇒のあとにある文を実行します。値が用意されていなかったときは、最後の_ =>というところの処理を実行します。この_という項目は、用意されている値以外のものが存在しないときは省略できます。

各値の=>部分には、実行する式や関数などを用意します。これは1つだけしか記述できません。複数の処理を行わせたいときは、||を用意してその中に処理を記述します。

◎ 試してみよう matchを利用する

では、実際にmatchを利用してみましょう。1年の月の値ごとにメッセージを表示する例を考えてみます。

▼ リスト2-8
```
fn main() {
  let num:u8 = 7; //☆
  match num {
    1 => println!("{}月は、正月です。", num),
    2 => println!("{}月は、節分の月です。", num),
    3 => println!("{}月は、ひな祭りの月です。", num),
    4 => println!("{}月は、入学式があります。", num),
    5 => println!("{}月といえばゴールデンウィークです。", num),
    6 => println!("{}月は、梅雨です。", num),
    7 => println!("{}月は、夏休みが始まります。", num),
```

```
    8 => println!("{}月は、お盆休みです。", num),
    9 => println!("{}月は、新学期です。", num),
    10=> println!("{}月は、ハロウィンです。", num),
    11=> println!("{}月は、ブラックフライデーです。", num),
    12=> println!("{}月は、クリスマスです。", num),
    _ => println!("{}月という月はありません。", num)
  }
}
```

▼ 図2-6：numの値ごとに異なるメッセージが表示される

——————————— Standard Output ———————————

7月は、夏休みが始まります。

　変数numに月の値を代入しておくと、その月のメッセージが表示されます。☆の値をいろいろと書き換えて実行してみてください。値に応じてメッセージが変化するのがわかるでしょう。

　ここでは、match numとしてnumの値をチェックし、1〜12の値を選択肢として用意してあります。最後の_には、どれでもないときのメッセージを設定してあります。

　このようにmatchは、値に応じて多数の分岐を用意しておくことができます。また「どれでもないとき」の処理も用意しておけるのがいいですね。

◉ 複数の値を指定する

　このmatchは、多数の分岐を簡単に作れるのがいいのですが、「**数字ごとにすべての分岐を用意しないといけない**」のがちょっと面倒ではあります。

　例えば、「季節ごとにメッセージを表示する」という場合、「**値が3〜5ならこれを表示**」というように複数の値を指定して分岐を用意できればずいぶんとすっきりと整理できます。このようなときは、「｜」という記号を使うのです。

```
A|B|C…… => 処理
```

　分岐の部分をこのようにすると、A, B, Cのいずれかの値であれば処理を実行するようになります。｜記号を使って、複数の値をまとめて記述しておけるのです。

試してみよう　例えば、「**月の値をチェックし、季節ごとにメッセージを表示する**」という場合を考えてみましょう。

▼ リスト2-9

```
fn main() {
  let num:u8 = 7; //☆
  match num {
    1 => println!("{}月は、正月です。", num),
    2 => println!("{}月は、冬です。", num),
    3|4|5 => println!("{}月は、春です。", num),
    6|7|8 => println!("{}月は、夏です。", num),
    9|10|11 => println!("{}月は、秋です。", num),
    12 => println!("{}月は、師走です。", num),
    _ => println!("{}月という月はありません。", num)
  }
}
```

▼ 図2-7：numの値に応じて季節が表示される

```
────────────── Standard Output ──────────────

7月は、夏です。
```

　ここでは春・夏・秋のメッセージを3月ごとにまとめて分岐を作っています。3|4|5 =>というようにすれば、numの値が3〜5であればすべてこの分岐が実行されます。このように | を使うことで、複数の値をひとまとめにした分岐が簡単に作れます。

loop式について

　続いて、繰り返しの制御に進みましょう。繰り返しの基本は「loop」というものです。これは以下のように使います。

```
loop {
  ……繰り返す処理……
}
```

　たったこれだけで、||内にある処理をひたすら繰り返します。ただし、本当にこれだけしか用意していないと、「loopに入ったら二度と出られない、無限ループ」というものができてしまいます。loopの中に、「loopの外に抜け出す仕組み」も用意する必要があります。
　loopを抜けるには「break」というキーワードを使います。ifを使い、特定の状況のときにbreakを実行してloopを抜けるようにすれば、無限ループとなるのを防ぐことができるでしょう。

◎ 試してみよう 数字の合計を計算する

では、loopの利用例として、1から指定した数字までの合計を計算する処理を考えてみましょう。

▼リスト2-10

```
fn main() {
  let max = 100; //☆
  let mut ans = 0;
  let mut count = 1;
  loop {
    if count > max {
      break;
    }
    ans += count;
    count+= 1;
  }
  println!("1から{}までの合計は、{} です。", max, ans);
}
```

▼図2-8：実行すると1から100までの合計を計算する

———————————— Standard Output ————————————

1から100までの合計は、5050 です。

これを実行すると、「**1から100までの合計は、5050 です。**」というメッセージが表示されます。ここでは1から変数numまでの合計を計算しています。☆マークの値をいろいろと書き換えて試してみてください。

ここでは、3つの変数が用意されていますね。

max	いくつまで足し算するか、上限の値。
ans	値を加算していくためのもの。
count	現在の値を示すもの。

loopでは、まずifを使い、countの値がmaxより大きくなっているかチェックしています。そしてtrueならばbreakでloopを抜けて次に進みます。そうでない場合は、ansにcountを足し、countに1を足しています。これでansにcountの値が1, 2, 3,……とmaxになるまで足し続けられることになります。

loopを抜けたあとは、println!で結果を出力して終了です。loopは、このように繰り返しの中

で少しずつ変数などの状態を変化させながら動きます。それにより、必要に応じてbreakが実行されて抜け出すようにしておくのです。

◉代入演算子について

今回のソースコードでは、ちょっと見覚えのない記号が使われています。以下の文です。

```
ans += count;
count+= 1;
```

ここで使っている「**+=**」というのは一般に「**代入演算子**」と呼ばれるものです。これは、四則演算と代入を同時に行うものです。ans += countは、「**ans + countの結果をansに入れ直す**」というものです。要するに「**ansにcountを足す**」ということですね。

このような代入演算子は、四則演算の記号ごとに用意されています。以下にまとめておきましょう。

（AとBという2つの値を演算する形でまとめます）

A += B	AにBを加算する。A＝A＋Bと同じ。
A -= B	AからBを減算する。A＝A－Bと同じ。
A *= B	AにBを乗算する。A＝A＊Bと同じ。
A /= B	AをBで除算する。A＝A／Bと同じ
A %= B	AをBで割った余りをAに入れる。A＝A％Bと同じ。

プログラミングでは、「**変数○○を演算する**」ということがよくあります。変数の値を直接演算するようなやり方ですね。これらの代入演算子は、直感的に値を演算できます。A += Bは「**AにBを足した値をAに代入する**」というものですが、感覚的には「**AにBを足した**」と思えます。このほうがはるかに直感的でしょう。

while式について

繰り返しのためのキーワードは、この他にも用意されています。「**while**」は、条件に応じて繰り返しを行うためのものです。

```
while 条件 {
    ……繰り返す処理……
}
```

1

3

4

5

6

loopと異なり、whileには繰り返しの条件が用意されます。これは、ifの条件と同様に論理値として得られる変数や式を指定します。この値がtrueである間は、||の処理を繰り返し続けます。そして条件がfalseになると、繰り返しを抜けて次へと進みます。

先ほどのloopでは、自分で状況を確認してloopを抜ける処理を用意する必要がありました。whileは最初から**「こうなったら抜ける」**ということを設定しておけるため、loopよりも繰り返すか否かが把握しやすいでしょう。

試してみよう　では、先ほどのサンプルをloopからwhileに書き直してみましょう。

▼ リスト2-11

```
fn main() {
  let max = 100; //☆
  let mut ans = 0;
  let mut count = 1;
  while count <= max {
    ans += count;
    count+= 1;
  }
  println!("1から{}までの合計は、{} です。", max, ans);
}
```

こうなりました。繰り返しを見ると、while count <= maxというようになっていますね。これにより、countの値がmaxと等しいか小さい間は繰り返し続けるようになります。maxより大きくなったら自動的に抜けて先へ進むわけです。繰り返しの||内から、繰り返しを抜けるためのifが消え、ただansとcountの値を書き換える処理だけとなりました。loopよりwhileを使ったほうがだいぶシンプルになりますね！

for式について

この他に、もう1つだけ繰り返しの制御フローがあります。ただし、これはちょっと特殊な用途のものです。これは**「コレクション」**と呼ばれる、多数の値をまとめて管理する値でのみ利用できる制御フローなのです。

多数の値を扱うコレクションについては後ほど改めて説明するので、ここでは簡単に**「こういう構文が用意されている」**ということだけ説明しておきましょう。

コレクションで利用するのは**「for」**というものです。これは、以下のような形をしています。

```
for 変数 in コレクション {
  ……実行する処理……
```

```
}
```

コレクションというのは、その中にたくさんの値を持っています。forは、コレクションから1つずつ値を取り出して変数に代入し、処理を実行します。そうしてすべての処理を取り出し終えたら、構文を抜けて次へと進みます。

試してみよう forで合計を計算する

では、このforの利用例を挙げておきましょう。先ほどの「1からmaxまでの合計」のプログラムを、for利用の形に書き換えてみましょう。

▼ リスト2-12

```
fn main() {
  let max = 100; //☆
  let mut ans = 0;
  for item in  1..=max {
    ans += item;
  }
  println!("1から{}までの合計は、{} です。", max, ans);
}
```

繰り返し部分が、更にシンプルになりましたね。ここでは、for item in 1..=maxというようにforを用意しています。コレクションには「1..=max」という不思議な値が用意されていますが、これは「1からmaxまでの数列」の値と考えてください。これで1〜100の計100個の数字がずらっと並んだコレクションが作られている、と考えればいいでしょう。

ここから順に値を取り出してansに足していきます。繰り返し内の処理は、遂に「ansに値を足す」というだけになりました。loopはもちろん、whileよりも更にシンプルになったことがわかるでしょう。

試してみよう 複数の値を順に処理する

これでforという制御フローがwhileよりシンプルに繰り返しを行えることがわかりました。ただ、「コレクションから順に値を取り出して処理をする」というのがどういうものなのか、まだピンとこない人も多いでしょう。コレクションについて説明していないのでやむを得ないのですが、もっと直感的にforの働きがわかるようなサンプルを挙げておきましょう。

▼ リスト2-13

```
fn main() {
  let data = [12, 34, 56, 78, 90]; //☆
  let mut ans = 0;
  for item in data {
    ans += item;
  }
  println!("データの合計は、{} です。", ans);
}
```

▼ 図2-9：dataにある値の合計を計算する

```
──────────────── Standard Output ────────────────
データの合計は、270 です。
```

　これは、変数dataにある値の合計を計算するサンプルです。ここでは、let data = [12, 34, 56, 78, 90];というようにしてデータが用意されています。まだ書き方などがよくわからないでしょうが、これは「5つの値を持つコレクション」です。[]の中に、保管しておく値が用意されているのがわかるでしょう。

　ここでは、このdataを使って「for item in data」というように繰り返しを行っています。これでdataにあった値（12, 34, ……といったもの）が順番にitemに取り出され、処理されていくのです。

　コレクションについてまだよくわかっていなくとも、dataに書かれている値が順に取り出されてansに加算されていることはわかるでしょう。☆マークにある[]内の数値をいろいろと書き換えて動作を確かめてみると、よりforの働きがよくわかりますよ。

変数のスコープとドロップ

　最後に、制御フローのような構文を利用するようになったときに知っておきたい「変数のスコープ」についても触れておきましょう。

　作成された変数は、いつまで使えるのでしょうか。これは、プログラムが動いている間、いつでもどこでもずっと使えるわけではありません。変数は、どこからどこまで利用できるのか。その範囲のことを「スコープ」と呼びます。

　変数のスコープは、「それが宣言されたブロック内」です。ブロックというのは、{}のことです。ここまでさまざまな制御フローを見てきましたが、制御フローで実行される処理を{}の中に書いていました。{}を使い、「これが適用されるのはこの{}の範囲内だよ」ということを示していたのですね。

この‖は、制御フローに限らず、自分で「この部分をひとまとめにして考えたい」と思ったときにいつでも使うことができます。そして、その中で宣言された変数は、そのブロックの中だけで利用でき、ブロックの外には持ち出せないのです。

試してみよう　実際に簡単なソースコードを挙げましょう。

▼ **リスト2-14**

```
fn main() {
  let a = 1;
  {
    let b = a;
    let c = a + b;
    {
      let d = a + b + c;
    }
    let e = a + b + c + d;
  }
  let f = a + b + c + d + e;
}
```

このソースコードは、動きません。これを実行しようとすると、変数eとfの部分でエラーが発生します。この2文は問題があるのです。

変数eの問題は、**「変数dが使われている」**という点です。変数eは、変数dが宣言されたブロックの外にあるので、dは使えないのです。

そして変数fでは、b, c, d, eが使えません。これらを宣言しているブロックの外側にfはありますから、fから利用できるのはaだけです。

◉ ドロップという考え方

なぜ、ブロックを抜けると変数が使えないのか。それは、構文を抜ける際に変数は「ドロップ」されるからです。ドロップとは、メモリ内から消去することです。

例えば、今挙げたサンプルにあるこの部分を見てみましょう。

```
{
  let d = a + b + c;
}
```

ここでは、a, b, cの変数を使って作った値を変数dに代入しています。a, b, cの変数は、このブロック内にはありません。ブロックに入る前にすでに作成されていたものですね。こうした変

数は、このブロックでも利用できます。**「変数が宣言されたブロック内に新たなブロックが
あった場合、そのブロック内でも変数は使える」**のです。追加されたブロック自体が、変数
が宣言されたブロックの中にあるのですから当然ですね。

そして、このブロックで宣言されているdは、処理がそのあとにある}まで来るとドロップされ
ます。つまり、この{}部分を抜けた際にdは消えてしまって存在していないのです。ただし、a, b, c
は}でブロックを抜けたあとも依然として存在しています。まだ、これらの変数が宣言されたブ
ロックの中にいますから。

この**「ブロックを抜けると変数はドロップされる」**という点をよく理解しておいてください。
ブロック内であれば、変数は常に利用できます。そのブロック内に制御フローや別のブロック
が置かれていた場合もそれらの中で使うことができます。宣言されたブロックの中であれば、
どこでも変数は使えるのです。

Section
2-3

複合型とコレクション

ポイント

▶複合型（配列とタプル）を使えるようになりましょう。
▶Vecと配列の違いについて考え、ベクタ型の特性を理解しましょう。

複合型と配列

基本的な制御フローがだいたい頭に入ったところで、再び「値」に話を戻しましょう。すでに基本的なスカラー型の値についてはだいたい頭に入っていることでしょう。しかしRustには、もっと複雑な値もあるのです。それは「複数の値を持つ値」です。「複合型」と呼ばれるもので、これを使うことでより複雑な値を扱えるようになります。

最初に覚えておきたい複合型は「**配列**」です。配列は、同じ型の値を1つにまとめて扱うためのものです。これは以下のように記述します。

```
[値1, 値2, ……]
```

[]内に、保管する値をカンマで区切って記述します。重要なのは「**すべて同じ型の値にする**」という点です。

作成した配列は、そのまま変数や定数に入れて利用します。配列の中に保管されている値には、ゼロから順に通し番号が付けられています。これは「**インデックス**」と呼ばれ、[]を使って番号を指定することで配列内の特定の値を取り出したり変更したりできます。

```
変数 = 配列[番号];
配列[番号] = 値;
```

この[]の部分は「**添字**」と呼ばれます。配列は、変数のあとに添字を付けて値をやり取りするのですね。

ただし、値を変更するためには、変数宣言時にmutをつけて可変にしておく必要がありま

す。配列も他の値と同様、値を変更するにはmutする必要があります。

　また、配列は、作成した際に保管する値の数が決まります。その後で保管できる値の数を増やしたり減らしたりすることはできません。

◉ 配列を利用する

　配列の基本がだいたいわかったところで、先に作成したリスト2-13の内容を改めてみてみましょう。こんなものでしたね。

▼ リスト2-15 ——リスト2-13の内容

```
fn main() {
  let data = [12, 34, 56, 78, 90]; //☆
  let mut ans = 0;
  for item in data {
    ans += item;
  }
  println!("データの合計は、{} です。", ans);
}
```

　変数dataに、[12, 34, 56, 78, 90]という配列が代入されているのがわかります。5つの整数の値を持つ配列がこれでdataに用意できました。そしてforでは、for item in dataというようにしてdataから順に値をitemに取り出しています。配列とforを使うことで、多数の値をまとめて扱えるようになることがわかるでしょう。

Column　配列の「型」はどうなる？

　サンプルで変数dataに配列を保管しましたが、このdataの型はどういうものになるのでしょうか。通常の整数型（i32）ではなく、i32の配列を示す型になるはずですね。

　このdataの型は、[i32;5]というものになります。配列の型は、[型;個数]という形で表されます。dataにはi32型の値が5個用意されているので、[i32;5]という型になるのです。例えば、サンプルのdataを定数に変更するなら、以下のようになるでしょう。

```
const DATA:[i32;5] = [12, 34, 56, 78, 90];
```

　配列の型は、このように「**保管する値の型**」と「**個数**」で決まります。個数が異なると、別の型という扱いになるのです。

タプル型について

多数の値を持つ複合型は、配列の他にもあります。それは**「タプル」**と呼ばれるものです。タプルは、複数の値をまとめたものです。配列とは違い、保管される値の型は同じにする必要はありません。まったく異なる型の値をひとまとめにできる、それがタプルです。

このタプルは、以下のような形で作成します。

```
（値1，値2，……）
```

このようにしてひとまとめにしたものを変数に入れて利用します。タプル内にある値は、**「変数.番号」**という形で指定してアクセスできます。最初の項目は、.0と指定し、2番目は.1、3番目は.2……というようにインデックスの番号で指定をします。

◎ 試してみよう タプルを使ってみる

では、実際にタプルを使ってみましょう。簡単な値を作成し、そこから内部の値を表示させてみます。

▼ リスト2-16

```
fn main() {
  let taro = ("Taro", 39, true);
  let hanako = ("Hanako", 28, false);
  println!("{:?}", taro);
  println!("{:?}", hanako);
  println!("name: {}, {}", taro.0, hanako.0);
  println!("age: {}, {}", taro.1, hanako.1);
  println!("male?: {}, {}", taro.2, hanako.2);
}
```

▼ 図2-10：2つのタプルを作り、その内容を表示する

```
――――――――――――――― Standard Output ―――――――――――――――

("Taro", 39, true)
("Hanako", 28, false)
name: Taro, Hanako
age: 39, 28
male?: true, false
```

ここでは、taroとhanakoという2つの変数にそれぞれタプルを作成しています。これらのタプ

Chapter
2

1

3

4

5

6

ルには、それぞれテキスト、整数、論理値といった値を用意しています。この中から値を取り出している文を見てみましょう。例えば、名前はこのように出力していますね。

```
println!("name: {}, {}", taro.0, hanako.0);
```

taro.0やhanako.0というようにしてタプルの最初の値を取り出しています。配列とは値を取り出す際の書き方が違うので注意してください。

また、タプルをそのまま出力するのに、ちょっとこれまでとは違う記述をしていますね。例えばこの文です。

```
println!("{:?}", taro);
```

ここでは、引数のテキスト内に{:?}という記号が書かれています。これは、オブジェクトの値を出力するためのものです。

これまでのように{}を使ってもタプルの値はうまく出力されません。{}は1つの値だけしかないスカラー型の値しかうまく表示できないのです。複合型のような複雑な値は、このように{:?}という記号を使って出力させます。タプルだけでなく、例えば配列を出力するときもこれが利用できます。

◉ タプルの分配

しかし、実をいえばtaro.0のような形でタプルから値を取り出して利用することはそれほど多くはないのです。タプルは、1つ1つが異なる型の値であるため、配列のように**「すべての値を順に処理する」**というような使い方はあまりされません。それよりも、**「関連するいくつかの値を一時的に1つにまとめておき、あとで使うときが来たらまたそれぞれ変数に分けて利用する」**というような使い方をすることが結構あります。

これを可能にしているのが、タプル特有の**「分配」**という機能です。タプルは、中の値をそれぞれ変数に分けることが簡単にできます。それは、以下のように行います。

```
(変数1, 変数2, ……) = タプル;
```

このように変数をまとめたタプルを用意し、これにタプルを代入すると、タプルの1つ1つの値が用意された各変数に格納されます。あとは、それぞれの変数を利用するだけです。

試してみよう では、タプルの分配を実際に行ってみましょう。先ほどのtaroとhanakoのサンプルを修正し、タプルから値を変数に分配して利用してみます。

▼ リスト2-17
```
fn main() {
  let taro = ("Taro", 39, true);
  let hanako = ("Hanako", 28, false);
  let (name, age, male) = taro;
  println!("name:{}, age:{}, male?:{}", name, age, male);
  let (name, age, male) = hanako;
  println!("name:{}, age:{}, male?:{}", name, age, male);
}
```

▼ 図2-11：taroとhanakoの内容をそれぞれ変数に取り出して表示する

```
──────────── Standard Output ────────────
name:Taro, age:39, male?:true
name:Hanako, age:28, male?:false
```

これを実行すると、taroとhanakoの内容がそれぞれ出力されます。ここでは、各タプルの値をそれぞれ3つの変数に取り出し、それを使ってprintln!を行っています。例えば、taroの内容を分配している処理はこのようになっています。

```
let (name, age, male) = taro;
```

これで、("Taro", 39, true)の各値が3つの変数にそれぞれ代入されるわけです。あとは、変数を自由に利用して値を出力するだけです。このようにタプルは分配を使ったほうがはるかに簡単に値を操作できます。

◉ タプルの型について

では、タプルの値の型はどのようになっているのでしょうか。これは、配列の型がわかっていれば、なんとなく想像がつくかもしれません。

```
(型1, 型2, ……)
```

このようにタプルの型は表されます。()内にある各値の型を記述した形をしているのですね。
参考までに、先ほどのサンプルで、taroとhanakoのタプルを定数に変更した例を挙げておきましょう。

▼ リスト2-18

```
fn main() {
  const TARO:(&str, i32, bool) = ("Taro", 39, true);
  const HANAKO:(&str, i32, bool) = ("Hanako", 28, false);
  let (name, age, male) = TARO;
  println!("name:{}, age:{}, male?:{}", name, age, male);
  let (name, age, male) = HANAKO;
  println!("name:{}, age:{}, male?:{}", name, age, male);
}
```

　これを見ると、TAROとHANAKOのタプルの型がよくわかるでしょう。タプルでは、保管される値の1つ1つの型が正確に合致していないと同じ型とは見なされないのです。

Column　&strの「&」は何？

　タプルの型をよく見ると、テキストの型がstrではなく「**&str**」となっているのがわかります。この&という記号は一体何なのでしょうか。

　これは、「**参照**」と呼ばれるものです。参照は値そのものではなく「**値のある場所**」を示すものです。strはテキストリテラルのための型ですが、テキストリテラルは値自体をメモリ内のどこかに配置し、それを参照する値を変数に割り当てて使っています。このため、strではなく&strとなっていたのですね。

　なお、参照についてはもう少しあとで触れる予定です。

スカラー型とベクタ型

　ここまでさまざまな値について説明してきましたが、これらは基本的にすべて「**スカラー型**」の値でした。スカラー型は「**固定された1つの値**」の型です。「**配列やタプルは？ あれは複数の値を持っているぞ？**」と思ったでしょうが、これらの複合型も「**複数の値を1つの値として扱う型**」です。最初から値の内容が決まっていて、それは変更できない、そういう型なのです。この「**決まった内容で変更できない**」という点がスカラー型の重要な特徴です。

　このスカラー型とは別に、「**ベクタ型**」というものもRustには用意されています。これは「**可変の値**」です。ベクタ型は、配列のように多数の値を管理できるもので、なおかつ「**値を自由に追加したり削除したりできる**」ものです。

　多数の値を扱うものを一般に「**コレクション**」といいます。配列のように多数の値を管理するものですが、配列のように「**保管されている要素が固定されているもの**」ではなく、自由に

要素を追加したり取り除いたりできるものです。Rustには、コレクションとしていくつかのベクタ型が用意されています。

Vec型について

コレクションの中の基本ともいえるのが「**Vec**」型です。Vec型は配列と同様に同じ型の値を多数保管するものです。

これは以下のような形で値を作成します。

✚空のVecを作成する

```
Vec::new()
```

✚初期値を持つvecを作成する

```
vec![値1, 値2, ……]
```

Vec::new()は、何も値が入っていないVecを作成します。まず値だけ作っておき、必要に応じてそこに値を追加していくようなときに使います。この場合、作成されたVecに何らかの値を追加したところで、保管される値の型が決められます。

vec!は、その後の配列にある値をすべて持ったVecを作成します。これはVecで初期値がある場合に用いられます。

このVecの型は、以下のような形になっています。

```
変数: Vec<型>
```

<>には、このVecに保管する値の型を指定します。これにより、その型の値のみがVecに保管できるようになります。

◉ 値を取り出す

Vecから値を取り出すには2つの方法があります。配列と同様に[]（添字）を使う方法と、「**get**」メソッドを使う方法です。

✚添字で値を取り出す

```
《Vec》[ 番号 ]
```

✚ メソッドで値を取り出す

```
《Vec》.get(番号)
```

　　[]でインデックスの番号を指定することで値を取り出せます。Vecの値はゼロから順に並ぶインデックスを使って整理されており、[]でインデックスを指定すればその番号の値が得られます。

　　もう1つの方法は、Vecの**「get」**メソッドを使う方法です。getで()に取り出す値のインデックスを指定します。ただしgetでは、保管した値がそのまま取り出されるわけではないのです。利用するには**「unwrap」**というメソッドを使う必要があります。すなわち、こうなります。

```
《Vec》.get(番号).unwrap()
```

　　これで、getで取り出した値を利用できるようになります。[]を使ったほうが簡単ですから、とりあえず**「Vecは[]でインデックスを指定して値を取り出せる」**ということだけ覚えておけばいいでしょう。

◉ 値を追加する

　　作成したVecには、**「push」**というものを使って値を追加していけます。これは**「メソッド」**と呼ばれるもので、関数のようにあらかじめ定義しておいた処理を実行します。

✚ 値を追加する

```
《Vec》.push( 値 );
```

　　引数には追加する値を指定します。Vecに追加できる値はすべて同じでなければいけません。すでに値がVecにある場合、保管できる型としてその値の型が指定されているので、それと同じ型の値を追加できます。

　　このpushのように、Vecでは**「自分自身の中に用意されている処理（関数）」**を呼び出して処理を行います。こうした**「自身の中に組み込まれている処理」**を**「メソッド」**と呼びます。**「値の追加は、Vecのpushメソッドを利用する」**などというように使います。

試してみよう　　では、値の追加と取得を行ってみましょう。

▼ リスト2-19

```
fn main() {
  let mut data = Vec::new();
```

```
  data.push(123);
  data.push(456);
  data.push(789);
  println!("0:{}, 1:{}, 2:{}.", data[0], data[1], data.get(2).unwrap());
}
```

▼ **図2-12：Vecに追加した値の合計を計算する**

```
────────────────── Standard Output ──────────────────

0:123, 1:456, 2:789.
```

　ここでは、Vec::newを使ってVecを作成し、それからpushメソッドを使って値を追加しています。pushにより、dataに値が追加されているのがわかります。

　println!では、data[0], data[1], data.get(2).unwrap()というようにしてdataから値を取り出し表示しています。[]を使う方法とgetを使う方法の違いがよくわかりますね。

Column **Option型とunwrap**

　vecからgetで値を取り出した場合、そのまま値を使うことができず、unwrapというメソッドを呼び出さないといけません。これは、getで得られるのがOption型の値であるためです。

　Option型というのは、**「Noneかもしれない値をラップするためのもの」**です。Noneというのは、値が存在しない状態を示す値です。getは[]と違い、指定したインデックスの値が存在しなくても値を取り出せます（[]は、そんなことをするとエラーになります）。これは、値をOptionというものでラップして取り出すためです。このため、利用するときはOptionから中身の値を取り出して使う必要があるのです。

◎ **試してみよう** Vecの値を繰り返し処理する

　このVecは、コレクションであり、配列などと同様にforを使って繰り返し処理することができます。試してみましょう。

▼ **リスト2-20**

```
fn main() {
  let data = vec![123, 456, 789];
  let mut result = 0;
```

```
  for item in data {
    result += item;
  }
  println!("データの合計は、{} です。", result);
}
```

▼ 図2-13：dataに追加した値の合計を計算する

```
———————————————————— Standard Output ————————————————————

データの合計は、1368 です。
```

　これは、dataにある値の合計を計算するサンプルです。forを使い、dataから順に値をitemに取り出しているのがわかるでしょう。Vecは、このように配列と同じようにforですべての値を処理できます。

◎ 値の挿入と削除

　Vecはpushで値を追加できますが、これは**「最後に値を追加する」**というものです。もし、途中に値を挿入したいときは**「insert」**を使います。

✚ 値を挿入する

《Vec》.insert(番号, 値);

　第1引数には、値を挿入する場所を指定します。これは、インデックスで指定します。例えば1を指定したなら、インデックスが1の位置に値を挿入します（それまでの1の値はインデックス2にずれます）。
　また、すでにある値を削除したいときは**「remove」**を使います。

✚ 値を削除する

《Vec》.remove(番号);

　これも引数にはインデックス番号を指定します。これで指定した番号の値が削除されます（その後に値がある場合は、インデックスが1ずつずれます）。

試してみよう　では、これも利用例を挙げましょう。

▼ リスト2-21

```
fn main() {
  let mut data = vec![123, 456, 789];
  data.remove(1);
  data.insert(2, 100);
  println!("{:?} ", data);
}
```

▼ 図2-14：dataの値を操作する

```
——————————————— Standard Output ———————————————

[123, 789, 100]
```

　dataから1番の値を削除し、2番に値を挿入してどうなったかを確認します。[123, 789, 100]
といった値が出力されるのがわかるでしょう。

　これで、Vecの中に保管されている値を自由に操作できるようになりました！

名前で値を管理する「HashMap」

　Vecは保管される値をインデックスで管理していました。これはこれでわかりやすいですが、
場合によっては**「番号ではわかりにくい」**ということもあるでしょう。例えば、名前、メールアド
レス、電話番号といった値をVecに保管しようと考えたとき、インデックス0が何の値で1は何の
値なのか、調べてみないとわかりません。

　このような場合、**「名前で値を管理する」**ということができればとても便利ですね。それを
行ってくれるのが**「HashMap」**という型です。

　このHashMap型は、標準で用意されてはいません。これは、std::collectionsというモジュー
ルの中に保管されています。これを利用するためには、ソースコードの冒頭で以下の文を実行
する必要があります。

```
use std::collections::HashMap;
```

　これで、HashMapが使えるようになります。Rustには、このHashMapのように**「機能そのも
のは用意されているけど、標準で使えるようにはなっていない」**というものが結構あります。
こうしたものは、**「use ○○;」**というように指定することで、その機能を使えるようにすること
ができます。

◉ HashMapの作成

HashMapの作成は、「**new**」を利用します。基本的な使い方はVecのときと同じです。

✚ HashMapの作成

```
HashMap::new()
```

値を作成したら、「**insert**」を使って値を追加します。これもVecと同じようなものですが、インデックスの代わりに名前を使って値を指定します。また値を削除する「**remove**」も同様です。

✚ 値を追加する

```
《HashMap》.insert(名前, 値);
```

✚ 値を削除する

```
《HashMap》.remove(名前);
```

これでHashMapに値を追加したり削除したりすることができます。insertは、値を更新するときにも利用できます。すでにある値と同じ名前を指定してinsertすれば、その名前の値が更新されます。

試してみよう　では、実際の利用例を見てみましょう。

▼ リスト2-22

```
use std::collections::HashMap;

fn main() {
  let mut map = HashMap::new();
  map.insert(String::from("first"), 123);
  map.insert(String::from("second"), 456);
  map.insert(String::from("third"), 789);
  map.remove("second");
  println!("{:?}", map);
}
```

▼図2-15：HashMapを作成し、その内容を出力する

```
———————— Standard Output ————————
{"first": 123, "third": 789}
```

ここではHashMapにfirst, second, thirdという値を追加し、secondを削除しています。出力された内容を見ると、{"first": 123, "third": 789}というようになっていますね。firstとthirdの値が保管され、secondが削除されていることがわかります。

使い方はそう難しくないのですが、ここでは注意すべき点が1つあります。insertしている部分を見てください。

```
map.insert(String::from("first"), 123);
```

こんな具合になっていました。名前には、String::from("first")という値が用意されています。これは何かというと、**「"first"というテキストの値」**なのです。

これまで、テキストはリテラルの値として"first"といったものを利用してきました。これはstr型の値です。str型は**「テキストリテラルでのみ使われる型」**でした。

HashMapは、このstr型ではなく、自由に扱えるテキストであるString型のテキストを使って値を指定します。このString型のテキストを作成しているのがString::fromというものなのです。

このString型についてはこのあとで説明しますので、ここでは**「テキストリテラルではなくてStringでテキストを指定するんだ」**ということだけ頭に入れておいてください。

Column HashMapは、順不同！

HashMapのサンプルを実行したとき、表示される順番が本書掲載の図と異なっていた人もいるでしょう。あるいは、**「実行する度に順番が変わる」**という人もいたに違いありません。これは、バグなどではなく、それで正常です。

配列やVecなどと違い、HashMapはインデックスで値を管理しません。配列はインデックスという通し番号で値を管理しているので、値の並び順は常に決まっています。けれどHashMapはインデックスを使わないので、順番は決まっていないのです。このため、実行状況によって取り出される値の順番は変わることがあります。

◉ 値の取得

HashMapに保管されている値は、[]を使って取り出すことができます。例えば、["hello"]とすれば、helloという名前の値を取り出すことができます。インデックスの代わりに名前を指定すれ

ばいいのですね。

ただし、これは値を取り出す場合のみ有効です。HashMapに保管されている値を[]で名前を指定して更新することはできません。値の変更は基本的にinsertを利用してください。

また、値の取得は添字の他に「**get**」メソッドを利用することもできます。getの引数に名前を指定すれば、その値が取り出されます。ただし、得られるのはOptionでラップした値なので、unwrapメソッドを使ってその中から値を取り出す必要があります。

```
《HashMap》.get(名前).unwrap()
```

このような形ですね。ちょっと面倒ですが、すでにVecで説明したことですからそれほど難しくはないでしょう。

試してみよう　では、値の取得の例を挙げておきましょう。

▼ リスト2-23

```
use std::collections::HashMap;

fn main() {
  let mut map = HashMap::new();
  map.insert(String::from("first"), 123);
  map.insert(String::from("second"), map["first"] * 2);
  map.insert(String::from("third"),
    map.get("first").unwrap() + map.get("second").unwrap());
  println!("{:?}.", map);
}
```

▼ 図2-16：HashMapの値を取り出しながら新しい値を追加していく

```
─────────────────── Standard Output ───────────────────
{"second": 246, "first": 123, "third": 369}.
```

ここでは、insertで値を追加する際、mapから添字やgetを使って値を取り出し利用しています。firstの値はmap["first"]として取り出せますし、secondはmap.get("second").unwrap()という形で取り出しています。添字とgetのどちらでもこのように値を取り出すことができます。

◉ HashMapの繰り返し処理

このHashMapもコレクションの仲間なので、forによる繰り返しで処理することができます。た

だし、HashMapには「**名前**」と「**値**」が保管されており、自動で順に割り当てられるインデックスとは異なり「**どんな名前でどういう値が保管されているか**」は取り出すまでわかりません。

そこでforを利用する際は、タプルの分配を利用して以下のように記述します。

```
for (変数1, 変数2) in 《HashMap》
```

これにより、HashMapから値とその名前が取り出され、タプルに代入されます。変数1には名前が、変数2には保管されている値がそれぞれ収められます。

試してみよう　では、forによる処理の例を挙げておきましょう。

▼ リスト2-24

```rust
use std::collections::HashMap;

fn main() {
  let mut map = HashMap::new();
  map.insert(String::from("first"), 123);
  map.insert(String::from("second"), 456);
  map.insert(String::from("third"), 789);
  let mut result = 0;
  for (ky, val) in map {
    println!("{}: {}.", ky, val);
    result += val;
  }
  println!("total: {}.", result);
}
```

▼ 図2-17：HashMapの値の合計を計算する

```
─────────────────────── Standard Output ───────────────────────

second: 456.
third: 789.
first: 123.
total: 1368.
```

ここでは作成したHashMapに保管されている値をforで順に取り出し合計しています。繰り返し処理の部分は以下のようになっていますね。

```
for (ky, val) in map
```

これで、mapから取り出された値と名前がkyとvalの2つの変数に保管されます。これを使って値の処理を行えばいいのです。

HashMapは、標準で使える型ではなく、ライブラリに用意されているものであるため、**「普通の値より難しそう」**と感じてしまうでしょうが、Vecがわかっていれば基本的な使い方はだいたい理解できます。まずは基本操作（HashMapの作成、あたいの追加、変更、削除）だけでもしっかり覚えておきましょう。

「String」型のテキストについて

HashMapのところで、**「テキストにはstr型の他にStringという型がある」**といいました。Rustに標準で用意されているテキストの型はstrのみです（1文字だけのcharもありますが）。Stringは、ライブラリとして用意されているものなのです。

str型は、リテラルの型ですから、テキストを操作したりすることができません。自由にテキストを扱うために用意されているのがString型なのです。これも、ライブラリとして提供されているものですが、HashMapのようにusingという文を書かなくても使えます。

Stringの値は、以下のように作成します。

✚String型テキストの作成

```
String::new()
String::from(テキスト)
```

String::new()は、空のテキストを作成するものです。そしてString::fromは、引数に用意したテキスト（これはstr型のリテラルでOKです）からStringを作成します。

また、テキストリテラルからString値を作成することもできます。これは以下のようにします。

✚リテラルからStringを得る

```
"テキストリテラル".to_string()
```

これで、テキストリテラルをStringとして取り出すことができます。String::fromでもto_stringでも働きとしては同じなので、どちらか片方だけ覚えておけばいいでしょう。

こうして作成されたString値は、テキストのリテラル（str型）とは性質などが異なります。両者を区別するため、今後はString型のテキストは**「文字列（＝「文字」がいくつも並んだもの）」**と表記することにします。**「テキスト」**は、str型のテキストリテラルや、一般的な意味でのテキストに使うことにします。

◎ 試してみよう テキストの接続

テキストというのは、+演算子でつなげることができる、と先に説明しました。これはString値でも同じです。ただし、+でつなげるにはちょっとした工夫が必要です。

▼ リスト2-25

```
fn main() {
  let s1 = String::new();
  let s2 = String::from("Hello");
  let s3 = "World";
  let s4 = s1 + &s2 + &s3;
  println!("{}", s4);
}
```

▼ 図2-18：実行すると「HelloWorld」と表示される

```
───────────── Standard Output ─────────────

HelloWorld
```

ここではs1, s2, s3と3つのテキストを用意し、これらを+でつなげたものをs4に代入して表示しています。s1はString:newで作成した文字列、s2はString::fromで作成した文字列、そしてs3はstr型のリテラルです。これらはすべて+でつなげることができます。

ただし、よく見るとつなげる処理は、s1 + &s2 + &s3となっていますね？ s1はそのままですが、これに+でつなげていく値は&という記号が付けられています。

これは、値の「**参照**」を示す記号です。参照というのは、値そのものではなく、値が保管されている場所を示すものです。テキストを+でつなげる場合、「**1つ目はString型の文字列にする**」「**2つ目以降は&でテキストの参照を指定する**」という形になるのです。

このあたりは、「値の所有権」といったものがわからないと理解するのは難しい部分ですので、今は「**Stringに&をつければ+で足せる**」とだけ覚えておいてください。参照や所有権が頭に入ったところで改めてきちんと理解すればいいでしょう。

◎ push_strによるテキストの追加

Stringはstrと違い、可変文字列の値です。ですから、+で足す他に「**テキストを付け足す**」ことで同じようなことを行えます。

テキストの追加は「**push_str**」というメソッドを使います。これは以下のように行います。

```
《String》.push_str(テキスト);
```

　　　　　引数のテキストは、strでもStringでもOKです。これでこの文字列の末尾に引数のテキスト
が追加されます。
　　　　　この他、char型の値を追加する**「push」**というメソッドもあります。

```
《String》.push(《char》);
```

　　　　　こちらはchar型なので1文字だけ付け足すものです。合わせて覚えておくと良いでしょう。

試してみよう　では、例として先ほどの+演算子でつなげたサンプルをpush_strで書き直してみましょう。

▼ リスト2-26

```
fn main() {
  let mut s1 = String::new();
  s1.push_str("Hello");
  s1.push_str("World!");
  println!("{}", s1);
}
```

　　　　　こうなりました。これでも同じように**「HelloWorld!」**とテキストが出力されます。
　　　　　このpush_strは、**「文字列そのものを書き換える」**ということに注意してください。従っ
て、追加するStringはlet mutで可変文字列として宣言する必要があります。

◉ テキストの挿入と削除

　　　　　では、文字列の途中に別のテキストを挿入するにはどうするのでしょうか。これも、2つのメ
ソッドが用意されています。

✚テキストを挿入する

```
《String》.insert_str(インデックス, テキスト);
```

✚文字を挿入する

```
《String》.insert(インデックス, 文字);
```

　　　　　テキストを挿入するinsert_strと文字（char）を挿入するinsertがあります。どちらも第1引数
に挿入する場所を示すインデックス（最初から何文字目か）を指定します。

では、削除はどうでしょうか。これは、1文字ごとに行うものが用意されています。

➕文字列の文字を削除する

```
《String》.remove(インデックス);
```

引数に指定したインデックスの文字を削除します。文字列を削除する（一定範囲をまとめて削除する）というメソッドは標準では用意されていません。ただし、**「すべての文字列を削除する」**というものは用意されています。

➕すべての文字列を削除

```
《String》.clear();
```

試してみよう　　では、これらを利用して文字列を操作する例を挙げておきましょう。

▼ リスト2-27
```
fn main() {
  let mut s1 = String::from("Hello,World!");
  s1.insert_str(6, " Rust ");
  s1.insert(7, '*');
  s1.insert(12, '*');
  s1.remove(5);
  println!("{}", s1);
}
```

▼ 図2-19：実行すると「Hello *Rust* World!」と出力される

```
───────────────── Standard Output ─────────────────
Hello *Rust* World!
```

これを実行すると、**「Hello *Rust* World!」**とテキストが表示されます。s1に元からあったテキストは**「Hello,World!」**です。これにテキストを追加し、文字を追加し、文字を削除して書き換えていったのですね。このようにStringは自身の内容を自由に書き換えることのできるテキストなのです。

文字列の部分取得

では、すでに用意されている文字列の中から一部分だけを取り出したいときはどうすればいいのでしょうか。これは、実は[]を使って行うことができます。

&テキスト[インデックス]

このようにインデックスを指定することで、指定した文字を取り出すことができます。**「一定範囲のテキストは取り出せないのか？」** というと、取り出せます。これには **「レンジ」** というものを使います。

◉ レンジについて

レンジ（Range）というのは、数の範囲を示す値です。これは「..」という記号を使って記述します。AとBの2つの値を使って範囲を示す例を以下に挙げておきましょう。

✚A以上B未満の範囲

A..B

✚A以上B以下の範囲

A..=B

「..」のあとに=をつけると、終わりの値も含めます。=がない場合は含まれません。この「..」を使った書き方は、前にも登場しましたね（forのところです）。

このレンジを利用すると、テキストの一部分を取り出すことができるようになります。これは、以下のように記述するのです。

&テキスト[開始..終了]

[]でテキストの一部を利用する場合、冒頭に&をつけてテキストの参照を利用するようにします。

例えば、[0..10]と指定すれば、インデックスが0以上10未満の範囲のテキストを取り出すことができます。また、0..=10]というようにイコールをつけると、0以上10以下の範囲を取り出せます。

◎ 試してみよう テキストの一部を取り出す

レンジを添字のインデックスに指定することで、その範囲のテキストが取り出せます。では簡単な例を挙げておきましょう。

▼ リスト2-28

```
fn main() {
  let s1 = String::from("Hello,Rust World!");
  let s2 = &s1[0..5];
  let s3 = &s1[6..10];
  let s4 = &s1[11..16];
  let s5 = String::new() + s4 + s3 + s2;
  println!("{}", s5);
}
```

▼ 図2-20：実行すると「WorldRustHello」と出力される

```
───────────────── Standard Output ─────────────────

WorldRustHello
```

これを実行すると、「**WorldRustHello**」というテキストが出力されます。ここでは「**Hello,Rust World!**」というテキストから「**Hello**」「**Rust**」「**World**」という3つのテキストを取り出し、それを+でつなげて出力しています。[]でテキストの一部を取り出せば、こんな具合にテキストを自由に分解して使うこともできます。

Column どうして+するのに&がついてないの？

ここでは、よく見るとテキストをつなげるのにString::new()＋s4＋s3＋s2という書き方をしています。なぜか、s4, s3, s2には&がついてません。「**テキストを+でつなげるときは&をつける**」といったのに、なぜでしょう？

その理由は、[]を使って取り出されたテキストは普通のテキスト値ではないからです。これは「**スライス**」と呼ばれるもので、元になるテキストの一部分だけを参照する値です。このため、（すでに参照なので）&をつける必要がなく、そのまま+で足し算できたのです。

スライスについては、次の章で説明する予定です。

Section 2-4 関数定義

ポイント
- ▶関数を定義し利用できるようになりましょう。
- ▶関数を値として利用する方法を学びましょう。
- ▶クロージャの特性について理解しましょう。

関数とは？

処理の流れを制御するための制御フローについてすでに一通り説明をしました。しかし、実は処理の流れを制御する非常に重要なものがまだ残っているのです。それは**「関数」**です。

関数とは、ソースコードの一部を切り離して1つにまとめ、いつでもどこからでも呼び出せるようにしたものです。すでに皆さんは関数を使っています。今まで書いたソースコードは、すべて以下のような形をしていました。

```
fn main() {
  ……処理……
}
```

実は、これこそが**「関数」**なのです。これまで皆さんが書いてきたのは、**「main」**という関数なのです。main関数はプログラムの**「エントリーポイント」**（実行時に呼び出されるところ）と呼ばれる働きをするものです。Rustでは、プログラムを実行するとこのmain関数が呼び出され、そこにある処理が実行されるようになっているのです。

このような関数は、プログラマが必要に応じて自由に定義し使うことができます。関数を使い込めば、より複雑なプログラムをわかりやすく構築できるようになるのです。

◉ 関数の定義

では、関数の定義がどのようになっているのか見てみましょう。これは整理すると以下のようになります。

```
fn 関数名（引数）{
    ……実行する処理……
}
```

　関数の定義は、**「fn」「関数名」「引数」**といったものを使って行われます。**「fn」**は、最初に必ずつけるキーワードです。**「関数名」**は、文字通りその関数に付ける名前ですね。**「引数」**というのがわかりにくいでしょうが、これは**「関数を呼び出すときに渡す値」**を定義するものです。これはあとで実際に関数を書いていけば自然に覚えられるでしょう。

　こうして定義された関数は、その名前と引数を指定して呼び出すことができます。

```
関数名(引数);
```

　このように書けば、指定の関数が呼び出されその場で実行されます。

試してみよう　では、実際に関数を定義し、それを呼び出して使ってみましょう。ここでは**「hello」**というシンプルな関数を定義し利用します。ソースコードを以下に書き換えてください。

▼ リスト2-29

```
fn main() {
  hello(String::from("taro"));
  hello(String::from("hanako"));
}

fn hello(name:String) {
  println!("Hello, {}!",name);
}
```

▼ 図2-21：hello関数を呼び出しメッセージを表示する

```
─────────────────── Standard Output ───────────────────
Hello, taro!
Hello, hanako!
```

　これを実行すると、**「Hello, taro!」「Hello, hanako!」**とメッセージが出力されます。hello関数を2回呼び出し、2つのメッセージを表示させているのですね。

　ここで定義しているhello関数では、(name:String)というように引数が用意されています。これにより、Stringの値を引数に渡すようにしています。渡された値はnameという変数（仮引数といいます）に保管され、関数内で利用することができます。ここではprintln!でname仮引数

の値を使ってメッセージを出力しています。

では、main関数でhelloを利用している部分はどうなっているでしょうか。

```
hello(String::from("taro"));
hello(String::from("hanako"));
```

引数にはString値を指定するので、String::fromを使い値を作成しています。関数を呼び出すときは、このように仮引数に渡す値を正しく用意する必要があります。値の型が違っていたり、必要な引数が用意されていなかったりすると関数の呼び出しに失敗することがあるので注意しましょう。

◉ 戻り値について

関数は、「関数名」と「引数」で構成されていますが、実はもう1つ、非常に重要な要素があるのです。それは「戻り値」と呼ばれるものです。

戻り値は、関数の処理を実行したあとで何らかの値を呼び出した側に送り返すものです。この戻り値を用意すると、関数はその戻り値の値そのものとして扱えるようになります。例えば、整数の値を戻り値として返す関数は、整数の値や変数と同じように扱うことができます。式の中に値として関数をおいたりすることもできるようになるのです。

この「戻り値を持った関数」は、以下のような形で定義します。

```
fn 関数名（引数）-> 型 {
    ……実行する処理……
    値          // ；をつけない！
}
```

関数を定義する際、引数を指定する()のあとに「->型」という形で戻り値の型を指定します。これにより、この関数は指定した値を返すようになります。

返す値は、処理を実行後、ただその値を書いておくだけです。注意すべきは、「返す値は、最後にセミコロンを付けない」という点です。

あるいは「もっとはっきりと、『ここで値を返す』というのがわかるように書きたい」という人は、「return」というものを使えます。

```
fn 関数名（引数）-> 型 {
    ……実行する処理……
    return 値;
}
```

returnにより、指定した値を呼び出し元に返します。この場合は、最後にセミコロンを付けても大丈夫です。

◎ 試してみよう 戻り値を持つ関数を使う

では、戻り値を持つ関数を使ってみましょう。戻り値は、何らかの演算などを行う関数で多用されます。ここでは例として**「引数に指定した値までの合計を計算し結果を返す関数」**というのを定義し、これを利用してみましょう。ソースコードの内容を以下に書き換えます。

▼ リスト2-30

```
fn main() {
  print_msg(100);
  print_msg(200);
  print_msg(300);
}


fn print_msg(max:i32) {
  println!("{} までの合計は、{} です。",max, calc(max));
}


fn calc(max:i32)->i32 {
  let mut result = 0;
  for n in 0..max {
    result += n;
  }
  result
}
```

▼ 図2-22：実行すると、100, 200, 300までの合計をそれぞれ計算する

```
——————————————— Standard Output ———————————————
100 までの合計は、 4950 です。
200 までの合計は、 19900 です。
300 までの合計は、 44850 です。
```

これを実行すると、1から100まで、200まで、300までの合計をそれぞれ計算し、結果を表示します。

ここでは3つの関数が用意されていますね。mainは、お馴染みのエントリーポイントとなる

関数でした。「**calc**」というのが、合計を計算する関数です。そして「**print_msg**」は、渡された数字を使ってcalcを呼び出し、その結果を元にメッセージを表示する関数です。

では「**calc**」関数を見てみましょう。ここでは、fn calc(max:i32)->i32というように関数が定義されています。これにより、i32の値を1つ引数に持ち、i32の値を返す関数であることがわかります。

このcalc関数は、print_msg関数の中で利用されています。このprint_msg関数は、i32の値を引数に持っています。そしてprintln!関数で、引数とcalc関数の戻り値をメッセージして表示しています。このように、関数は、別の関数の引数として使うこともできます。

mainで実行している処理を見ると、ただprint_msgを3回呼び出しているだけなのがわかるでしょう。これだけで1から引数の値までの合計を計算し、メッセージにまとめて表示する、ということを行えるようになります。関数を使うことで複雑な処理も簡単に呼び出せるようになりますね！

◉ 関数内の変数とスコープ

ここでのcalc関数では、仮引数のmaxと、合計を計算するresultという変数が用意されています。これら関数内で利用される変数は、関数内にのみスコープがあります。すなわち、関数を抜ける際に値はドロップされて消えてしまうのです。

関数も実行する処理は‖というブロックにまとめられています。「**変数は、宣言されたブロック内でのみ使える**」という基本原則はここでも生きているのです。

値としての関数

関数は、このように簡単に定義して利用することができます。それだけでなく、関数はもっと柔軟な使い方もできます。関数は「**値として定義し、変数などに入れて利用する**」ことができるのです。

これは、以下のような形で作成します。

```
変数 = |引数| {……処理……}
```

かなり関数の書き方が変わっていますね。|| を使って仮引数となる変数名を用意します。これは通常の関数定義のように「**名前:型**」ではなく、単に名前を書くだけでかまいません。型の指定は不要です。

また、値を帰す関数の場合、引数のあとに->で戻り値の型を指定しますが、これも不要です。値として関数を用意する場合、引数や戻り値の型指定はいらないのです。

実際の処理は‖内に記述をします。ここで必要な処理をし、もし戻り値として値を返したけれ

ば最後に値をそのまま記述しておきます (セミコロンはつけません)。これで関数が変数に代入
されます。あとは変数のあとに()をつけて呼び出せば、普通の関数と同様に呼び出すことがで
きます。

このような形で定義された関数は、定義に関数名がない (代入した変数を使って呼び出さ
れるのでいらない) ことから**「匿名関数」**と呼ばれます。

◎ 試してみよう 匿名関数を利用する

では、実際に匿名関数を使ってみましょう。先ほどのサンプル (calc関数とprint_msg関数
を使ったもの) を匿名関数利用の形に書き換えてみましょう。ソースコードを以下のように変更
します。

▼ リスト2-31

```
fn main() {
  let calc = |max| {
    let mut result = 0;
    for n in 0..max {
      result += n;
    }
    result
  };

  let print_msg = |max| {
    println!("{} までの合計は、{} です。",max, calc(max));
  };

  print_msg(100);
  print_msg(200);
  print_msg(300);
}
```

こうなりました。実行して合計が表示されるのはこれまでとまったく同じです。実行して正常
に動作することを確認しておいてください。

では、関数部分を見てみましょう。ここでは以下のように匿名関数が定義されています。

```
let calc = |max| {……}
let print_msg = |max| {……}
```

どちらも引数にmaxという値を渡しています。これだけでいいんですね。calcは合計を計算し、その結果を返しますが、戻り値の指定などは用意されていません。これでも問題なく値を受け取れるのです。値を返すcalcでは、最後にresultと書かれているのがわかるでしょう。これで、resultの値が戻り値として返されるようになります。

これらの関数を利用している部分を見ると、calc(max)やprint_msg(max)というように、通常の関数とまったく変わりないことがわかります。**「関数名がなく、代入した変数の名前がそのまま関数名のように使われる」**というだけで、処理の実行については普通の関数と同じなのです。

クロージャについて

このような**「値として定義された匿名関数を変数に代入したもの」**は、一般に**「クロージャ」**と呼ばれます。クロージャとは、**「関数をオブジェクトとしてラップし利用できるようにする仕組み」**です。というと何だかよくわからないでしょうが、要するに**「関数を、それが利用される環境までまるごと保持される形で包み、利用できるようにする」**のです。この**「環境まで保持する」**という点が重要です。これがクロージャの重要なポイントなのです。

試してみよう　例えば、先ほどのcalcとprint_msgによるサンプルを少し書き換えてみます。mainとcalc関数を以下のように変更してください。

▼ リスト2-32
```
fn main() {
  let max = 100;
  let res = calc(max);
  let print_msg = || {
    println!("{} までの合計は、{} です。",max, res);
  };
  print_msg();

  let max = 200;
  let res = calc(max);
  let print_msg = || {
    println!("0-{} Total: {}",max, res);
  };
  print_msg();
}

fn calc(max:i32)-> i32 {
  let mut result = 0;
```

```
  for n in 0..max {
    result += n;
  }
  result
}
```

▼ 図2-23：print_msgを2回呼び出す

```
──────────── Standard Output ────────────

100 までの合計は、4950 です。
0-200 Total: 19900
```

やっていることは、先ほどと同じです。複雑になるので、calcは通常の関数にしておき、print_msgだけを匿名関数として用意しておきました。変数maxとcalcの結果を保管したresを用意し、print_msg匿名関数を定義してからprint_msgを呼び出していますね。これでcalcの結果がprint_msgで出力されます。ここではこの処理を2回実行しています。

ここでのprint_msgを見てください。関数には引数が用意されていません。それなのに、その中でmaxやresの値がそのまま利用できています。つまり、print_msg関数の中から、関数の外側にあるmaxやresといった変数が利用できるのですね。

また、ここではprint_msgを2回実行し、値を上書きしていますね。匿名関数も、変数に保管されていますからこのようにシャドーイングで変更することが可能です。関数でありながら、変数の特徴を備えているのです。

◉ クロージャ外とのやり取り

クロージャは、周りの環境まで取り込んで保持します。**「周りの環境」**とは、具体的には**「クロージャがある場所の変数」**と考えていいでしょう。

試してみよう 先ほどのprint_msgでは、クロージャの中から、外側にある変数を利用することができました。これは値を得るだけでなく、クロージャの外側にある変数の値を書き換えて使うこともできます。試してみましょう。ソースコードを以下のように変更します。

▼ リスト2-33

```
fn main() {
  let mut x = 10;
  let mut double = || {
    x *= 2;
    x
```

```
  };
  println!("x = {}.", double());
  println!("x = {}.", double());
  println!("x = {}.", double());
}
```

▼ 図2-24：double関数で変数xを書き換えながら動く

```
──────────── Standard Output ────────────

x = 20.
x = 40.
x = 80.
```

　　ここでは変数xとdouble関数を用意し、これらをprintln!で出力しています。double関数では、変数xを2倍にして返しています。println!でこれを何度か呼び出すと、xの値が20, 40, 80と呼び出すごとに2倍になっていくことがわかります。

　　doubleでは、変数xの値を直接変更していますね。つまりdouble関数の外側にある変数xの値を取り出し、2倍にして書き換えているわけです。xへの読み書きが行えないとこの関数はうまく動作しないことはわかるでしょう。

◎ 試してみよう クロージャに借用された変数

　　では、このリストに少し値を書き加えてみましょう。doubleを何度か呼び出している途中でxの値を変更してみます。こうするとどうなるでしょうか。

▼ リスト2-34

```
fn main() {
  let mut x = 10;
  let mut double = || {
    x *= 2;
    x
  };
  println!("x = {}.", double());
  println!("x = {}.", double());
  x = 100; //☆
  println!("x = {}.", x); //☆
  println!("x = {}.", double());
}
```

▼図2-25：実行するとエラーになってしまう

```
                        Execution                    Close

 ──────────── Standard Error ────────────

   Compiling playground v0.0.1 (/playground)
error[E0506]: cannot assign to `x` because it is borrowed
  --> src/main.rs:9:5
   |
3  |     let mut double = || {
   |                      -- borrow of `x` occurs here
4  |         x *= 2;
   |         - borrow occurs due to use in closure
...
9  |     x = 100; //☆
   |     ^^^^^^^ assignment to borrowed `x` occurs here
10 |     println!("x = {}.", x); //☆
11 |     println!("x = {}.", double());
   |                         ------ borrow later used here

For more information about this error, try `rustc --explain E0:
error: could not compile `playground` due to previous error

 ──────────── Standard Output ────────────
```

　これを実行すると、エラーになり動きません。エラーのところに「**cannot assign to `x` because it is borrowed**」といったメッセージが表示されていることでしょう。これは、「**変数xは借用されているため代入できません**」というエラーです。

　変数xは、double関数の中で利用されています。これにより、xはdouble内で「借用」された状態となります。借用というのは、要するに「**そこで利用するために借りているので、他から使えない状態になっている**」と考えてください。このため、xの値を書き換えようとするとエラーになってしまうのですね。

　このあたりは、「**所有権**」という考え方について理解していないと難しい部分でしょう。所有権についてはこのあとで説明します。今は「**クロージャ内から外部の変数を使うと、外側で利用に問題が出てくる**」ということだけ頭に入れておいてください。

　クロージャは、所有権の問題などがあるため、本格的に使いこなすにはもっと深いRustの知識が必要になります。ただ、使い方自体は決して難しいものではありません。関数を定義し、変数に入れて呼び出すだけなのですから。

　「**関数は、値として扱える**」ということだけは、ここでしっかりと理解しておきましょう。

Chapter **3**

Rust特有の仕組みを理解する

Rustには、他のプログラミング言語では余り見られない機能が
いろいろと用意されています。ここではそうしたものの中から、
特に重要な「所有権」「構造体」「ジェネリクス」「トレイト」「列挙型」
といったものについて説明しましょう。

Section 3-1 所有権と参照

> **ポイント**
> ▶ 所有権の働きについて理解しましょう。
> ▶ 所有権を移さない「参照」を使えるようになりましょう。
> ▶ スライスとはどういうものか、どう使うのか学びましょう。

値と所有権

　前章では、Rustの基本的な文法について一通り学びました。これらは、多くのプログラミング言語でも共通して用意されているものといえます。もちろん、用意されているキーワードや構文等は言語によって違っているでしょうが、それでもその**「考え方」**はだいたい同じです。ある言語で考え方をきちんと理解すれば、他の言語でも (その言語での書き方を学ぶだけで) 簡単に使えるようになります。

　しかし、Rustにはこうした**「どの言語にもある、だいたい同じ機能」**だけでなく、**「Rustにしかない、Rust特有の機能」**というものも多数あります。この章では、こうしたRust特有の機能について理解していきましょう。

　まずは、Rustの機能の中でももっともRustらしい部分である**「所有権」**について説明しましょう。

◉ 所有権とは

　「所有権」とは、**「値を所有する権利」**のことです。Rustでは、利用するすべての値には**「所有権」**が設定されます。そして、その値を所有するものだけが、値を自由に利用することができるのです。

　「値を所有するもの」とは、わかりやすくいえば**「変数」**のことです。Rustでは、値を変数に代入すると、その変数が値を所有します (つまり、その変数に所有権が与えられます)。所有権は、常に1つしかありません。複数の変数に所有権を与えることはできないのです。

　そして変数のスコープを抜け、値をドロップするときには、変数は破棄され、所有権も消滅します。

　　この「**変数に代入すると所有され、値がドロップされると消える**」という所有権の基本を
まずは頭に入れておいてください。

▼図3-1：値を変数に入れると、その変数が値を所有する。ブロックを抜けて変数がドロップされると所有権も
消える

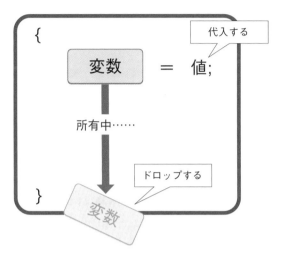

リテラルの所有権

　　この「**変数に所有権がある**」というのはどういうことか。所有権があり、しかも「**所有権は
常に1つ**」しか与えられない——このことは、「**用意した値は、常に1つの変数でしか使えな
い**」ということを意味します。

　　これは本当にその通りなのか、確かめてみましょう。まずは「**リテラル**」からです。リテラルと
いうのは、普通の値の変更が可能な値とは異なるものです。ソースコードに直接書かれている
値であり、一切変更できません。

試してみよう　　このリテラルを変数に入れて使う場合を考えてみましょう。ソースコードファイルを以下のよ
うに書き換えてください。

▼リスト3-1

```
fn main() {
  let msg = "Hello!";
  let msg2 = msg;
  println!("{}", msg);
  println!("{}", msg2);
}
```

▼ 図3-2：実行すると「Hello!」と2回出力される

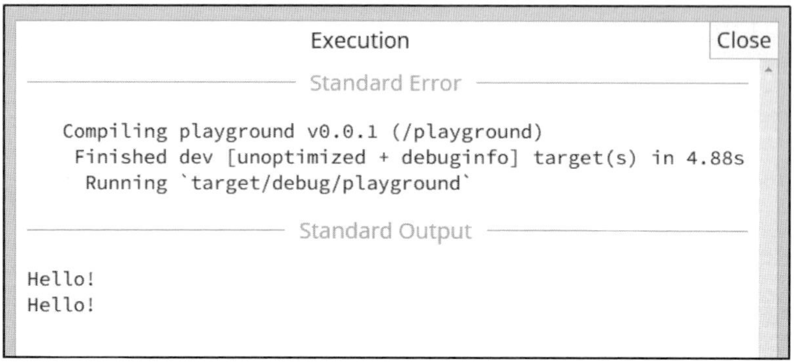

```
┌─────────────────────────────────────────────────────────────┐
│                      Execution                      │ Close │
│  ──────────────────── Standard Error ────────────────────   │
│                                                             │
│    Compiling playground v0.0.1 (/playground)               │
│     Finished dev [unoptimized + debuginfo] target(s) in 4.88s │
│      Running `target/debug/playground`                     │
│                                                             │
│  ──────────────────── Standard Output ───────────────────  │
│  Hello!                                                     │
│  Hello!                                                     │
│                                                             │
└─────────────────────────────────────────────────────────────┘
```

　これを実行すると、「**Hello!**」「**Hello!**」と2回表示されます。リストを見ると、非常に単純なものですね。変数msgに"Hello!"と値を入れ、msgをmsg2に入れ、2つの変数をそれぞれ出力しているだけです。これの何が問題なのか？

　「変数に入れると所有権が設定される」「値の所有権は1つだけ」——以上を念頭に置いて、リストをよく見てください。"Hello!"という値は、msgに代入されます。それから、msgはmsg2に代入されます。となると、"Hello!"の所有権はmsgとmsg2のどちらにあるのでしょう？ "Hello!"の所有権が1つだけなら、msgとmsg2のどちらかにしか与えられないはずですね？

　"Hello!"は、str型のリテラルです。リテラルは、普通の値とはちょっと違います。これはプログラム内に**「ハードコード」**されます。どういうことかというと、プログラムの中に"Hello!"という値が直接書き込まれている、ということなのです。リテラルですから、これは一切変更できず、コンパイルする際に既に値が固定されています。いわば**「プログラムの一部」**として書き込まれているのですね。

◉ リテラルと参照

　プログラムに書き込まれているものですから、値を変更することはできません。また変数に代入して使うときも、プログラムを実行したときに特定のメモリに書き込まれている値ですから、それを変数に合わせて自由に移動したりはできないのです。

　ではどうするのか？ というと、**「値がある場所」**の情報を変数に代入しているのです。そして変数を利用するときは、その場所にある値を取ってきて使っているのです。

　こうした**「値がある場所」**の情報を**「参照」**といいます。先ほどの変数msgには、"Hello!"というリテラルではなく、実は**「リテラルの参照」**が入っていたのですね。

　この参照という値は、通常の値とは異なる働きをします。変数に代入すると、**「参照の値をコピーして代入する」**のです。

つまり、先ほどの let msg2 = msg;では、msgの参照がコピーされmsg2に代入されていたのです。2つの変数にそれぞれ参照が代入されているので、全く問題なく使えたのです。しかも、2つの参照は同じ値の場所を示しているので、どちらも同じ値として扱われます。strリテラルがどの変数からも自由に利用可能なのは、そういう理由だったのです。

◉ リテラルのスコープ

こうしたリテラルというのは、プログラム自体で定義されているわけで、つまりは「**プログラム全体がスコープ**」となっています。プログラムのどこからでも自由に値にアクセスできるわけです。このため、どの変数でも問題なく動作します。

所有権を考えるとき、まず「**リテラルは特殊なのだ**」ということを頭に入れておきましょう。これは、自由に変更できる値とは別のものとして扱われているのです。

試してみよう さまざまな値の所有権を調べる

では、改めて所有権の働きを見てみましょう。今度はstrリテラルではなく、String値で試してみます。String値は、Rustの標準型ではなく、ライブラリによって用意されているものでしたね。

では、mainを以下に書き換えて実行しましょう。

▼ リスト3-2

```
fn main() {
  let msg = String::from("Hello!");
  let msg2 = msg;
  println!("{}", msg);
  println!("{}", msg2);
}
```

▼ 図3-3：実行するとエラーが発生する

```
                        Execution                    Close
                  ─── Standard Error ───

   Compiling playground v0.0.1 (/playground)
error[E0382]: borrow of moved value: `msg`
 --> src/main.rs:4:20
  |
2 |     let msg = String::from("Hello!");
  |         --- move occurs because `msg` has type `String`, wl
3 |     let msg2 = msg;
  |                --- value moved here
4 |     println!("{}", msg);
  |                    ^^^ value borrowed here after move
  |
  = note: this error originates in the macro `$crate::format_a
help: consider cloning the value if the performance cost is ac
  |
3 |     let msg2 = msg.clone();
  |                   ++++++++

For more information about this error, try `rustc --explain E0
error: could not compile `playground` due to previous error
                  ─── Standard Output ───
```

　基本的には先ほどのサンプルと同じですね。ただstrリテラルではなく、String値として文字列を用意しただけです。

　これを実行すると、「**error[E0382]: borrow of moved value: `msg`**」というエラーが発生して動きません。何が問題なのか。それは、println!("{}", msg);の文です。ここで、「**変数msgには値の所有権がない**」ために、値が利用できないのです。

　なぜ、所有権がないのか？ それは、let msg2 = msg;に原因があります。これを実行した際、msgの所有権はmsg2に移動したのです。「**値は、変数に代入すると所有権が設定される**」といいましたね？ 変数の値を別の変数に入れると、その変数に所有権も移動するのです。このため、もとの変数は値の所有権を失い、使えなくなるのです。

　「**値には所有権がある**」ということが、なんとなくわかったきましたか？

◎ 試してみよう 数値の代入とコピー

　今度は、別の値を試してみましょう。Rustには、標準で用意されている「**スカラー型**」というものがありました。整数、浮動小数、論理、文字の4つの型のことですね。これらの所有権がどうなるか見てみましょう。

　例として整数の値を使ってみましょう。以下を実行してみてください。

▼ リスト3-3

```
fn main() {
  let num = 1234;
  let num2 = num;
  println!("num: {}", num);
  println!("num2: {}", num2);
}
```

▼ 図3-4：numもnum2も同じ値が出力される

```
───────────────── Standard Output ─────────────────

num: 1234
num2: 1234
```

　これを実行すると、問題なく2つのメッセージが出力されます。これはなぜでしょう？
「1234はリテラルだから、変数にはリテラルの参照が入っているからだろう」と思った人、
非常にいい着眼ですが、ちょっと違います。

　参照が渡されるのはstrリテラルのみです。テキストというのは短いものもあれば長いものもあ
ります。長いテキストになると、移動したりコピーしたりするのも大変になってくるので、**「参照」**
というものを使って最初に用意されている1つの値だけで済ませるようにしていたのですね。

　しかし数値などはそうではありません。非常に小さいものですから、値を複製するのも簡単
です。そこで標準のスカラー型では、値を別の変数に代入するときには値をコピーして代入する
ようになっているのです。

　コピーしていますから、let num2 = num;では変数numとnum2それぞれに別の値が代入さ
れることになります。このため所有権の問題は発生しないのです。

試してみよう 関数と所有権の移動

　変数への代入による所有権の移動は、まぁ仕組みがわかれば何となく理解できるでしょう。
これが**「関数」**になってくると、更にわかりにくくなります。では、試してみましょう。ソースコー
ドを以下に書き換えてください。

▼ リスト3-4

```
fn main() {
  let msg = String::from("Hello!");
  print_msg(msg);
  println!("msg: {}", msg);
```

```
}

fn print_msg(msg:String) {
  println!("Message is {}", msg);
}
```

▼図3-5：実行するとエラーになる

```
                        Execution                    Close
─────────────── Standard Error ───────────────

   Compiling playground v0.0.1 (/playground)
error[E0382]: borrow of moved value: `msg`
 --> src/main.rs:11:25
   |
9  |      let msg = String::from("Hello!");
   |          --- move occurs because `msg` has type `String`,
10 |      print_msg(msg);
   |                --- value moved here
11 |      println!("msg: {}", msg);
   |                          ^^^ value borrowed here after mov
   |
note: consider changing this parameter type in function `print
 --> src/main.rs:14:18
   |
14 | fn print_msg(msg:String) {
   |    ---------      ^^^^^^ this parameter takes ownership of
   |    |
   |    in this function
   = note: this error originates in the macro `$crate::format_
help: consider cloning the value if the performance cost is ac
   |
10 |      print_msg(msg.clone());
   |                   ++++++++

For more information about this error, try `rustc --explain E0
error: could not compile `playground` due to previous error
─────────────── Standard Output ───────────────
```

　これを実行すると、やはり「**borrow of moved value: `msg`**」というエラーが発生します。この原因は、 print_msg(msg);にあります。ここでprint_msg関数を呼び出していますが、このとき、引数に渡した変数msgの所有権は、print_msgのmsg仮引数に移動しているのです。このため、その後にあるprintln!("msg: {}", msg);のところで「**所有権がないmsgを利用しようとした**」ということでエラーが発生したのですね。

◉ 戻り値で所有権を返す

しかし、このように関数でさまざまな値を渡して処理することはよくあります。こんなとき、**「引数で渡したらもうその後で使えない」**となると困るケースもあるでしょう。

試してみよう このようなときはどうすればいいのか？ 1つの方法としては**「渡した関数から返してもらう」**というやり方があります。では、先ほどの例を以下のように修正しましょう。

▼ リスト3-5

```
fn main() {
  let mut msg = String::from("Hello!");
  msg = print_msg(msg);
  println!("msg: {}", msg);
}

fn print_msg(msg:String)->String {
  println!("Message is \"{}\".", msg);
  msg
}
```

▼ 図3-6：エラーは起きず、メッセージが表示された

```
                              Standard Output
Message is "Hello!".
msg: Hello!
```

これを実行すると、**「Message is "Hello!".」「msg: Hello!」**と出力されます。print_msgによる出力と、その後で呼び出しているprintln!の両方でmsgが使われています。

ここではprint_msgに->Stringとして戻り値を設定し、引数のmsgをそのまま帰すようにしています。そして呼び出す側では、msg = print_msg(msg);というようにしてprint_msgの結果をmsgに代入して利用するようにします。これでprint_msgからmsgの所有権が再び返され、mainで使えるようになる、というわけです。

◉ マクロでは所有権は移動しない

ところで、こういう疑問を持った人はいないでしょうか。**「print_msgの呼び出しでは引数のmsgの所有権は関数側に移った。それなのに、println!では、msgはprintln!側には移らないのか？」**という疑問を。

println!で変数を使った後も、その変数はそのまま使うことができます。ということは、

1

2

Chapter
3

4

5

6

println!に値を渡しても、所有権は移動していないことになります。これはどういうことでしょうか。

実は、println!では所有権を移動せず、**「借用」**で済ませているのです。

参照について

借用について理解するには、その前にまず**「参照」**について理解する必要があります。

参照というのは、先に触れましたね。参照とは**「値がある場所を示す値」**のことです。すべての値は、メモリ内のどこかに保管されています。参照は、値が保管されているメモリ内の場所を示す値です。

この参照は、既にstrリテラルのところで触れましたね。strリテラルは、変数に代入したとき、基本的に参照が保管されました。参照は、値そのものではなく、その値がある場所の値ですから、参照には所有権はありません。

従って、変数や関数の引数に値を渡す場合も、値そのものではなく**「値の参照」**を渡せば、所有権は移動しないのです。このように、所有権の移動を行わず、参照を引数として受け渡し利用することを**「借用」**と呼んでいます。

借用を使った場合、関数を呼び出したときには値の参照が引数として渡されます。これは関数の中でそのまま利用され、関数を抜ける際にドロップ（破棄）されます。しかし、値そのものではなく、単に**「値がある場所」**の値ですから、もとの値には何ら影響は与えません。

◉ 参照の使い方

この参照の値は、値の前に**「&」**記号をつけることで利用できます。&をつけることで、値そのものではなく、値の参照を示すようになります。

```
変数 = &値;
```

このようにすると、変数には、値の参照が代入されるわけです。これは変数への代入だけでなく、関数の引数でも利用できます。このようにするのです。

```
fn 関数(引数:&型) {……}
```

引数を参照綿入にする場合は、このように型の前に&をつけて定義します。これにより、仮引数には値の参照が渡されるようになります。

試してみよう では、実際に参照を使ってみましょう。先ほどのサンプルで、print_msgの引数を参照で渡すようにしてみます。ソースコードを以下に書き換えてください。

▼ リスト3-6

```
fn main() {
  let msg = String::from("Hello!");
  print_msg(&msg);
  println!("msg: {}", msg);
}

fn print_msg(msg:&String) {
  println!("Message is \"{}\".", msg);
}
```

▼ 図3-7：引数に参照を渡すことで所有権の移動がなくなった

```
─────────────── Standard Output ───────────────
Message is "Hello!".
msg: Hello!
```

　これを実行すると、「**Message is "Hello!".**」「**msg: Hello!**」とメッセージが表示されます。print_msgによる出力と、これを呼び出した後で実行しているprintln!による出力です。今回は、print_msgでは戻り値など用意していません。fn print_msg(msg:&String)というようにして、Stringの参照を引数として渡すようにしているのです。

　呼び出し側を見ると、print_msg(&msg);というように実行していますね。これでmsgそのものではなく、msgの参照が渡されるようになります。参照はそのままprint_msgの仮引数に渡され、関数名で利用した後、ドロップされ破棄されます。

　このprint_msgでは、println!を使って引数のmsgを使ってメッセージを出力しています。println!では、引数に用意する値は実の値でも参照でも構いません。どちらを渡しても問題なく値をテキストにまとめて出力されるようになっているのです。

◉ 参照とシャドーイング

　参照を利用すれば、さまざまな関数に値を渡しても問題など起こらなくなります。では、参照として変数を用意した場合、その変数は普通の値と同じように利用できるのでしょうか。例えば、「**参照のシャドーイング**」はどうなるのでしょう。正しく機能するのでしょうか。

試してみよう　実際に試してみましょう。ソースコードを以下のように書き換えます。

▼ リスト3-7

```
fn main() {
  let msg = &String::from("Hello!");
```

```
  println!("msg: {}", msg);
  {
    let msg = print_msg(msg);
    println!("msg: {}", msg);
  }
  println!("msg: {}", msg);
}

fn print_msg(msg:&String)->String {
  let msg = String::from("*** ") + msg + " ***";
  println!("Message is \"{}\".", msg);
  msg
}
```

▼ 図3-8：print_msg内とブロック内でmsgをシャドーイングするが、ブロックを抜ければもとの値に戻る

```
─────────── Standard Output ───────────

msg: Hello!
Message is "*** Hello! ***".
msg: *** Hello! ***
msg: Hello!
```

　これを実行してみましょう。ここでは、まずprintln!でmsgを出力した後、ブロック内でprint_msgを呼び出して出力をし、その結果をmsgに代入し、シャドーイングしてprintln!しています。そして最後にブロックを抜けたところで再びprintln!しています。
　実行結果を見ると、このようになっているでしょう。

```
msg: Hello!
Message is "*** Hello! ***".
msg: *** Hello! ***
msg: Hello!
```

　print_msg関数でmsgが置き換えられ、その戻り値でmsgが変更されていますが、ブロックを抜けたところでブロック内の値はドロップされ、もとのmsgに戻っていることがわかります。シャドーイングは、参照の変数でも正常に機能しています。普通の値を代入した変数と働きは何ら変わりません。

◉ 参照した値を変更する

参照による引数は**「借用」**であり、所有権は移りません。では、参照渡しで借用している値を書き換えた場合、どうなるのでしょうか。

これを行うためには、**「書き換え可能な値を参照で渡す」**という必要があります。これはどのようになるのでしょうか。

```
fn 関数(引数:&mut 型) {……}
```

試してみよう このように、仮引数の型に**「&mut」**というものを付けることで、変更可能な参照を引数として渡せるようになります。では、実際に試してみましょう。ソースコードを以下のように修正します。

▼ リスト3-8

```
fn main() {
  let mut msg = String::from("Hello!");
  println!("msg: {}", msg);
  print_msg(&mut msg);
  println!("msg: {}", msg);
}

fn print_msg(msg:&mut String) {
  msg.push_str("!!!!");
  println!("Message is \"{}\".", msg);
}
```

▼ 図3-9：print_msgでmsgの値を書き換えて出力する

```
──────────────── Standard Output ────────────────
msg: Hello!
Message is "Hello!!!!!".
msg: Hello!!!!!
```

ここでは、まずprintln!でmsgを出力し、print_msgを呼び出してmsgを出力し（ここでmsgを書き換えている）、関数から戻ったところで再びprintln!を実行しています。

これを実行してみると、以下のように出力されるのがわかります。

```
msg: Hello!
```

```
Message is "Hello!!!!!".
msg: Hello!!!!!
```

　print_msgでmsgの値が変更され、その後にあるprintln!でもmsgの値は変更されたままになっています。つまり、参照で渡したprint_msg関数の中で、msgの参照元の値が変更されているのです。

　このように、参照は所有権を渡さず、ただ借用しているだけですが、借用している変数を変更すると参照元の値を変更することができてしまいます。

Column 参照元の値を得るには？

　値の参照は、値の前に&をつけることで得ることができます。では、参照元の値を得たい場合はどうするのでしょうか。

　これは、変数名の前に「*」をつければいいのです。

▼ リスト3-9

```
fn main() {
  let msg = "Hello!";
  let msg_p = &msg;
  let msg_v = *msg_p;
  println!("{}, {}, {}.", msg, msg_p, msg_v);
}
```

　例えば、これでmsg_pにはmstの参照が、そしてmsg_vにはmsg_pの参照元（すなわちmsgの値）が代入できます。

「スライス」について

　テキストは「str型のリテラルは加工できないが、String型の文字列は加工できる」と説明しました。str型リテラルは、テキストの一部を切り取ったり追加したりはできません。ただし、一部分だけを抜き出して利用することはできます。

試してみよう　前章で、[]を使ってテキストの一部分を取り出す、ということを行ったのを覚えているでしょうか。こういうものですね。

▼ リスト3-10

```
fn main() {
  let msg = "Hello, world!";
  let world = &msg[7..12];
  println!("`{}` in `{}`.", world, msg);
}
```

▼ 図3-10：「Hello, world!」から一部分を抜き出し出力する

```
——————————— Standard Output —
`world` in `Hello, world!`.
```

　これを実行すると、「`world` in `Hello, world!`.」とメッセージが出力されます。"Hello, world!"というテキストの中から"world"だけを取り出して表示しているのですね。こんな具合に、str型リテラルでも（もちろん、String型文字列でも）一部分だけを取り出すことは可能です。

　これは、**「スライス」**と呼ばれるものです。スライスにはいくつかの種類がありますが、これは**「文字列スライス」**というものです。文字列スライスは、テキスト参照の範囲を示す値です。参照しているテキストの指定した範囲だけを値として取り出し利用することができるのです。

▼ 図3-11：文字列スライスは、参照するテキストの指定した範囲だけを値として取り出す

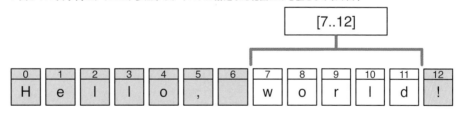

◉ スライスされるのは不変テキスト

　スライスを利用する際に注意したいのは、**「可変文字列からのスライス」**です。不変であれば、strリテラルでもString値でも使うことができます。しかし可変の値（mutした値）をスライスするといろいろと問題が発生します。

試してみよう　ソースコードを以下のように書き換えてみましょう。

Chapter
3

▼ リスト3-11

```rust
fn main() {
  let mut msg = String::from("Hello, world!");
  let world = &msg[7..12];
  println!("`{}` in `{}`.", world, msg);
  msg.insert_str(7, "RUST?");
  println!("`{}` in `{}`.", world, msg);
}
```

▼ 図3-12：実行するとエラーになる

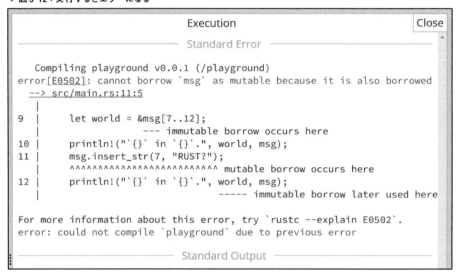

これを実行すると、「**cannot borrow `msg` as mutable because it is also borrowed as immutable**」というエラーが発生します。

msgは可変文字列として作成されています。ですから、その後のmsg.insert_strでテキストを追加することは可能なはずです。しかし、これはエラーになってしまいます。なぜか？　それは、その前のlet world = &msg[7..12];で「**不変テキストとしての借用**」がされているからです。

文字列スライスは、テキストの参照からテキストの一部だけを指定して取り出します。この取り出されるテキストは、「**不変テキスト**」として扱われます。str型リテラルなどと同じものと考えればいいでしょう。

文字列から、スライスを使って一部を取り出すと、これは「**不変テキストとして一部を借用する**」ということになります。すると、借用されている間、もとの文字列は変更することができなくなるのです。変更すると、不変テキストとして取り出した値が正常に値を得られなくなる可能性があるためです。

試してみよう スライスをもとに可変テキストを作る

もし、スライスして得たテキストを操作したいのであれば、スライスをもとにString値を作成し、それを利用する必要があるでしょう。例えば、先ほどのサンプルコードを以下のように修正してみます。

▼ リスト3-12

```
fn main() {
  let mut msg = String::from("Hello, world!");

  let world = String::from(&msg[7..12]);
  println!("`{}` in `{}`.", world, msg);
  msg.insert_str(7, "RUST?");

  let mut world = String::from(&msg[7..12]);
  world.push('!');
  println!("`{}` in `{}`.", world, msg);
}
```

▼ 図3-13：これを実行すると問題なく2つのテキストが出力される

```
─────────── Standard Output ───────────
`world` in `Hello, world!`.
`RUST?!` in `Hello, RUST?world!`.
```

ここでは"Hello, world!"というテキストをもとに、スライスで一部を取り出し、もとのテキストと取り出したテキストを操作しています。これを実行すると以下のようなテキストが出力されるでしょう。

```
`world` in `Hello, world!`.
`RUST?!` in `Hello, RUST?world!`.
```

msgと、そこから取り出したテキストで作ったworldを出力した後、それぞれにテキストを付け加えてまた出力をしています。

ここではスライスで取り出したテキストをそのまま使うのではなく、String::from(&msg[7..12])というようにしてString値を作成して使っています。こうすると、これはスライスではなく、**「スライスで取り出したテキストをもとに作ったString」**であり、スライスもとのテキストとは別の値として使われるようになります。

先ほどの例では、let world = &msg[7..12];としてスライスが変数worldに取り出されました。このworldはスライスによって**「不変テキストの借用」**がされているため、このworldがある限りは参照元のmsgは変更できませんでした。

今回の例では、let world = String::from(&msg[7..12]);として新しいStringとして作成したものを変数worldに収めています。worldは不変テキストの参照ではなく、全く別のString値です。従って、もとのテキストのmsgは不変テキストとして借用されてはおらず、自由に変更できます。

◉ 文字列スライスで得られる値は「strリテラル」

文字列スライスは不変テキストの参照です。この**「不変テキストの参照」**というのは、実はもっと前から使われています。それは**「strリテラル」**です。

テキストのリテラルはハードコードされる値であり、プログラム起動時にメモリ内に配置されます。プログラム内で使われるstrリテラルは、すべてこの**「メモリ内のどこかに配置されているテキストの値」**への参照なのです。

従って、strリテラルも文字列スライスで得られるテキストも、値としては実は同じ型の値であり、同じ性質を持っています。**「値が不変である」**というのも、strリテラルと同じものだということがわかれば納得できるでしょう。

配列スライスについて

この**「スライス」**は、文字列以外にもあります。それは**「配列のスライス」**です。配列は多数の値をまとめて扱うものですね。その中から、一定範囲の値を取り出すのに配列スライスは利用されます。

```
変数 = &配列[開始..終了]
```

配列スライスは、このように使います。配列の要素を指定する添字の部分に範囲を示す値を用意することで、指定した範囲を扱うためのスライスを得ることができます。

配列スライスも、利用の際は値から直接取り出すのではなく、**「配列の参照」**を利用して範囲を指定します。配列の前に&を付けるのを忘れないようにしてください。

試してみよう では、利用例を見てみましょう。ソースコードを以下に書き換えます。

▼ リスト3-13
```
fn main() {
  let data = [12, 34, 56, 78, 90];
```

```
  let part = &data[2..4];
  println!("{:?} in {:?}", part, data);
}
```

▼ 図3-14：配列dataから一部をpartに取り出し出力する

```
———————————————————— Standard Output ————————————————————
[56, 78] in [12, 34, 56, 78, 90]
```

　　ここでは、dataに5つの要素を持つ配列を代入しています。そして、そこから&data[2..4]として3〜4番目の値だけをスライスし、変数partに入れて利用しています。こんな具合に配列の場合も「ここからここまで」という範囲を指定し、その部分の値だけを取り出し利用することができます。

```
[56, 78] in [12, 34, 56, 78, 90]
```

　　このように値が出力されていますね。配列の中から特定の部分だけを取り出していることがわかります。

◉ 配列スライスも「不変」

　　この配列スライスも、やはり「不変の値として借用する」ものです。従って、スライスしたもとの配列は、スライスした変数などがドロップされるまで値を変更することはできなくなります。

試してみよう　　これも実際に例を見てみましょう。ソースコードを修正してください。

▼ リスト3-14

```
fn main() {
  let mut data = vec![12, 34, 56, 78, 90];
  let part = &data[2..4];
  data.insert(1, 999);
  println!("{:?} in {:?}", part, data);
}
```

▼ 図3-15：これを実行するとエラーが発生する

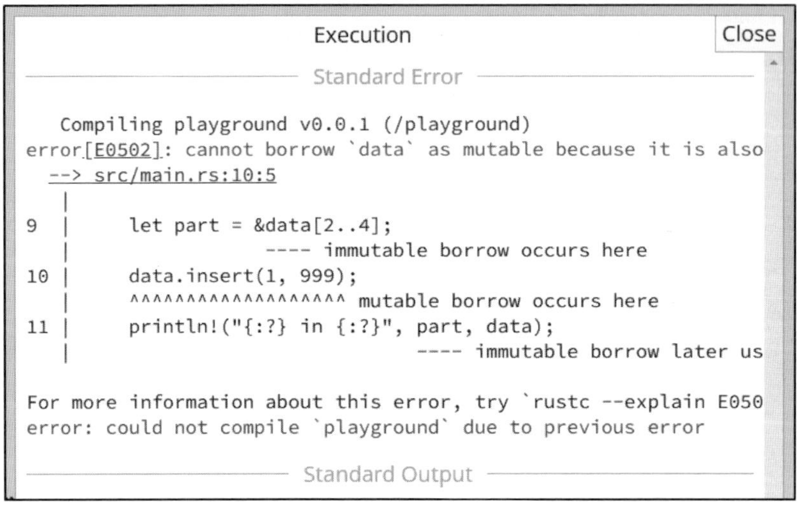

```
┌──────────────────────────────────────────────────────┐
│            Execution                        Close     │
│ ──────────────── Standard Error ─────────────────     │
│                                                        │
│    Compiling playground v0.0.1 (/playground)          │
│ error[E0502]: cannot borrow `data` as mutable because it is also │
│   --> src/main.rs:10:5                                 │
│    |                                                   │
│ 9  |     let part = &data[2..4];                       │
│    |                ---- immutable borrow occurs here  │
│ 10 |     data.insert(1, 999);                          │
│    |     ^^^^^^^^^^^^^^^^^^^ mutable borrow occurs here │
│ 11 |     println!("{:?} in {:?}", part, data);         │
│    |                             ---- immutable borrow later us │
│                                                        │
│ For more information about this error, try `rustc --explain E050 │
│ error: could not compile `playground` due to previous error │
│ ──────────────── Standard Output ─────────────────    │
└──────────────────────────────────────────────────────┘
```

これを実行すると、「**cannot borrow `data` as mutable because it is also borrowed as immutable**」というエラーが発生します。不変配列として値を借用されているため、可変にできない、ということでしょう。

◉ 配列スライスをVecとして使う

では、配列スライスを取り出した後、そのスライスやもとの配列を操作したい場合はどうすればいいのでしょうか。

これは、配列スライスをもとにVec値を作成して利用すればいいのです。文字列スライスをString値にして取り出すのと同様に、配列スライスからVecを作成して利用すればなんの問題もありません。

試してみよう ではソースコードを修正しましょう。

▼ リスト3-15

```rust
fn main() {
  let mut data = vec![12, 34, 56, 78, 90];
  let mut part = data[2..4].to_vec();
  data.insert(3, 999);
  part.push(-1);
  println!("{:?} in {:?}", part, data);
}
```

▼ 図3-16：配列スライスからVecを作成して利用する

```
——————————— Standard Output ———————————
[56, 78, -1] in [12, 34, 56, 999, 78, 90]
```

これは問題なく動作します。ここでは、let part = data[2..4].to_vec();というようにして2..4の配列スライスを利用していますね。「**to_vec**」というのは、配列スライスからVec値を作成するものです。これにより、指定したスライスの範囲を値に持つVec値が新たに作られます。別の値として作成されているので、このpartはdataから借用をしていません。従ってdataもpartも問題なく操作することができます。

　「**所有権**」と「**借用**」は、Rust特有の考え方であり、おそらくRustを始めて最初にぶつかる壁といっていいでしょう。かなり面倒でわかりにくい機能ではありますが、この所有権のおかげで、無駄に不要な変数がメモリ内にちらばったり、必要な変数が削除されてしまったり、といった問題を回避し、安全に値を扱えるようになっているのです。

　基本的な所有権の移動や借用といったものは、変数や関数を利用するコードを繰り返し書いていけばある程度感覚がつかめてくるでしょう。なるべく多くのコードを書いて、所有権の扱いに慣れていきましょう。

Section 3-2 構造体

> **ポイント**
> ▶ 構造体とはなにか、どう使うのかを学びましょう。
> ▶ タプル構造体を使えるようになりましょう。
> ▶ 構造体にメソッドを追加できるようになりましょう。

構造体とは?

ここまでさまざまな値を扱ってきましたが、その中で**「複雑な構造をしたもの」**としては配列やタプル、Vecなどが挙げられるでしょう。これらは多くの値を扱えますが、**「異なる型の値を決まった構造で管理する」**というものはありませんでした。唯一、タプルは異なる型の値を扱えましたが、例えばデータベースのように決まった構成のものを多数用意するような場合には向きません。

しかしデータベースだけでなく、**「異なる複数の値を決まった構造で扱えるようにまとめたもの」**を必要とすることは多々あります。例えばウィンドウの情報を管理する場合、位置・大きさ・タイトルなどをひとまとめに管理できると大変便利ですね。そのためには、必要な値をひとまとめにして扱える特別な値を用意できないといけません。

こうした用途に役立つのが**「構造体」**と呼ばれるものです。構造体は、さまざまな型の値を決まった構造で1つにまとめることのできる値です。あらかじめ構造体の型を定義しておき、それをもとに値を作成します。

構造体の型の定義は、以下のようにして行います。

✚構造体の定義

```
struct 構造体名 {
    フィールド名:型,
    フィールド名:型,
    ……必要なだけ用意……
}
```

　　構造体は、「**フィールド**」と呼ばれる値を内部に用意できます。フィールドはそれぞれに名前がつけられており、保管できる型が決まっています。構造体の値を作成するときは、これらフィールドの値を用意します。

```
構造体名 {
    フィールド名:値,
    フィールド名:値,
    ……必要なだけ用意……
}
```

　　このように構造体名の後の‖にフィールド名と値を用意していきます。基本的な書き方は構造体の定義とほとんど同じですから書き方はすぐにわかるでしょう。

　　作成した構造体の値は、「**変数.フィールド**」という形で保管しているフィールドの値にアクセスすることができます。

◎ 試してみよう 構造体を使ってみる

　　では、実際に構造体を定義し、使ってみましょう。ここでは「**Person**」という構造体を定義し、名前、メールアドレス、年齢といった情報を保管してみます。ソースコードファイルをクリアし、以下を記述してください。

▼ リスト3-16

```
struct Person {
  name:String,
  mail:String,
  age:i32
}

fn print_person(p:Person) {
  println!("I'm {}({}). Mail to {}.", p.name, p.age, p.mail);
}

fn main() {
  let taro = Person {
    name:String::from("Taro"),
    mail:String::from("taro@yamada"),
    age:39
  };
  let hanako = Person {
```

```
    name:String::from("Hanako"),
    mail:String::from("hanako@flower"),
    age:28
  };
  print_person(taro);
  print_person(hanako);
}
```

▼図3-17：Person構造体を定義し利用する

```
                          ── Standard Output ──

I'm Taro(39). Mail to taro@yamada.
I'm Hanako(28). Mail to hanako@flower.
```

　　これを実行すると、taroとhanakoという2つのPerson値を作成し、その内容を出力します。以下のように値が表示されるでしょう。

```
I'm Taro(39). Mail to taro@yamada.
I'm Hanako(17). Mail to hanako@flower.
```

　　構造体は内部の構造が複雑になるため、そのままではprintln!で"{}"に値をはめ込んで出力させることができません。そこで内容を出力する専用の関数print_perosnを用意し、これで出力をさせています。

　　Person構造体を見ると、struct Personの{}内にname, mail, ageといったフィールドが用意されているのがわかります。そして実際にPersonの値を作成するところでも、同じように{}でこれらのフィールドの値を用意しています。

　　ここでは2つのPerson値を作成していますが、構造体を定義することで、同じ構造を持つ値をいくらでも作れるようになることがわかるでしょう。データベースのように、決まった構造の値を多数作成する必要がある場合、構造体を利用するととても簡単に値を作成できるのです。

◉ 省略記法によるインスタンス作成

　　ここではtaro, hanakoという2つのPerson値を作成しています。こうした構造体の値は「インスタンス」と呼ばれます。

　　インスタンスの作成は、構造体とそのフィールドを正確に記述して行います。これは正直、ちょっと面倒ではありますね。そこで、もう少し簡単にインスタンスを作成できるようにしてみましょう。

先ほどのサンプルコードに以下の関数を追記してください。

▼ リスト3-17

```
fn person(name:String, mail:String, age:i32)-> Person {
  Person {name, mail, age}
}
```

このpersonは、Personインスタンスを作成して返す関数です。引数とPersonインスタンスを作成している部分を見ると、ちょっと不思議なことに気がつくでしょう。ここでは、Personインスタンスは仮引数として渡される変数をそのまま指定しているだけです。フィールド名が記述されていませんね。

これは、フィールド初期化の**省略記法**と呼ばれる書き方を利用しています。関数の中で構造体のインスタンスを作成するとき、関数に構造体のフィールドと同じ名前・型で仮引数が用意されている場合は、変数名だけで型を指定せずに記述できるようになっているのです。

ここでは、personの仮引数に(name:String, mail:String, age:i32)というようにPerson構造体のフィールドと全く同じ名前と型で引数が用意されていますね。このため、ただこれらの変数をPersonに渡すだけでインスタンスを作成できたのです。

試してみよう では、作成したperson関数を利用してPersonインスタンスを作成するように、先ほどのサンプルのmain関数を修正してみましょう。

▼ リスト3-18

```
fn main() {
  let taro = person(
    String::from("Taro"),
    String::from("taro@yamada"),
    39
  );
  let hanako = person(
    String::from("Hanako"),
    String::from("hanako@flower"),
    28
  );
  print_person(taro);
  print_person(hanako);
}
```

これで、先ほどと同様にtaro, hanakoのPerson構造体が作成できました。格段にインスタンスを作成しやすくなったことがわかるでしょう。

タプル構造体

構造体は、各フィールドに名前がつけられ、どういう値が保管されているかが一目瞭然です。ただし、定義もインスタンス作成もちょっと面倒なのも確かでしょう。

いくつかの型が異なる値をまとめて扱うものとしては、先に**「タプル」**というものを説明しました。タプルを利用すれば、もっとシンプルに構造体を定義することができます。

```
struct 構造体名 (型, 型, ……);
```

構造体名の後に()でタプルを記述します。これにより、指定した型の値が引数として用意されていないと正常にインスタンスを作れなくなります。フィールド名がないため、ただ値を引数に指定するだけでインスタンスを作成することができます。これは普通の関数などと同じ使い方ですから作成も簡単ですね。

◎ 試してみよう タプル構造体を使う

では、Personをタプル構造体にしてみましょう。するとどのようになるのか、先ほどと同じ処理を書いてみます。ソースコードの内容を以下に書き換えてください。

▼ リスト3-19

```rust
struct Person(String, String, i32);

fn print_person(p:Person) {
  println!("I'm {}({}). Mail to {}.", p.0, p.2, p.1);
}

fn main() {
  let taro = Person(
    String::from("Taro"),
    String::from("taro@yamada"),
    39
  );
  let hanako = Person(
    String::from("Hanako"),
    String::from("hanako@flower"),
    28
  );
  print_person(taro);
  print_person(hanako);
```

```
}
```

このようになりました。構造体はたったの1行で定義できてしまいました！ タプルは、単に必要な値を並べるだけですから定義も利用も簡単です。なおかつ、構造体なので普通のタプルと違い決まった型の値を必ず用意することができます。

ただし、それぞれのフィールドに名前がついていないので、どの値が何を示すものなのかがよくわからないでしょう。例えばこの例でいえば、2つあるStringのどちらがnameでどちらがmailかわかりません。同じ型のフィールドを複数持つような構造体では、タプルより通常の構造体を使ったほうがよいでしょう。

◉ 構造体の所有権について

構造体を定義する場合、注意しておきたいのが**「所有権」**です。構造体は内部にフィールドを持っていますが、これらのフィールドの値はすべて構造体が所有する必要があります。従って、値の借用などを利用することはできません。すべての値は構造体自身が所有する必要があります。

例えば、先ほどのPerson構造体では、nameとmailをStringに指定していました。これらは、strでは動作しません。strはテキストリテラルの参照であり、所有権を持たないためです。

同様に、参照を値として保持するフィールドも作成することはできません。

▼ リスト3-20
```
struct Person {
  name:&String,
  mail:&String,
  age:&i32
}
```

例えば、Personをこのように定義すると、Personは正しく機能しません。**「missing lifetime specifier」**といったエラーが発生するでしょう。フィールドの&をすべて削除してもとに戻すと問題なく使えるようになります。フィールドに参照はNGなのです。

構造体への処理の実装

構造体は、基本的に**「値を保管するためのもの」**です。フィールドを使い、いくつもの値をひとまとめにして保存します。これはこれで便利ですが、更にもう一歩進めて**「値を利用した処理」**まで追加できたら、もっと便利になると思いませんか？

135

これは「**実装**」というブロックを使って行えます。実装は、「**impl**」というキーワードを使って定義します。

```
impl 構造体 {
  fn 関数(引数) {……}
  fn 関数(引数) {……}
  ……必要なだけ用意……
}
```

implは、構造体に処理を行う関数を組み込みます。implの後に、組み込む構造体を指定します。そして||のブロック内に、追加する関数の定義を用意します。これにより、用意した関数が指定の構造体に組み込まれます。

このように、実装ブロックを使って構造体に組み込まれた関数を「**メソッド**」といいます。メソッドでは、構造体内にあるフィールドの値を自由に使うことができます。そのためには、メソッドの定義に注意する必要があります。

```
fn メソッド(&self, 引数……) {……}
```

このように、第1引数に「**&self**」というものを指定します。これは、この構造体のインスタンス自身が渡される特別な仮引数です。この&selfを第1引数に指定することで、関数はメソッドと認識されるようになります。これがないと、インスタンス内の値にアクセスすることができません。

◎ 試してみよう Personに出力メソッドを実装する

では、実際にメソッドを実装してみましょう。Person構造体に、内容を出力するメソッドを実装して使ってみることにします。ソースコードファイルを以下のように書き換えてください。

▼ リスト3-21
```
struct Person {
  name:String,
  mail:String,
  age:i32
}

fn person(name:String, mail:String, age:i32)-> Person {
  Person {name, mail, age}
}
```

```
impl Person {
  fn print(&self) {
    println!("{}<{}>({}).", self.name, self.mail, self.age);
  }
}

fn main() {
  let taro = person(
    String::from("Taro"),
    String::from("taro@yamada"),
    39
  );
  let hanako = person(
    String::from("Hanako"),
    String::from("hanako@flower"),
    28
  );
  taro.print();
  hanako.print();
}
```

▼ 図3-18 : printメソッドを実装してPersonの内容を出力する

```
──────────────── Standard Output ────────────────

Taro<taro@yamada>(39).
Hanako<hanako@flower>(28).
```

　ここでは、Personにprintというメソッドを実装し利用しています。これを実行すると、以下の
ようなテキストが出力されるでしょう。

```
Taro<taro@yamada>(39).
Hanako<hanako@flower>(28).
```

　これがprintメソッドを利用した出力です。実装を行っている部分を見ると、以下のように
なっていますね。

```
impl Person {
  fn print(&self) {
    println!("{}<{}>({}).", self.name, self.mail, self.age);
```

```
  }
}
```

impl Person {……}という形で、Person構造体への実装を定義しています。この中に、fn print(&self)という形でメソッドを定義しています。このメソッドでは、Personのフィールドを以下のようにして出力しています。

```
println!("{}<{}>({}).", self.name, self.mail, self.age);
```

Personのインスタンスにあるフィールドは、self.nameというように「**self.○○**」という形で取り出すことができます。

実装されたprintメソッドは、以下のようにして呼び出しています。

```
taro.print();
hanako.print();
```

インスタンスからドットを付けてprintを呼び出しています。フィールドと同様に、「**インスタンス.○○**」という形でメソッドを呼び出すことができます。

◉ &selfのない関数

メソッドは、第1引数に必ず「**&self**」を用意する必要があります。では、&selfがないメソッドを実装した場合はどうなるのでしょうか。

この場合は、構造体のインスタンスからではなく、構造体自身から呼び出すことになります。この場合、「**構造体::メソッド**」というように::記号を付けて呼び出します。

試してみよう　では、ソースコードファイルを以下のように書き換えてみてください。

▼ リスト3-22
```
struct Person {
  name:String,
  mail:String,
  age:i32
}

fn person(name:String, mail:String, age:i32)-> Person {
  Person {name, mail, age}
}
```

```
impl Person {
  fn print(&self) {
    println!("{}<{}>({}).", self.name, self.mail, self.age);
  }
  fn fields()->[String;3] {
    [
      String::from("name:String"),
      String::from("mail:String"),
      String::from("age:i32")
    ]
  }
}

fn main() {
  let taro = person(
    String::from("Taro"),
    String::from("taro@yamada"),
    39
  );
  let hanako = person(
    String::from("Hanako"),
    String::from("hanako@flower"),
    28
  );
  taro.print();
  hanako.print();
  println!("Person's fields: {:?}", Person::fields());
}
```

▼ 図3-19：Personの内容と、Person構造体のフィールドを出力する

```
─────────────── Standard Output ───────────────

Taro<taro@yamada>(39).
Hanako<hanako@flower>(28).
Person's fields: ["name:String", "mail:String", "age:i32"]
```

　これを実行すると、2つのPerson構造体の内容の他に、Person構造体のフィールド情報を出力します。以下のようにメッセージが出力されているでしょう。

```
Taro<taro@yamada>(39).
Hanako<hanako@flower>(28).
Person's fields: ["name:String", "mail:String", "age:i32"]
```

　　　　　最後の行が、Personのフィールド情報です。ここでは、Person::fields()の値をprintln!で出力しています。このfieldsメソッドは、実装ブロックで以下のように定義されています。

```
fn fields()->[String;3] {……}
```

　　　　　メソッドの引数は空です。このように&selfを引数に持たないメソッドは、呼び出す際、構造体のインスタンス内から呼び出すことができません。構造体から::記号を使って直接呼び出すしかないのです。

　　　　　構造体はインスタンスを作って利用をします。メソッドは通常、作成されたインスタンスの情報（フィールドの値など）を利用して処理を行います。このため、インスタンスにアクセスするための&selfが必須となります。

　　　　　逆に、特定のインスタンスではなく、構造体自身に関する情報や処理を実装したい場合は、&selfは不要です。ここでのfieldsメソッドは、Person構造体自身に関する情報を返します。特定のインスタンスの情報は一切必要としません。このため、&selfは不要なのです。

Section 3-3 トレイト

ポイント

▶ トレイトとは何か、どう利用するのか理解しましょう。

▶ 関数の引数や戻り値でトレイトを使う方法を学びましょう。

▶ 汎用トレイト、デフォルト実装を使えるようになりましょう。

トレイトについて

この実装によるメソッドの追加は、既にある構造体に必要に応じてさまざまな機能が組み込めます。これは、便利ではありますが、考えようによっては**「構造体にどんな機能が追加されているのかわからない」**という状態を引き起こします。

例えば、構造体に**「内容を出力するprintメソッド」**を追加しようと考えたとしましょう。そうすれば、構造体のインスタンスにどんな値が入っているのか出力して確認できます。けれど、いくつもの構造体を利用するようになると、**「果たして、この構造体にはprintを追加してあるのか」**がわからなくなってきます。またprintが実装されていたとしても、例えば引数や戻り値が違っていたりすると同じように呼び出すこともできませんね。

こうした問題を解決するには**「この構造体に、必ずこのメソッドを追加したい」**というようなことを保証してくれる仕組みが欲しいところです。そんな場合に用いられるのが**「トレイト」**です。

◉ トレイトは実装を抽象化したもの

トレイトは、実装するメソッドを抽象化したものです。すなわち、具体的な処理ではなく、**「こういうメソッドを用意する」**という実装内容をまとめておくためのものです。これは、以下のような形で定義します。

```
trait トレイト {
    fn 関数(引数);
    fn 関数(引数);
    ……必要なだけ用意……
```

```
}
```

　　トレイトは「**trait**」というキーワードを使って定義します。その中に関数を定義していきます。ここで注意したいのは「**関数の実装はいらない**」という点です。関数では、{}というブロックに具体的な処理を実装しますが、トレイトではこの実装部分はいりません。ただ関数名と引数と戻り値という「**どういう形で定義されているか**」だけ用意すればいいのです。

　　こうして用意されたトレイトは、implを使って構造体に実装されます。これは以下のような形で記述します。

```
impl トレイト for 構造体 {……}
```

　　このように記述すると、指定した構造体に指定のトレイトの内容を実装することができます。このとき、指定したトレイトに用意されているメソッドはすべて必ず実装しなければいけません。つまり、トレイトを実装した構造体では、トレイトに用意されているメソッドが必ず用意されていることになります。

◎ 試してみよう　トレイトを利用する

　　では、実際にトレイトを使ってみましょう。例として、先ほどの「**printメソッドを実装するトレイト**」を考えてみましょう。そして、PersonとStudentという2つの構造体を用意し、これらにトレイトを実装して使ってみます。ソースコードファイルを以下のように書き換えてください。

▼ リスト3-23

```
trait Print {
  fn print(&self);
}

struct Person {
  name:String,
  mail:String,
  age:i32
}

impl Print for Person {
  fn print(&self) {
    println!("{}<{}>({}).", self.name, self.mail, self.age);
  }
}
```

```
fn person(name:String, mail:String, age:i32)-> Person {
  Person{name, mail, age}
}

struct Student {
  name:String,
  mail:String,
  grade:i32
}

impl Print for Student {
  fn print(&self) {
    println!("grade{}: {}<{}>.", self.grade, self.name, self.mail);
  }
}

fn student(name:String, mail:String, grade:i32)-> Student {
  Student{name, mail, grade}
}

fn main() {
  let taro = person(
    String::from("Taro"),
    String::from("taro@yamada"),
    39
  );
  let hanako = student(
    String::from("Hanako"),
    String::from("hanako@flower"),
    2
  );
  taro.print();
  hanako.print();
}
```

▼図3-20：実行するとPersonとStudentのインスタンスを作成し、printで出力する

```
──────────────── Standard Output ────────────────
Taro<taro@yamada>(39).
grade2: Hanako<hanako@flower>.
```

　これを実行すると、PersonとStudentの構造体のインスタンスを作り、その内容をprintメソッドで出力します。全く異なる構造体ですが、どちらもprintで内容を出力できるようになっているのがわかるでしょう。

　ここでは、まずPrintトレイトを以下のように定義しています。

```
trait Print {
  fn print(&self);
}
```

　printメソッドが1つだけ用意されています。これはインスタンスから呼び出して利用するものなので&selfを引数につけてあります。

　では、PersonとStudentでPrintトレイトを実装している部分を見てみましょう。以下のようになっていますね。

```
impl Print for Person {
  fn print(&self) {
    println!("{}<{}>({}).", self.name, self.mail, self.age);
  }
}

impl Print for Student {
  fn print(&self) {
    println!("grade{}: {}<{}>.", self.grade, self.name, self.mail);
  }
}
```

　それぞれ「impl Print for Person」「impl Print for Student」という形でPersonとStudentにPrintトレイトを実装しています。この中には、Printに用意されていたprintメソッドが必ず実装されます。これにより、これらのインスタンスはすべてprintメソッドを呼び出して内容を出力できるようになります。

トレイトを関数で使う

　　トレイトを実装した構造体は、それぞれの構造体としての型だけでなく「**トレイトの型**」として扱うこともできるようになります。例えば、先ほどの例ではPersonとStudentにPrintトレイトが実装されていました。これにより、PersonとStudentは「**Print型**」として扱えるようにもなりました。ただし、型の指定には注意する点があります。

試してみよう　　例として、先ほどのサンプルにあったmain関数を修正し、Printを引数とするprint関数を作って呼び出すようにしてみましょう。

▼ リスト3-24

```
fn main() {
  let taro = person(
    String::from("Taro"),
    String::from("taro@yamada"),
    39
  );
  let hanako = student(
    String::from("Hanako"),
    String::from("hanako@flower"),
    2
  );
  print(taro);
  print(hanako);
}

fn print(ob:impl Print) {
  ob.print();
}
```

　　ここでは、print関数の中でインスタンスのprintを呼び出し、内容を出力させています。この関数は、fn print(ob:&impl Print)というように定義されていますね。引数の型には「**impl Print**」とあります。トレイトを型として引数に指定する場合、このように「**impl トレイト**」という形で指定をします。このようにトレイトを引数の型と指定することで、トレイトを実装しているならばどんな構造体でも引数に渡せるようになります。

◉借用を使う

　　なお、ここでは構造体を直接引数で渡していますが、一般には「**借用**」を利用することが多

いでしょう。値そのものを渡すのではなく、参照を渡すことで所有権の移動や値のコピーなどが発生しないようにします。トレイトを型として指定する場合、**「&impl トレイト」** とすることでトレイトの参照として値を仮引数に渡します。例えばこのサンプルならば、以下のようにprintを用意するわけです。

▼ リスト3-25

```
fn print(ob:&impl Print) {
  ob.print();
}
```

これで、値を直接渡すのではなく、参照を渡す**「借用」**になります。mainからこのprintを呼び出す場合は以下のようにするわけです。

▼ リスト3-26

```
print(&taro);
print(&hanako);
```

このように借用を使うと、所有権の移動が発生しないため、taroやhanakoはprintで**「使いっぱなし」**にできます。呼び出した後でこれらを利用する場合、値渡しではまた所有権を戻してもらう必要がありますが、借用ならそんな面倒もありません。構造体を引数で渡す場合は、**「借用」**を使ったほうが便利でしょう。

◉ 戻り値でのトレイト指定

では、関数の戻り値をトレイトで指定したい場合はどうすればいいのでしょうか。この場合、関数内で構造体のインスタンスを作成し、それをそのまま返す形になります。これは以下のように定義することになります。

```
fn 関数(引数) -> impl トレイト {……}
```

ここでは、作成されたインスタンスをそのまま返すので、所有権もそのまま返された側に移ります。従って、得られた値はそのまま使うことができます。

試してみよう　例として、personとstudentメソッドをPrintトレイトの戻り値に書き換えてみましょう。

▼ リスト3-27

```
fn person(name:&str, mail:&str, age:i32)->impl Print {
  Person{name:String::from(name),
```

```
      mail:String::from(mail), age:age}
}

fn student(name:&str, mail:&str, grade:i32)->impl Print {
  Student{name:String::from(name),
      mail:String::from(mail), grade}
}
```

このようになりました。関数名でPerson/Studentインスタンスを作り、それをそのまま返しています。戻り値にはimpl Printを指定しておきます。あわせて、引数のnameとmailは、str型の参照を渡すようにしておきました。こうして渡されたstrからStringを作成して使うようにすれば、インスタンスの作成もstrリテラルで作成できるようになります。

試してみよう では、これらの関数を利用するようにmainとprint関数を書き換えましょう。

▼ リスト3-28
```
fn main() {
  let taro = person("Taro", "taro@yamada", 39);
  let hanako = student("Hanako", "hanako@flower", 2);
  print(&taro);
  print(&hanako);
}

fn print(ob:&impl Print) {
  ob.print();
}
```

printの引数は参照渡しにして借用するように変更しておきました。これで、だいぶスッキリしましたね。person/student関数でインスタンスを作成し、そのままprintの引数に渡して表示を行っています。先ほどまでのコードと同じように見えますが、taroとhanakoの変数に収められているのは、PersonとStudentのインスタンスではなく、Printトレイトのインスタンスになっている、という点が異なります。

◉ 戻り値とBox

関数で構造体をやり取りするようになったとき、覚えておきたいのが「**Box**」という型です。

Boxは、「**スマートポインタ**」と呼ばれるものの1つです。スマートポインタは、ポインタ（値のアドレスを示す値、Rustでは「**参照**」のことと考えていい）に関するメモリ管理を自動化す

るためのものです。Boxは、大きなデータ（構造体などもその1つです）などでの所有権を簡単に扱えるようにするために用いられます。例えば関数内で作成された構造体を戻り値として返すとき、このBoxでラップして返すことで、スムーズに所有権を渡して扱えるようにできます。

例えば、トレイト型の値を戻り値として扱うようなときは、このBoxを使って以下のように戻り値を指定します。

```
fn 関数(引数) -> Box<dyn トレイト> {……}
```

Boxの後に<>を使ってdyn トレイトを指定します。これにより、トレイト型の値をBoxでラップしたものが返されるようになります（この<○○>という記述については、もう少し後で説明します）。

「dyn」 キーワードというのは、トレイトを参照する型を明示的に示すのに使います。例えば**「dyn Print」** とすれば、トレイトのPrintを型として指定することができます。

このBoxの値は、以下のように作成します。

```
Box::new(値)
```

このようにして作成したBoxをそのまま戻り値として返せば、トレイト型の値をうまく戻り値として扱えるようになります。

◎ 試してみよう 構造体の作成関数をBox戻り値にする

では、トレイトを使ってPersonとStudentのインスタンスをPrint型としてまとめて扱えるようにしてみましょう。

まず、インスタンスを作成する関数を修正してみます。Personインスタンスを作るperson関数と、Studentインスタンスを作るstudent関数をそれぞれ以下のように書き換えてください。

▼ リスト3-29

```
fn person(name:&str, mail:&str, age:i32)->Box<dyn Print> {
  Box::new(Person{name:String::from(name),
      mail:String::from(mail), age:age})
}

fn student(name:&str, mail:&str, grade:i32)->Box<dyn Print> {
  Box::new(Student{name:String::from(name),
      mail:String::from(mail), grade:grade})
}
```

　ここでは、Print型の値としてインスタンスを返すようにしています。関数の戻り値には、Box<dyn Print>という型を指定していますね。そして戻り値には、Box::newの引数内でPersonやStudentインスタンスを作成したものを返しています。

◎ 試してみよう Boxを利用する

　では、Boxを使って返されるPrint型の値を利用するようにmainとprint関数を書き換えてみましょう。

▼ リスト3-30
```
fn main() {
  let taro = person("Taro", "taro@yamada", 39);
  let hanako = student("Hanako", "hanako@flower", 2);
  print(&taro);
  print(&hanako);
}

fn print(ob:&Box<dyn Print>) {
  ob.print();
}
```

　このようになりました。personとstudentの関数は引数がシンプルになりましたね。そして作った値の参照をprint関数に渡して出力するようにしています。

　printでは、fn print(ob:&Box<dyn Print>)というように関数が定義されています。personやstudentではBox値が返されるので、その参照を引数に指定して呼び出せばprintで内容が出力されるようになりました。非常に不思議なのは、引数で渡されるのはBox値なのに、そのままob.print();としてPrintトレイトのprintメソッドを呼び出せている点でしょう。Boxは参照をラップするだけのものなので、参照そのもの（ここではPrintインスタンスの参照）として扱うことができます。従って、Printのメソッドをこのように直接呼び出したりできるのです。

　これで、関数でも自由にトレイト型が使えるようになりました。トレイト型が使えると、全く異なる型のインスタンスをまとめて処理できるようになります。ただし、このあたりを本格的に利用できるようにするためには**「ジェネリック」**について理解する必要があるでしょう。ジェネリックについてはもう少し後で説明します。

汎用トレイトとderive属性

　　トレイトは、既にある構造体に簡単に処理を組み込むことができます。このトレイトは、自分で作るばかりではありません。こんなに便利なものですから、標準でもいくつかのトレイトが用意されており、それらを利用することで簡単に機能を実装できるようになっています。

　　こうした標準で用意されている汎用トレイトは、簡単に使えるように「**derive属性**」というもので組み込むことができます。

　　derive属性は、構造体につける属性です。「**属性**」というのは、さまざまな値に特定の性質を割り当てるもので、以下のような形で記述されます。

```
#[属性名]
```

　　汎用トレイトを構造体に組み込むには「**derive**」という属性を使います。これは以下のような形で記述をします。

```
#[derive(トレイト)]
```

　　問題は、「**どのような汎用トレイトが用意されているか**」でしょう。ここでは主なものとして以下のようなトレイトを挙げておきます。

▼ 主な汎用トレイト

Copy	値を複製する（所有権は移らない）
Clone	オブジェクトの複製を作成できる
Debug	{:?} で出力できるようにする
PartialEq, Eq	==, != で値の比較が行える
PartialOrd, Ord	<, >, <=, >= などで値を比較できる

　　中でも注目してほしいのが「**Debug**」です。これをderive属性で構造体に追加すると、println!のとき|:?|記号で構造体のインスタンスを割り当て、その内容を出力できるようになります。

◎ 試してみよう 構造体をprintln!で出力させる

　　では、汎用トレイトを利用してみましょう。ここでは、println!で|:?|を使って値を出力できるようにする「**Debug**」トレイトを構造体に実装して内容を出力させてみます。ソースコードを以下に書き換えてください。

▼ リスト3-31

```
#[derive(Debug)]
struct Person {
  name:String,
  mail:String,
  age:i32
}

#[derive(Debug)]
struct Student {
  name:String,
  mail:String,
  grade:i32
}

fn person(name:&str, mail:&str, age:i32)->Person {
  Person{name:String::from(name),
      mail:String::from(mail), age:age}
}

fn student(name:&str, mail:&str, grade:i32)->Student {
  Student{name:String::from(name),
      mail:String::from(mail), grade}
}

fn main() {
  let taro = person("Taro", "taro@yamada", 39);
  let hanako = student("Hanako", "hanako@flower", 2);
  println!("{:?}", taro);
  println!("{:?}", hanako);
}
```

▼ 図3-21：PersonとStudentの内容をprintln!で出力する

```
──────────── Standard Output ────────────

Person { name: "Taro", mail: "taro@yamada", age: 39 }
Student { name: "Hanako", mail: "hanako@flower", grade: 2 }
```

これを実行すると、いきなり「**warning: fields ○○ are never read**」といったメッセージが出力されて驚いたかもしれません。これはエラーではなく、警告です。「**構造体にフィー**

ルドが用意してあるけど、**全然使ってないよ（だから削除したほうがいいよ）」**という警告
です。ここでは直接フィールドを利用していないのでこのようなメッセージが出力されたのです
ね。これは無視して構いません。

その下に、PersonとStudentの内容が以下のように出力されているでしょう。

```
Person { name: "Taro", mail: "taro@yamada", age: 39 }
Student { name: "Hanako", mail: "hanako@flower", grade: 2 }
```

ちゃんと内容がわかるようになっていますね。これを可能にしたのが、#[derive(Debug)]とい
う属性です。たったこれだけで、構造体にprintln!で出力するための機能を実装していたので
す。

このような汎用トレイトは、具体的な処理を書くことなく機能を追加できるため、大変重宝し
ます。どんなものがあるか覚えて使えるようになりましょう。

トレイトのデフォルト実装

さて、トレイトを利用すると、構造体に特定のメソッドを実装させることができる、ということ
はわかりました。ただ、これは**「必ずトレイトにあるすべてのメソッドを実装しないとダメ」**
ということでもあります。メソッドの数が多くなってくると、これはけっこう大変です。**「後でちゃ
んと作るから、とりあえずトレイトの追加だけして使えるようにしてくれない?」**と思うこと
もあるはずですね。

こういうときは、トレイトに**「デフォルト実装」**を用意することができます。トレイトはメソッド
の定義部分だけを記述し、具体的な実装は必要ありませんでした。けれど実装を追加するこ
とで、**「実装がない場合は、これをデフォルトとして使っていいよ」**ということを指定できる
のです。

デフォルト実装を用意しておくと、トレイトを構造体に実装する際もメソッドを完全に用意す
る必要がありません。使わないものは実装しないでおけば、そのままデフォルトの処理が使わ
れます。

試してみよう　では、試してみましょう。ソースコードを以下に書き換えてください。

▼ リスト3-32

```
trait Print {
  fn print(&self) {
    println!("PRINT is not yet implemented...");
  }
}
```

```
#[derive(Debug)]
struct Person {
  name:String,
  mail:String,
  age:i32
}

#[derive(Debug)]
struct Student {
  name:String,
  mail:String,
  grade:i32
}

impl Print for Person {
  fn print(&self) {
    println!("{}<{}>({}).", self.name, self.mail, self.age);
  }
}

impl Print for Student {}

fn person(name:&str, mail:&str, age:i32)->Person {
  Person{name:String::from(name),
      mail:String::from(mail), age:age}
}

fn student(name:&str, mail:&str, grade:i32)->Student {
  Student{name:String::from(name),
      mail:String::from(mail), grade}
}

fn main() {
  let taro = person("Taro", "taro@yamada", 39);
  let hanako = student("Hanako", "hanako@flower", 2);
  taro.print();
  hanako.print();
}
```

▼図3-22：実行するとStudentはデフォルト実装の内容が出力される

```
——————————————— Standard Output ———————————————
Taro<taro@yamada>(39).
PRINT is not yet implemented...
```

　　ここではPersonとStudentにそれぞれPrintトレイトを追加しています。しかし、Studentへの実装を見ると、impl Print for Student ‖というように具体的な処理が何もありません。本来ならばこれはエラーになるはずですが、Printトレイトのprintメソッドにデフォルト実装があるため、エラーにはなりません。Studentのprintを呼び出すと、デフォルト実装が実行され、**「PRINT is not yet implemented...」** と出力されます。

Section 3-4 ジェネリクスについて

ポイント
- ▶ジェネリクスの考え方を理解しましょう。
- ▶構造体や関数でジェネリクスを使いましょう。
- ▶ジェネリクスを利用したコレクションの使い方について考えましょう。

ジェネリクス（総称型）とは？

Rustをある程度使っていると、Rustという言語が非常に厳格な型のシステムの上に構築されていることがわかってくるでしょう。すべての値は静的に型が定義されており、常に指定した型で値を扱うようになっているのです。そこでは、**「整数でもいいけどテキストでもいい」**といった曖昧さは許されません。

しかし、こういうことは実際にあるものです。**「テキストでも数値でも使える」**というような処理を作ることはあるでしょう。例えば、println!は、引数に用意する値がテキストでも数値でも論理値でも問題なく値を出力してくれます。このようにさまざまな型に対応できる処理が必要となることはよくあります。

このようなときに用いられるのが**「ジェネリクス（総称型）」**と呼ばれる機能です。ジェネリクスは、関数や構造体などで利用される値の型を特定せず、不特定なままに扱えるようにするための仕組みです。例えば、さまざまな型の値を扱える機能（関数や構造体など）があったとしましょう。こうしたものでは、実際にその機能を利用する際に**「今回はこの型で使います」**ということを指定すれば、その型の値として処理してくれるようになっています。

こういうと、なんだか曖昧でよくわからないかもしれません。実は、既に皆さんはジェネリクスを使っています。

◉ Boxのジェネリクス利用

例えば、先にBoxを使って関数の戻り値を作成したのを覚えているでしょう（リスト3-29）。ここでは、以下のように関数を定義していました。

➕リスト3-29参照

```
fn person(name:&str, mail:&str, age:i32)->Box<dyn Print> {……略……}
fn student(name:&str, mail:&str, grade:i32)->Box<dyn Print> {……略……}
```

戻り値には、Box<dyn Print>という型が指定されていました。この<dyn Print>というのが**「ジェネリクス」**を利用している部分なのです。

Boxは、さまざまな型の値をラップするものです。Box::newで新しいインスタンスを作成するときには、引数にラップする値を指定します。この値は、どんな型が使われるのかわかりません。このようなときにジェネリクスは使われます。

ジェネリクスに対応している構造体や関数などを利用するときには、<>という記号を使って使用する型を指定します。Box<dyn Print>は、**「値としてPrintを利用するBox」**を型として指定していたのですね。

構造体でジェネリクスを使う

では、どのようにしてジェネリクスを利用していくのか、実際にサンプルを見ながら覚えていくことにしましょう。

まずは、構造体からです。構造体では、さまざまな値をフィールドとして保管します。このフィールドにジェネリクスを使い、型を特定しないフィールドを用意することができます。

こうした構造体は以下のように定義します。

```
struct 構造体<T> {
    変数:T,
    ……略……
}
```

構造体の名前の後に<T>という形で使用する型を指定します。これは**「このTには何らかの型が設定される」**ということを示しています。もし、複数の異なる型を使いたければ、型の指定を複数用意します。

```
struct 構造体<T, U> {
    変数:T,
    変数:U,
    ……略……
}
```

これで、2つの異なる型をジェネリクスとして持たせることができるようになります。もっとあ

る場合も、T, U, V, W……というように増やしていけばいいのです。

試してみよう ジェネリクスを使ったSample構造体

では、実際にジェネリクスを使った構造体を作ってみましょう。例として、Sampleという構造体をジェネリクス利用の形で定義してみます。ソースコードを以下のように書き換えてください。

▼ リスト3-33

```
#[derive(Debug)]
struct Sample<T> {
  name:String,
  value:T
}

fn main() {
  let taro = Sample {
    name:String::from("Taro"),
    value:String::from("this is message.")
  };
  let hanako = Sample {
    name:String::from("Hanako"),
    value:1234
    };
  println!("{:?}", taro);
  println!("{:?}", hanako);
}
```

▼ 図3-23：Sample構造体を定義して利用する

```
─────────────── Standard Output ───────────────
Sample { name: "Taro", value: "this is message." }
Sample { name: "Hanako", value: 1234 }
```

実行すると2つのSampleインスタンスを作成し、その内容をprintln!で出力しています。以下のようなテキストが書き出されていることでしょう。

```
Sample { name: "Taro", value: "this is message." }
Sample { name: "Hanako", value: 1234 }
```

valueの値には、テキストと整数が使われています。全く異なる型がvalueに設定されていることがわかるでしょう。

ここでは、struct Sample<T>という形で構造体を定義しています。そして、value:TというようにしてT型のフィールドを1つ用意しました。このvalueには、どのような型が設定されるかはわかりません。

このTは、Sampleインスタンスを作成する際に型が決定されます。例えばSampleインスタンスを作成する際、valueにi32型の値を指定したなら、Tはi32として設定されます。

```
Sample { name:"〇〇", value:100 }
```

このようにインスタンスを作ると、valueはi32型として設定されます。構造体はインスタンスを作成する際、T型のフィールドにどのような値を設定したかによって自動的にTの型が決められるのです。

関数でジェネリクスを使う

続いて、関数でのジェネリクス利用についてです。関数では、引数として渡す値や戻り値などでジェネリクスを利用した不特定型を使うことができます。

```
fn 関数<T>(引数:T, ……) {
    ……略……
}
```

関数名の後に、<T>というようにしてジェネリクスとして使われる不特定型を指定します。引数では「T」を型名として指定します。

戻り値にも不特定の型を指定する場合には、「T」を型として指定します。

```
fn 関数<T>(引数)-> T {
    ……略……
}
```

このようにすることで、不特定型の値を戻り値として返すことができるようになります。

関数の場合も、不特定型を複数必要とする場合は、<T, U, ……>というように型を追加していくことができます。

実際に関数を利用するときは、引数に指定した値によって自動的に型が指定されます。

◎ 試してみよう Sample構造体を作るsample関数を用意する

では、実際に関数で使ってみましょう。先ほどのSample構造体を作成する関数を定義し、これを利用するようにmain関数を修正します。main関数を削除して以下のコードを追記してください。

▼ リスト3-34

```
fn sample<T>(name:&str, value:T)-> Sample<T> {
  Sample{name:String::from(name), value:value}
}

fn main() {
  let taro = sample("Taro", "this is message.");
  let hanako = sample("Hanako", 1234);
  println!("{:?}", taro);
  println!("{:?}", hanako);
}
```

ここでは「**sample**」関数を定義していますが、ここではT型の引数を指定し、作成したSampleを返しています。このSample構造体もジェネリクスを使っていますから、返される値の型はSampleではなく、Sample<T>となるわけですね。

コレクションでジェネリクスを使う

ジェネリクスを利用するケースとしては、もう1つ「**コレクション**」が挙げられるでしょう。例えば配列などで値を保管する際、特定の型でなく不特定のデータを保管できるようにしたいことはあります。このようなとき、**「どういう型を保管するかはわからないけど、何らかのデータを入れておく配列」**を用意するのにジェネリクスは用いられます。

このような場合には配列やVecを、ジェネリクスを使って不特定型で宣言します。

```
変数:&[T]
変数:Vec<T>
```

このような形ですね。こうすることで、どのような型でも保管できるコレクションが作成できます。これらのフィールドなどにコレクションが設定されると、そのコレクションに保管されている型に確定されます。

試してみよう SampleにVec<T>フィールドを追加する

では、先ほどのSample構造体を修正して、ジェネリクス型のVec値を保管するフィールドを用意してみましょう。そして、この内容を出力するメソッドを実装してみます。ソースコードを以下に書き換えてください。

▼ リスト3-35

```
#[derive(Debug)]
struct Sample<T:core::fmt::Debug> {
  name:String,
  values:Vec<T>
}


impl<T:core::fmt::Debug> Sample<T> {
  fn print_values(&self) {
    println!("*** {} ***", &self.name);
    for item in &self.values {
      println!("{:?}", item);
    }
  }
}


fn sample<T:core::fmt::Debug>(name:&str, values:Vec<T>)
    -> Sample<T> {
  Sample{name:String::from(name), values:values}
}


fn main() {
  let taro = sample("Taro",
    vec![123, 456, 789]);
  taro.print_values();
  let hanako = sample("Hanako",
    vec!["Hello", "Welcome", "Bye!"]);
    hanako.print_values();
}
```

▼図3-24：valuesにVec値を保管し、その内容を出力する

```
────────── Standard Output ──────────
*** Taro ***
123
456
789
*** Hanako ***
"Hello"
"Welcome"
"Bye!"
```

　これを実行すると、2つのSample構造体のインスタンスを作成し、それぞれのprint_valuesメソッドを呼び出してvaluesの内容を出力します。ここでは以下のように出力されるでしょう。

```
*** Taro ***
123
456
789
*** Hanako ***
"Hello"
"Welcome"
"Bye!"
```

　taroインスタンスのほうでは、valuesには整数値が保管されており、hanakoインスタンスにはテキスト値が保管されています。それぞれprint_valuesメソッドでどんな値が保管されているのか出力されていますね。
　ここでは、Sampleは以下のような形で定義されています。

```
struct Sample<T:core::fmt::Debug> {……}
```

　<T>ではなく、<T:○○>という形になっています。これは、このT型に実装されているトレイトを示すものです。ここでは、core::fmt::Debugというトレイトが実装された何らかの型がTに指定されています。このcore::fmt::Debugというトレイトは、#[derive(Debug)]で使ったDebugトレイトのことです。すなわち、println!で出力可能な何らかの値をTに指定している、というわけです。DebugトレイトがないインスタンスはTとして指定することができない、というわけです。
　トレイトのメソッドを実装している部分も同様に定義されています。

```
impl<T:core::fmt::Debug> Sample<T> {……}
```

このように、implの後にある<T>にcore::fmt::Debugトレイトを指定しています。こうすることで、Debugトレイトを含む型がジェネリクスの型として使われるようになります。ここでは、forを使ってvaluesから値を取り出し、println!で出力していますが、これもDebugトレイトが用意されていることが保証されるからこそ行えるのです。もしDebugトレイトがないインスタンスがvaluesに含まれていたなら、println!が実行できないためエラーとなるのです。

◉ PersonとStudentを定義する

もう1つ例を挙げておきましょう。先に、PersonとStudentという2つの構造体を作って使ってみましたね。これらにPrintトレイトを実装し、どちらもprintで内容が出力されるようにしていました。

試してみよう これらのインスタンスを1つのコレクションにまとめて処理するような関数を考えてみましょう。まず、2つの構造体を改めて定義してみます。

ソースコードファイルをクリアし、改めて以下のリストを記述してください。

▼ リスト3-36

```
trait Print {
  fn print(&self) {
    println!("not implemented...");
  }
}

struct Person {
  name:String,
  mail:String,
  age:i32
}

struct Student {
  name:String,
  mail:String,
  grade:i32
}

impl Print for Person {
  fn print(&self) {
    println!("Person: {}<{}>({})", &self.name, &self.mail, &self.age);
  }
```

```
}
impl Print for Student {
  fn print(&self) {
    println!("Student [grade {}] {}<{}>", &self.grade, &self.name, &self.mail);
  }
}

fn person(name:&str, mail:&str, age:i32)->Box<Person> {
  Box::new(Person{name:String::from(name),
      mail:String::from(mail), age:age})
}

fn student(name:&str, mail:&str, grade:i32)->Box<Student> {
  Box::new(Student{name:String::from(name),
      mail:String::from(mail), grade})
}
```

　　　　PrintトレイトとPerson/Student構造体を用意し、2つの構造体のインスタンスを作成するメソッドperson/studentも作成しました。これらの関数は、Person/Studentをそのまま帰すのではなく、Boxでラップして返すようにしてあります。

◉ Person/Studentを1つのコレクションにまとめて処理する

　　　　では、これらPerson/Studentのインスタンスをコレクションでひとまとめにして処理してみましょう。ポイントは、**「どちらもPrintトレイトを実装している」**という点です。これがわかれば、Person/StudentをすべてPrintインスタンスとしてコレクションにまとめたものを処理するような関数を定義すればいいのです。こうすればPersonでもStudentでも同じように処理できるようになりますね。

試してみよう　では、Vecインスタンスを渡してその内容を出力する関数print_allと、これを利用するmain関数を作成しましょう。以下のリストを追記してください。

▼ リスト3-37

```
fn print_all<T:Print + ?Sized>(data:Vec<Box<T>>) {
  for item in data {
    item.print();
  }
}

fn main() {
```

```
  let taro = person("Taro", "taro@yamada", 39);
  let hanako = student("Hanako", "hanako@flower", 2);
  let jiro = person("Jiro", "jiro@change", 28);
  let sachiko = student("Sachiko", "sachiko@happy", 4);
  let data_p:Vec<Box<Person>> = vec![taro, jiro];
  let data_s:Vec<Box<Student>> = vec![hanako, sachiko];
  print_all(data_p);
  print_all(data_s);
}
```

▼ 図3-25：PersonとStudentのインスタンスをそれぞれVecにまとめ、print_allで出力する

```
──────────────── Standard Output ────────────────

Person: Taro<taro@yamada>(39)
Person: Jiro<jiro@change>(28)
Student [grade 2] Hanako<hanako@flower>
Student [grade 4] Sachiko<sachiko@happy>
```

　ここでは、PersonとStudentのインスタンス（正確にはこれらをBoxでラップしたもの）を作成し、それぞれVecにまとめています。そしてこれを引数にしてprint_allを呼び出しています。これにより、PersonをまとめたものもStudentをまとめたものもすべて同様にprintメソッドを呼び出して内容を出力できます。

　print_allメソッドを見ると、このように定義されていますね。

```
fn print_all<T:Print + ?Sized>(data:Vec<Box<T>>) {……}
```

　引数には、Vec<Box<T>>と型を指定しています。Vecは型を指定する際、「**Vec<○○>**」というように保管する値の型をジェネリクスで指定するのです。ここではBoxを保管しているので、Vec<Box>となります。ところが、このBoxもラップする型を「**Box<○○>**」という形で、ジェネリクスで指定するようになっているのです。

　ということで、VecとBoxが組み合わせられてVec<Box<T>>という型指定になっていたのですね。

　そして、print_allの渡す引数となる値を作成している部分を見てください。

```
let data_p:Vec<Box<Person>> = vec![taro, jiro];
let data_s:Vec<Box<Student>> = vec![hanako, sachiko];
```

　このようになっていました。値の型はVec<Box<Person>>とVec<Box<Student>>になっ

ています。Boxに保管する型は違うものなのに、そのままprint_allを呼び出して実行することができます。どちらもPrintトレイトを実装しているため、Vec<Box<Print>>として引数を受け取り処理できるのですね。

Column 「?Sized」って何？

ここではprint_allのジェネリクス部分に<T:Print + ?Sized>と指定がされています。<T:Print>ならばわかるでしょう。けれど、その後の「+ ?Sized」というのは一体何でしょうか。

これは、「コレクションのサイズ」を示すためのトレイトです。Vecのようなコレクションは、サイズが不特定です。こうしたものをジェネリクスで型指定する際に使われます。これを付けることで、コレクションのサイズが不特定でも問題なく型指定できるようにしているのです。

なお、<○○+○○>という書き方は、複数のトレイトを指定する場合の書き方です。これにより、記述したすべてのトレイトが実装されていることを指定できます。

Vec自体にPerson/Studentをまとめて保管する

試してみよう　ここではPersonとStudentをそれぞれVecにまとめましたが、もちろん1つのVecにまとめることもできます。サンプルを挙げておきましょう。

main関数を以下に修正してみてください。

▼ リスト3-38

```
fn main() {
  let taro = person("Taro", "taro@yamada", 39);
  let hanako = student("Hanako", "hanako@flower", 2);
  let jiro = person("Jiro", "jiro@change", 28);
  let sachiko = student("Sachiko", "sachiko@happy", 4);
  let data:Vec<Box<dyn Print>> = vec![taro, hanako, jiro, sachiko];
  print_all(data);
}
```

▼図3-26：Person と Student が混在したまま表示される

```
────────── Standard Output ──────────

Person: Taro<taro@yamada>(39)
Student [grade 2] Hanako<hanako@flower>
Person: Jiro<jiro@change>(28)
Student [grade 4] Sachiko<sachiko@happy>
```

　main関数をこのように修正してください。PersonとStudentが混在した状態でそのまま出力されます。

　ここでは、保管するVecの型をVec<Box<dyn Print>>と指定してあります。Boxのジェネリクス型を<dyn Print>とすることで、Printを実装している構造体ならば何でも保管できるようにしたのですね。

　ジェネリクスは、「**どんな型でもOK**」という使い方ができるのはもちろんですが、トレイトを指定して「**このトレイトを実装しているものだけは何でもOK**」というように使うこともできます。

Section 3-5 列挙型について

ポイント
▶列挙型の定義と利用の仕方を学びましょう。
▶matchによる列挙型の処理方法を理解しましょう。
▶値を持つ列挙型の利点と働きについて考えましょう。

列挙型とは?

　値というのは、指定された種類であればどんなものでも使うことができるのが一般的です。ただし、その**「使える値」**が限定されているものもあります。例えば論理値などはtrue/falseの2つの値しかありません。

　このような**「いくつかの限定された値だけしかない型」**というものが必要となることはよくあります。例えば、じゃんけんの値を定義しようとしたら、**「グー」「チョキ」「パー」**の3つの値だけしかない型を使いたいですね。

　こうした場合に用いられるのが**「列挙型」**と呼ばれるものです。これはあらかじめ用意した項目の中からだけ値を選べるようにするものです。例えばじゃんけんの列挙型を作るなら、**「グー」「チョキ」「パー」**の3つの項目を用意し、この3つしか値を選べないようにすることができるわけです。

◉ 列挙型の定義

　この列挙型は**「enum」**というものを使って定義します。基本的な書き方をまとめると以下のようになります。

➕列挙型の定義

```
enum 列挙型 {
    項目1,
    項目2,
    ……必要なだけ用意……
```

```
}
```

enumの後に、定義する列挙型の名前を指定し、その後の‖内に用意する項目をカンマで区切って記述します。これらは、テキストなどではなく、ただ項目の名前を書くだけです。例えばじゃんけんの列挙型ならこんな具合に書けばいいでしょう。

```
enum Janken {
  Goo, Choki, Paa
}
```

このように、列挙型に用意する項目だけを書いておけば、それらの項目を持つ列挙型が定義されます。この列挙型に用意されるGoo, Choki, Paaといった項目は**「列挙子」**と呼ばれます。

◉ 列挙型の値の利用

作成された列挙型は、その中の値を指定して使います。この値は以下のような形で記述します。

```
列挙型::列挙子
```

列挙型の型名の後に::をつけ、利用する列挙子を指定します。これでその列挙型の値が得られます。例えば、先ほどのJanken列挙型からGooの値を変数teに代入したいなら、こんな具合に書けばいいでしょう。

```
let te = Janken::Goo;
```

ここで注意したいのは、このJanken::Gooは**「"Goo"というテキスト」**などではなく、**「Gooという値」**なのだ、という点です。このGooは、Janken型の値なのです。列挙型は、そういう型を新たに定義して使えるようにするものなのだ、ということをしっかり理解してください。

試してみよう Kind型でPersonとStudentを整理する

では、実際に列挙型を利用してみましょう。ここでは**「Kind」**という列挙型を定義してみます。使用しているソースコードファイルの内容をすべて削除し、以下を記述してください。

▼ リスト3-39
```
#[derive(Debug,Copy,Clone)]
enum Kind {
  Person,
  Student
}
```

derive属性が用意してありますね。ここではprintln!で出力できる(Debug)、値を複製できる(Copy)、オブジェクトを複製できる(Clone)という3つの属性を指定してあります。これらは、この後で作るコードで必要となるトレイトを実装するものです。

このKind列挙型は、PersonとStudentという2つの列挙子を持っています。このKindにより、データがPersonとStudentのどちらかを識別するのに使うことにします。

◉ ランダムにKindを選ぶ

ここではメソッドの実装として、ランダムにKindを選ぶ機能を用意しておくことにします。これは「rand」というパッケージを使います。Cargo.tomlを開き、[dependencies]の下に以下の文を追記してください。

▼ リスト3-40
```
rand = "0.8.5"
```

これでrandパッケージが追加されます。なお、Webの「**Rust Playground**」ではパッケージの追加は行えません。必ずローカル環境に用意したプロジェクト(先に作成した「**sample_rust_app**」プロジェクト)を使って試してください。

試してみよう では、ランダムにKindを選ぶ処理を追加しましょう。main.rsを開き、ソースコードファイルに以下を追記してください。

▼ リスト3-41
```
// use rand::Rng; 追記する

impl Kind {
  fn random() -> Kind {
    let list = [Kind::Person, Kind::Student];
    let index = rand::thread_rng().gen_range(0..list.len());
    list[index]
  }
}
```

ある範囲からランダムに1つを選ぶには、「rand」クレートの「Rng」モジュールを使います。これは以下のようなものです。

```
rand::thread_rng().gen_range(《Range》)
```

rand::thread_rng()から「gen_range」というメソッドを呼び出します。引数には範囲を示すRange値を用意します。Range値というのは、「1..10」というように..を使って範囲を指定する、あの値のことです。これで、指定した範囲からランダムに1つを選べます。

ここでは引数に0..list.len()と値を指定して、list配列のインデックスからランダムに値を選んでいます。そして、その値を使ってlist[index]の値を返しています。これで、listに用意したKindの中から1つをランダムに選んで返す関数ができました。

このrand::thread_rng().gen_range()というものは、ランダムに値を選ぶのに重宝しますので、ここで覚えておくとよいでしょう。

◎ 試してみよう Kindを利用するMydata構造体を定義する

では、実際にKindを利用しましょう。ここでは、Kindの値をフィールドに持つ「Mydata」という構造体を定義してみます。以下のリストを更に追記してください。

▼ リスト3-42

```
#[derive(Debug)]
struct Mydata {
  name:String,
  kind:Kind
}
fn mydata(name:&str)->Mydata {
  Mydata{name:String::from(name), kind:Kind::random()}
}
```

Mydata構造体と、合わせてMydataインスタンスを作る関数も用意しておきました。ここでは、kindというフィールドにKind値を保管するようにしてあります。インスタンスを作るmydata関数では、kind:Kind::random()というようにしてランダムにKindを設定するようにしておきました。

◎ 試してみよう Mydataを配列にまとめて出力する

では、いくつかのMydataインスタンスを作成して配列にまとめ、それを出力させてみましょう。以下の関数をソースコードに追記します。これでサンプルはひとまず完成です。

▼リスト3-43

```
fn print_all(data:Vec<Mydata>) {
  for item in data {
    println!("{:?}", item);
  }
}

fn main() {
  let taro = mydata("Taro");
  let hanako = mydata("Hanako");
  let sachiko = mydata("Sachiko");
  let data = vec![taro, hanako, sachiko];
  print_all(data);
}
```

▼図3-27：作成したMydataをprint_allでまとめて出力する

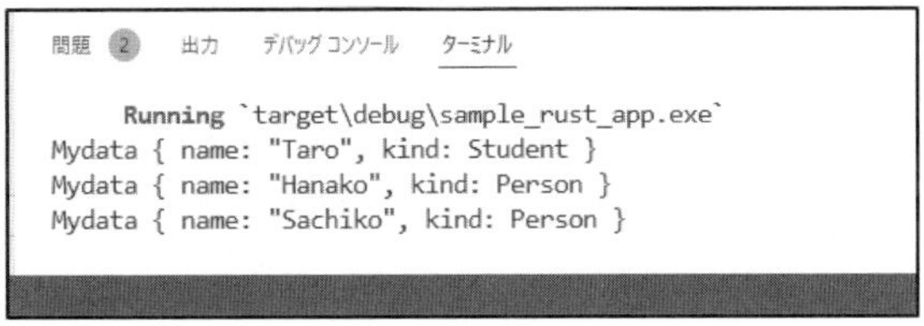

```
問題 2  出力  デバッグ コンソール  ターミナル

      Running `target\debug\sample_rust_app.exe`
Mydata { name: "Taro", kind: Student }
Mydata { name: "Hanako", kind: Person }
Mydata { name: "Sachiko", kind: Person }
```

　ここでは3つのMydataインスタンスを作ってVecにまとめ、print_allを呼び出しています。print_allではforを使い、Vecから順に値を取り出してprintln!で出力しています。出力結果を見ると、3つのMydataにnameとkindが設定されていることがわかるでしょう。kindには、Kindからランダムに選んだ値が代入されています。列挙型も、普通の値と同じようにフィールドや変数に保管し利用できることがわかります。

matchによる分岐処理

　列挙型は、選んだ値に応じて処理を分岐するような使い方をすることが多いでしょう。これは、matchを使って列挙型の値ごとに分岐させるのが一般的です。実際にやってみましょう。

試してみよう 　まず、Kindの種類ごとに使うPersonとStudentの3つの構造体を定義しておきます。以下のリストを追記しましょう。

▼リスト3-44

```
struct Person {
  name:String,
```

```
  mail:String,
  age:i32,
  struct_kind:Kind
}

struct Student {
  name:String,
  mail:String,
  grade:i32,
  struct_kind:Kind
}

fn person(name:&str, mail:&str, age:i32)->Box<Person> {
  Box::new(Person{name:String::from(name),
      mail:String::from(mail), age:age, struct_kind:Kind::Person})
}

fn student(name:&str, mail:&str, grade:i32)->Box<Student> {
  Box::new(Student{name:String::from(name),
      mail:String::from(mail), grade, struct_kind:Kind::Student})
}
```

　今までにも何度かPersonとStudentは作成しましたね。今回は、これらにstruct_kindという
フィールドを追加し、ここにKind値を保管するようにしました。合わせてインスタンスを作成す
る関数も用意しておきます。今回、またインスタンスを1つのVecにまとめて処理するので、インス
タンスは、それぞれBoxでラップして返すようにしてあります。

◎ 試してみよう Printトレイトを実装する

　これらPerson/StudentにPrintトレイトを実装します。PrintにはKindの値を得るkindと、内
容をテキストで得るto_stringの2つのメソッドを用意することにします。

▼ リスト3-45

```
trait Print {
  fn kind(&self)->&Kind;
  fn to_string(&self)->String;
}

impl Print for Person {
  fn kind(&self)->&Kind {
```

```
      &self.struct_kind
  }
  fn to_string(&self)->String {
    String::from(&self.name) + "<" + &self.mail +
      ">(" + &self.age.to_string() + ")"
  }
}


impl Print for Student {
  fn kind(&self)->&Kind {
    &self.struct_kind
  }
  fn to_string(&self)->String {
    String::from(&self.name) + "[grade " +
      &self.grade.to_string() + "]<" + &self.mail + ">"
  }
}
```

これでPersonとStudentの構造体が用意できました。後はこれらの構造体を作成し、Kind
で処理を分けていきます。

試してみよう print_all と main の修正

では、mainとprint_all関数を書き換えてPersonとStudentのインスタンスをVecにまとめるよ
うにしてみましょう。以下のように変更してください。なお、Mydata構造体とmydata関数は、も
う使わないのでソースコードから削除しておきましょう。

▼ リスト3-46

```
fn print_all<T:Print + ?Sized>(data:Vec<Box<T>>) {
  for item in data {
    match item.kind() {
      Kind::Person => println!("Person:  {}", item.to_string()),
      Kind::Student => println!("Student: {}", item.to_string())
    }
  }
}


fn main() {
  let taro = person("Taro", "taro@yamada", 39);
  let hanako = student("Hanako", "hanako@flower", 2);
```

```
let jiro = person("Jiro", "jiro@change", 28);
let sachiko = student("Sachiko", "sachiko@happy", 4);
let data:Vec<Box<dyn Print>> = vec![taro, hanako, jiro, sachiko];
print_all(data);
}
```

▼図3-28：PersonとStudentをVecにまとめて出力する

```
問題 3    出力   デバッグ コンソール   ターミナル

    Finished dev [unoptimized + debuginfo] target(s) in 0.23s
      Running `target\debug\sample_rust_app.exe`
Person:  Taro<taro@yamada>(39)
Student: Hanako[grade 2]<hanako@flower>
Person:  Jiro<jiro@change>(28)
Student: Sachiko[grade 4]<sachiko@happy>
```

　ここでは、main関数でPersonとStudentをそれぞれ2つずつ作成し、Vec<Box<dyn Print>>に保管しておきます。そしてこのVec値を引数にしてprint_allを呼び出します。

　print_allでは、forで繰り返し処理をしていますが、その中でKindによる処理を行っています。これは以下のような形になっていますね。

```
match item.kind() {
  Kind::Person => 値がPersonのときの処理,
  Kind::Student => 値がStudentのときの処理
}
```

　列挙型は、このようにmatchを使ってすべての列挙子についての分岐処理を簡単に作成できます。また列挙型は用意される値が決まっているので、それらの分岐をすべて用意すればマッチしない場合の処理（_ =>）は不要です。

列挙型に値を設定する

　列挙型は、用意する列挙子に値を代入することができます。これは、以下のような形で定義します。

```
enum 列挙型 {
  列挙子1(型),
  列挙子2(型),
  ……必要なだけ用意……
```

```
}
```

　このように、列挙子ごとに代入できる型を指定します。こうして各列挙子に型指定された列挙型は、以下のような形で利用できるようになります。

列挙型::列挙子(値)

　このようにすることで、列挙子に値を持たせることができるようになります。非常に面白いのは、指定する型は列挙子ごとにバラバラに用意できるという点です。全く違った値を保管していても、すべては同じ列挙型の値としてまとめて処理することができます。

試してみよう Kind/Person/Studentを修正する

　では、列挙子に値を持たせる機能を使ってKindを修正し、Kindの各列挙子にPersonやStudentインスタンスを持たせるようにしてみましょう。また、これに合わせてPerson/Student構造体とperson/student関数も修正しておきます。

▼ リスト3-47
```
#[derive(Debug)]
enum Kind {
  Person(Person),
  Student(Student)
}

#[derive(Debug)]
struct Person {
  name:String,
  mail:String,
  age:i32
}

#[derive(Debug)]
struct Student {
  name:String,
  mail:String,
  grade:i32
}

fn person(name:&str, mail:&str, age:i32)->Person {
```

```
    Person{name:String::from(name),
        mail:String::from(mail), age:age}
}

fn student(name:&str, mail:&str, grade:i32)->Student {
    Student{name:String::from(name),
        mail:String::from(mail), grade}
}
```

KindとPerson/Student構造体の位置づけが逆転しました。先ほどの例では、Person/StudentにKindを保管するフィールドを用意していましたが、今回はKindにPerson/Studentを保管できるようにしてあります。従って、Person/StudentにはKindを保管するフィールドは必要なくなりました。またインスタンスを作成するperson/student関数では、戻り値はBoxを使わずPerson/Studentインスタンスを直接返すようにしてあります。

◎ 試してみよう Printトレイトを修正する

続いて、Printトレイトとその実装を修正しましょう。Kindの値を取り出すメソッドは不要になったので、今回はto_stringメソッドだけを用意するようになりました。

▼ リスト3-48

```
trait Print {
    fn to_string(&self)->String;
}

impl Print for Person {
    fn to_string(&self)->String {
        String::from(&self.name) + "<" + &self.mail +
            ">(" + &self.age.to_string() + ")"
    }
}
impl Print for Student {
    fn to_string(&self)->String {
        String::from(&self.name) + "[grade " +
            &self.grade.to_string() + "]<" + &self.mail + ">"
    }
}
```

実装では、&selfから各フィールドの値を取り出して1つのStringにまとめたものを返していま

す。特に難しいことはしていませんね。

◉ 試してみよう main/print_allを修正する

では、用意できたKind/Person/Studentといったものを使ってみましょう。mainとprint_all関数を以下のように修正してください。なお、ランダムにKindを選ぶimpl Kindのrandomメソッドの実装はもう使わないので削除しておきます。

▼ リスト3-49
```
fn print_all(data:Vec<Kind>) {
  for item in data {
    println!("{:?}", item);
  }
}


fn main() {
  let taro = Kind::Person(person("Taro", "taro@yamada", 39));
  let hanako = Kind::Student(student("Hanako", "hanako@flower", 2));
  let jiro = Kind::Person(person("Jiro", "jiro@change", 28));
  let sachiko = Kind::Student(student("Sachiko", "sachiko@happy", 4));
  let data:Vec<Kind> = vec![taro, hanako, jiro, sachiko];
  print_all(data);
}
```

▼ 図3-29：作成したKindインスタンスをVecにまとめて出力する

```
─────────────── Standard Output ───────────────

Person(Person { name: "Taro", mail: "taro@yamada", age: 39 })
Student(Student { name: "Hanako", mail: "hanako@flower", grade: 2 })
Person(Person { name: "Jiro", mail: "jiro@change", age: 28 })
Student(Student { name: "Sachiko", mail: "sachiko@happy", grade: 4 })
```

print_allでは、引数としてdata:Vec<Kind>を渡すようになりました。Vecに保管するのはすべてKindですから、forを使い、ただこれらの値をprintln!で出力するだけです。matchによる分岐などはなくなりました。

そしてmainでは、値を以下のような形で作成しています。

➕Person を持つ値

```
let taro = Kind::Person(person("Taro", "taro@yamada", 39));
```

➕Student を持つ値

```
let hanako = Kind::Student(student("Hanako", "hanako@flower", 2));
```

Kind::PersonやKind::Studentの引数にPerson/Studentインスタンスを設定しています。値は同じKind値であり、また保管する値が異なっているのにジェネリクスなどで指定する必要もありません。

Kindごとにmatchで分岐する

ここではPersonとStudentは同じPrintトレイトを実装するものですが、Kindの列挙子に保管できる型は、それぞれ全く別のものを指定できます。

列挙型はmatchを使って値ごとに分岐処理できます。ということは、各列挙子に保管される値が全く別の型であっても、列挙子ごとにそれぞれの型にあった形の処理を用意できるわけです。

試してみよう では、この**「列挙子ごとに全く違う型を持つ」**場合の処理の例を作成してみましょう。ソースコードファイルの内容をすべて消去してください。そして以下のようなKind列挙型を記述しましょう。

▼ リスト3-50

```
enum Kind {
  Person(Person),
  Cat(Cat),
  Cow(Cow)
}
```

ここでは、Person, Cat, Cowという3つの列挙子を用意しました。それぞれ保管される値はPerson, Cat, Cowと全く異なるものになっています。

試してみよう では、これら3つの構造体を作りましょう。以下を追記してください。

▼ リスト3-51

```
struct Person {
  name:String,
  mail:String,
```

```
    age:i32
}
struct Cat {
  name:String,
  kind:CatKind,
  feature:String
}
#[derive(Debug)]
enum CatKind {
  LongHair,
  ShortHair,
  Sphynx
}
struct Cow {
  kind:CowKind,
  weight:i32,
  country:String
}
#[derive(Debug)]
enum CowKind {
  Cow,
  Beef
}
```

Person, Cat, Cowの3つの構造体を用意しました。またこれらで利用する列挙型として
CatKindとCowKindというものも用意してあります。これらの構造体は特に共通するトレイトな
どもなく、完全に無関係な形になっています。

◎ 試してみよう print_allでKindを出力する

では、Kindを利用してみましょう。ここでは、KindをVecにまとめたものを出力するprint_all
と、エントリーポイントのmain関数を以下のように追記します。

▼ リスト3-52

```
fn print_all(data:Vec<Kind>) {
  for item in data {
    match item {
      Kind::Person(person) => println!("人: {}<{}>({}).",
          person.name, person.mail, person.age),
      Kind::Cat(cat) => println!("猫: {}({:?}) 性格:\"{}\".",
```

```
            cat.name, cat.kind, cat.feature),
        Kind::Cow(cow) => println!("牛: {:?} ({}kg) 原産国:{}",
            cow.kind, cow.weight, cow.country)
        }
    }
}

fn main() {
    let taro = Kind::Person(Person {
        name:String::from("Taro"),
        mail:String::from("taro@yamada"),
        age:39
    });
    let tama = Kind::Cat(Cat {
        name:String::from("タマ"),
        kind:CatKind::ShortHair,
        feature:String::from("甘えん坊でなまけもの")
    });
    let aug = Kind::Cow(Cow {
        kind:CowKind::Beef,
        weight:498,
        country:String::from("Australia")
    });

    let data = vec![taro, tama, aug];
    print_all(data);
}
```

▼ 図3-30：Person, Cat, Cow のインスタンスを Vec にまとめ、それぞれ出力する

```
──────────── Standard Output ────────────

人: Taro<taro@yamada>(39).
猫: タマ(ShortHair) 性格:"甘えん坊でなまけもの".
牛: Beef (498kg) 原産国:Australia
```

　ここではmain関数でPerson, Cat, Cowのインスタンスを持つKind値をそれぞれ作成しています。そして、これらをvec![taro, tama, aug]というようにして1つにまとめ、print_allを呼び出しています。

　print_all側では、forの繰り返し内にmatchを使ってKindの列挙仕事の分岐を作成しています。これは整理すると以下のようになります。

```
match item {
  Kind::Person(person) => 値がPersonのときの処理,
  Kind::Cat(cat) => 値Catのときの処理,
  Kind::Cow(cow) => 値がCowのときの処理
}
```

matchの分岐は、Kind::Person =>ではなく、Kind::Person(person) =>という形になっている点に着目しましょう。この()の引数に、代入された値が渡されます。後はこの変数から各構造体の値を取り出して表示を行えばいいだけです。

列挙型は、単に**「複数の選択肢を用意する」**というだけでなく、そこにさまざまな情報を付加できる点が他のものと異なります。しかも、どんな型の値であっても、ジェネリクスなどを使うことなく、ただ列挙型の値としてすべて同じように処理できます。非常にユニークな使い方のできる値ですので、基本的な使い方 (特に列挙型とmatchの組み合わせ) はここでしっかりと覚え、確実に使えるようにしておきましょう。

Chapter **4**

より高度な処理の
ための機能

Rustを本格的に活用していくためには、
まだまだ覚えておかなければならない機能があります。
ここでは中でも重要なものとして「エラー処理」「マルチスレッド」
「ファイルアクセス」「モジュール作成」といったことについて
説明しましょう。

Section 4-1 Noneとエラー処理

Option と None

複雑な処理を作成するようになったとき、考えなければならないのが「**エラー処理**」です。このエラー処理について考えてみることにしましょう。

エラーにはさまざまなものがありますが、中でもわかりにくいものに「**Noneのエラー**」があります。Noneとは、Rustでは「**値が存在しない状態を示す値**」です。他のプログラミング言語ではnullやnilといった値として用意されていることも多く、このような「**値が存在しない場合のエラー処理**」は一般に「**null対策**」と呼ばれたりします。

Rustでは、値のメモリ管理を厳密に行うような仕組みになっています。このため、通常は「**値があると思って変数にアクセスしたら何もなかった**」といったことは起こりにくくなっています。ただし、絶対に起きないとは断言できず、この「**値がなかった場合の処理**」について考えておくことは重要でしょう。

◉ Option型について

Rustでは、「**値が存在する場合としない場合がある**」という状況を扱うために「**Option**」という型が用意されています。これは列挙型で、以下のような形で定義されています。

▼ リスト4-1
```
enum Option<T> {
  Some(T),
  None,
}
```

SomeとNoneの2つの列挙子が用意されています。Someというのは**「何らかの値」**を扱うもので、値をラップしたものになります。Noneは、値が存在しない状態を示す値です。

このOptionは、Someに値が保管できるため、値が存在しない場合があるときはこのSomeに値をラップして利用します。そして値を利用する際は、matchを使い、Someの場合とNoneの場合で分岐する形で処理を行えばいいわけです。

試してみよう まず、OptionのSomeを利用して値を扱う例を見てみましょう。

▼ リスト4-2

```
fn main() {
  let mut data = vec![];
  for n in 0..5 {
    data.push(Some(n));
  }
  print_all(data);
}

fn print_all(data:Vec<Option<i32>>) {
  for item in data {
    println!("{:?}", item);
  }
}
```

▼ 図4-1：OptionのSomeを使って整数値をラップし処理する

```
─────────────── Standard Output ───────────────
Some(0)
Some(1)
Some(2)
Some(3)
Some(4)
```

ここではforを使い、Some(n)として値をラップしたものをVecに保管しています。そしてprint_allでは、data:Vec<Option<i32>>というように引数を用意します。Optionは、Someに保管される値をジェネリクスで指定するようになっているため、Option<i32>というように代入する値の型をジェネリクスで指定して利用します。

Some値は、println!では|:?|を使って出力することができます。

◎ 試してみよう Noneを含む処理を行う

では、Optionを利用して**「Noneがある場合の処理」**を作成してみましょう。これは、値を

Someでラップして利用し、matchでSomeとNoneの場合で異なる処理を行えばいいのですね。では、例を挙げましょう。まず、Noneを含む値を作成する関数を用意します。ソースコードファイルをクリアし、以下を記述してください。

▼ リスト4-3

```
use rand::Rng;

fn random() -> Option<i32> {
  let n = rand::thread_rng().gen_range(0..10);
  match n {
    0 => None,
    _=> Some(n)
  }
}
```

ここでは1〜9までの数字をランダムに作成して返すrandom関数を定義しています。ここでは0〜9の乱数を作成し、0だった場合はNoneを、それ以外の場合は数字をSomeでラップしたものを返しています。戻り値はOption<i32>となっています。

試してみよう　このrandom関数を使ってランダムに値を作成して処理を行いましょう。以下のリストを追記してください。

▼ リスト4-4

```
fn main() {
  let mut data = vec![];
  for _ in 0..10 {
    data.push(random());
  }
  print_all(data);
}

fn print_all(data:Vec<Option<i32>>) {
  for item in data {
    print(item);
  }
}

fn print(item:Option<i32>) {
  match item {
    None => println!("no-data..."),
```

```
    Some(n) => println!("No, {}.", n)
  }
}
```

▼図4-2：ランダムに選んだ値を出力する

```
—————————————————— Standard Output ——
No, 2.
No, 2.
No, 4.
No, 8.
no-data...
no-data...
No, 7.
No, 1.
no-data...
No, 7.
```

　これを実行すると、10個のOption値をランダムに作成し、これをprint_allで出力しています。print_allの中では、繰り返しを使ってprint関数を呼び出しています。1〜9の値の場合は**「No, 〇〇」**という形で出力されますが、Noneの場合は**「no-data...」**と出力をします。

　print関数では、引数で渡されたOptionをmatchで分岐処理しています。これは以下のようになっていますね。

```
match item {
  None => 値がNoneのときの処理,
  Some(n) => 値がSomeのときの処理
}
```

　Noneのときは**「no-data...」**と出力をしています。そしてSomeのときは、Someに渡される引数の値nを取り出し利用すればいいのです。

panicによる強制終了

　何か致命的なトラブルが発生した場合の対処として、Rustには**「panic!」**というマクロが用意されています。panic!は、回復不能な重大な問題が発生した場合にプログラムを終了するものです。

　これは以下のように呼び出します。

```
panic!(エラーメッセージ);
```

試してみよう　非常に単純ですね。では、さっそく使ってみましょう。先ほどのprint関数を以下のように書き換えてみてください。

▼ リスト4-5
```
fn print(item:Option<i32>) {
  match item {
    None => panic!("NODATA!!"),
    Some(n) => println!("No, {}.", n)
  }
}
```

▼ 図4-3：None が発生するとプログラムを強制終了する

```
                          Execution                    Close

                    ──── Standard Error ────

      Compiling playground v0.0.1 (/playground)
       Finished dev [unoptimized + debuginfo] target(s) in 0.70s
        Running `target/debug/playground`
thread 'main' panicked at 'NODATA!!', src/main.rs:27:13
note: run with `RUST_BACKTRACE=1` environment variable to display

                    ──── Standard Output ────

No, 2.
No, 7.
No, 5.
No, 7.
No, 5.
```

これを実行すると、itemの値がNoneだった場合にはpanic!が発動されプログラムが終了します。途中で中断した場合、Standard Errorのところには以下のようなメッセージが出力されているでしょう。

```
thread 'main' panicked at 'NODATA!!', src/main.rs:...
```

"NODATA!!"のpanic!が実行されていることがこれでわかります。panic!は、エラーの対処ができず回復不能な問題が発生した場合に使います。プログラムが瞬時に終了してしまうので、必要以上に多用すべきではありません。

Result によるエラーリカバリ

Rustにはさまざまな処理を行う関数などが用意されています。こうしたものの中には、実行時にエラーが発生するようなものもあります。例えばファイルアクセスの処理などは、ファイルが見つからなかったり、アクセスできなかったりした場合にはエラーが発生するようになっています。

このような場合のエラーは、「**Result**」という列挙体を使って知らされます。Resultは、以下のような形で定義されています。

▼ リスト4-6

```
enum Result<T, E> {
  Ok(T),
  Err(E),
}
```

OkとErrという2つの列挙子を持っており、それぞれに値を設定できます。エラーが発生する処理では、問題なければOkが、何らかの問題が発生した場合にはErrが返されるように設計されています。こうした処理では、実行後の戻り値を受け取り、matchでResultの列挙子ごとの処理を用意することでエラーの対応が行えるようになっているわけです。

◎ 試してみよう Err を使ってエラー処理を行う

では、先ほどのサンプルをResultでエラー処理するように修正してみましょう。print関数を以下のように書き換えてください。

▼ リスト4-7

```
fn print(item:Option<i32>)->Result<String, String> {
  match item {
    None => {
      Err(String::from("ERROR IS OCCURED."))
    },
    Some(n) => {
      println!("No, {}.", n);
      Ok(String::from("OK"))
    }
  }
}
```

ここでは、戻り値をResult<String, String>と設定し、Resultを返すようにしました。そして matchでitemをチェックし、値がNoneだった場合にはErrの値を返すようにします。そうでない 場合（Someだった場合）は、println!で内容を出力後、Okを返しています。

このように、「**状況に応じてOkかErrを返すようにする**」というのが、Resultを使ってエ ラー処理を行う関数の基本的な形になります。

◎ 試してみよう print_allでResultによるエラー処理を実装する

では、修正したprintの戻り値を利用してエラー処理を行うように、print_all関数を修正しま しょう。以下のように書き換えてください。

▼ リスト4-8

```
fn print_all(data:Vec<Option<i32>>) {
  for item in data {
    let res = print(item);
    match res {
      Ok(s) => println!("--- {} ---", s),
      Err(s) => println!("*** {} ***", s)
    }
  }
}
```

▼ 図4-4：値がNoneだった場合にはErrが発生し、エラーメッセージが表示される

```
──────────────── Standard Output ─

No, 1.
--- OK ---
No, 4.
--- OK ---
*** ERROR IS OCCURED. ***
No, 3.
--- OK ---
No, 7.
--- OK ---
No, 4.
--- OK ---
No, 1.
--- OK ---
No, 8.
--- OK ---
*** ERROR IS OCCURED. ***
No, 8.
--- OK ---
```

　実行すると、問題がないときは「**No, 数字**」と出力された後に「**--- OK ---**」と表示されます。しかし値がNoneで問題が発生したときは「***** ERROR IS OCCURED. *****」とメッセージが出力されます。

　重要なのは、panic!と違い、**「エラーが発生してもプログラムは終了しない」**という点です。エラーが起きた場合は何らかのリカバリを行い、そのままプログラムを実行し続けるようになっています。

　ここでは、printの実行部分を、let res = print(item);というように結果を受け取る形にしています。そしてmatchを使い、戻り値がOkかErrかによって異なる処理を実行するようにしています。Errでは、ここではエラーメッセージを表示しているだけですが、実際にはここで必要なリカバリ処理を行うことになるでしょう。

より細かなエラー処理

　Resultによるエラー処理は、OkとErrの2つだけです。エラーが発生すればすべてErrを返すことになり、具体的なエラーの内容に応じたきめ細かな処理を行うことはできません。

　このような場合は、Errに保管する値を利用すればいいでしょう。例えば、エラーの内容をまとめた列挙型を用意し、必要に応じてこの値をErrに設定して送るようにすればいいのです。

試してみよう　実際に簡単な例を作成してみましょう。ソースコードファイルに「**ErrKind**」という列挙型を以下のように追記してください。

▼ リスト4-9
```
enum ErrKind {
  Caution,
  Danger
}
```

　ErrKindでは、「**Caution**」「**Danger**」という2つの値を用意しました。これは必要に応じていくらでも追加していけばいいでしょう。

試してみよう ErrKindでErrを分岐処理する

　では、エラーが発生したときにErrにErrKindを設定して細かな処理を行うようにしましょう。print_allとprint関数を以下のように書き換えてください。

▼ リスト4-10
```
fn print_all(data:Vec<Option<i32>>) {
  for item in data {
```

191

```
      let res = print(item);
      match res {
        Ok(s) => println!("--- {} ---", s),
        Err(k) => match k {
          ErrKind::Caution => {
            println!("*** CAUTION!! ***");
          },
          ErrKind::Danger => {
            println!("DANGER!!");
            panic!("DANGER ERROR.");
          }
        }
      }
    }
}

fn print(item:Option<i32>)->Result<String, ErrKind> {
  match item {
    None => {
      Err(ErrKind::Danger)
    },
    Some(n) => {
      println!("No, {}.", n);
      if n == 1 {
        Err(ErrKind::Caution)
      } else {
        Ok(String::from("OK"))
      }
    }
  }
}
```

▼図4-5:値が1のときは警告が発生し、Noneのときは危険と判断して強制終了する

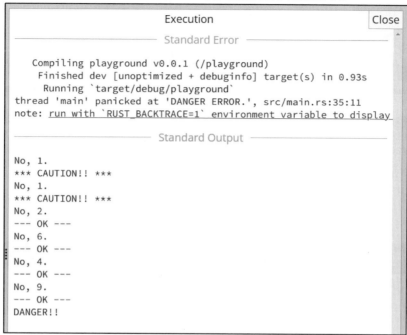

　ここでは、print関数で値に応じて2種類のエラーを発生させています。値がNoneだった場合は、Err(ErrKind::Danger)を返しています。そしてSomeだった場合も、その値が1のときはErr(ErrKind::Caution)を返すようにしてあります。それ以外はすべてOk(String::from("OK"))を返します。

　print_allでは、printの戻り値をmatchでチェックし、以下のようにしてエラー処理を行っています。

```
match res {
  Ok(s) => 値がOkのときの処理,
  Err(k) => match k {
    ErrKind::Caution => { Errの値がCautionのときの処理 },
    ErrKind::Danger => { Errの値がDangerのときの処理 }
  }
}
```

　printからの戻り値がErrだった場合、更にmatchを使ってその値がCautionのときとDangerのときを分岐処理しています。このように、Errにつけられた値を使って分岐処理することで、よりきめ細かなエラー処理が行えるようになるのです。

Section
4-2
マルチスレッドと
非同期処理

ポイント

▶thread::spawn によるマルチスレッドを使ってみましょう。
▶ArcとMutexによるスレッド間の共有について学びましょう。
▶デッドロックの問題とチャンネルの利用について理解しましょう。

プロセスとスレッド

ここまで作成した処理は、すべて「1つのスレッド（メインスレッド）だけで動くプログラム」でした。

プログラムというのは、プラットフォーム（OS）の中で1つの「**プロセス**」として実行されます。複数のアプリが起動しているのは、同時に複数のプロセスが実行されているということになります。

そして1つのアプリ（プロセス）の中で処理を行うために実行されるのが「**スレッド**」です。アプリが起動し、プロセスが開始されると、「**メインスレッド**」と呼ばれるアプリの基本となる処理を実行するスレッドが実行され、この中で処理が行われていきます。

もし、アプリの中で同時に複数処理を並行して実行する必要が生じた場合は、そのためのスレッドを新たに作成して実行することになります。いわゆる「**マルチスレッド**」と呼ばれる方式です。

マルチスレッドが必要となるのは、主に「**メインスレッドとは別に処理を実行する必要がある場合**」です。例えば、非常に時間のかかる処理を実行する場合、処理が完了するまで何もできなくなります。こうした場合は、その処理をメインスレッドとは別のスレッドで実行するようにします。こうすれば、処理の実行中もメインスレッドは動き続けます。

このように、必要に応じて複数のスレッドを作成し、それぞれで処理を実行させるのがマルチスレッドの考え方です。

▼図4-6：プラットフォーム内にはいくつものアプリケーションがプロセスとして実行されている。それぞれのプ
ロセスには必要に応じていくつかのスレッドが動いている

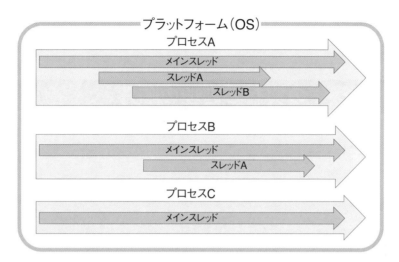

◉threadによるスレッドの作成

Rustのアプリ内で同時に複数の処理を並行して実行させるには、アプリ内で「**スレッド**」
を作成し、その中で処理を実行する必要があります。

スレッドの作成は「**std**」というクレートに用意されている「**thread**」というモジュールを使
います。プログラムの冒頭に以下の文を追記しておきます。

```
use std::thread;
```

スレッドは、threadの「**spawn**」という関数を使って作成します。これは以下のように呼び
出します。

```
thread::spawn( 関数 );
```

引数には、関数を値として用意します。これは、2章で説明した「**匿名関数（クロージャ）**」
と呼ばれるものを使います。ここでは以下のように定義をします。

```
|| {……処理……}
```

ここで用意するクロージャは引数なしの関数であるため、引数部分は単に || と記述するだ
けです。その後の||内に、別スレッドとして実行する処理を記述します。これにより、この部分の

処理がメインスレッドとは別のスレッドで実行されます。

このspawnによる処理は別スレッドですので、spawnを実行するとそのままメインスレッドの処理は停止することなく実行し続けていきます。それとは別に新しいスレッドが作られ、spawn内の処理がメインスレッドと並行して実行される、ということなのです。

試してみよう スレッドの実行と処理の順序

では、実際にスレッドを使ってみましょう。main.rsをクリアし、以下のソースコードを記述してください。

▼ リスト4-11
```
use std::thread;

fn main() {
  thread::spawn(|| {
    println!("Thread:Start!");
    println!("Thread:End.");
  });

  println!("Main:Start!");
  println!("Main:End.");
}
```

▼ 図4-7：実行すると、メインスレッドのprintln!しか表示されない

```
─────────────────────────── Standard Output ───

Main:Start!
Main:End.
```

ここでは、thread::spawnを使い、println!でスレッド内からメッセージを出力する処理を実行しています。それとは別に、spawn後にメインスレッドからprintln!を実行しています。

このソースコードを実行すると、どうなるでしょうか。実際に試してみると、メインスレッドから実行している「**Main:Start!**」「**Main:End.**」だけが表示され、spawn内で実行している「**Thread:Start!**」「**Thread:End.**」は表示されなかったことでしょう。

なぜメインスレッドの処理だけが実行され、別スレッドの処理が実行されなかったのか。それは、別スレッドの処理を実行する前に、メインスレッドが終了していたからです。

プログラムの処理は、メインスレッドとして実行されます。このメインスレッドが終了すると、プログラムは停止します。spawnによる新しいスレッドの作成と実行は、わずかですが実行するのに時間がかかります。

spawnが新しいスレッドの準備をしている間に、メインスレッドはその後にある2つのprintln!を実行してしまいます。そして、別スレッドの準備が完了して処理を開始する前にメインスレッドは処理を終えて終了してしまっていたのです。メインスレッドが終了すれば、その中で実行している別スレッドも消えてしまいます。このため、別スレッドは実行される前に消滅していたのです。

◉ スレッドの一時停止と Duration

では、メインスレッドとは別にスレッドが実行されているのを確認したい場合はどうすればいいのでしょう。別スレッドの処理が終えるまでかかるような長い処理をメインスレッドで実行させれば確実に両スレッドの処理を見ることができるでしょう。あるいは、別スレッドが終わるまで、メインスレッドの処理を一時停止していても別スレッドが実行する処理を見ることはできます。

スレッドの処理を一時的に停止するには、threadの**「sleep」**という関数を使います。これは以下のように実行します。

```
thread::sleep(Duration:《ミリ秒数》);
```

ここではDurationという値を引数に指定しています。これはstr::timeという「モジュールに入っています。これを利用するには以下のuse文を用意しておきます。

```
use std::time::Duration;
```

sleep関数の引数には、通常、Durationで表した日時の間隔を示す値が入ります。これはDurationの**「from_millis」**という関数を使います。これはミリ秒換算した時間の値を返すものです。Duration::from_millis(100)とすれば、100ミリ秒の時間を示す値が得られます。これをsleepの引数に指定すれば、100ミリ秒だけスレッドの実行が停止することになります。

◉ 試してみよう 時間調整してスレッドを実行する

では、このsleepを使ってスレッドの実行を一時停止しながら2つのスレッドを動かすことにしましょう。ソースコードを以下に書き換えてください。

▼ リスト4-12

```rust
use std::thread;
use std::time::Duration;

fn main() {
  thread::spawn(|| {
    println!("Thread:Start!");
    thread::sleep(Duration::from_millis(10));
    println!("Thread:End.");
  });

  println!("Main:Start!");
  thread::sleep(Duration::from_millis(100));
  println!("Main:End.");
}
```

▼ 図4-8：メインスレッドを一時的に停止することで、別スレッドの処理結果が表示されるようになった

```
──────────────── Standard Output ────────────────
Main:Start!
Thread:Start!
Thread:End.
Main:End.
```

　これを実行してみましょう。すると、今度は以下のようにメッセージが出力されるのがわかります。

```
Main:Start!
Thread:Start!
Thread:End.
Main:End.
```

◆ メインスレッド開始→別スレッド開始→別スレッド終了→メインスレッド終了

　このような順で処理が行われていることがわかります。ここではメインスレッドでMain:Start!とMain:End.の間にsleepを使い100ミリ秒実行を停止しています。そして別スレッド側では、Thread:Start!とThread:End.の間で10ミリ秒だけ実行を停止しています。これにより、別スレッドのほうが先に処理を完了するようになり、2つのスレッドの表示がすべて行われるようになった、というわけです。

このようにスレッドは「**どのスレッドが処理を実行中で、どれが終了したか**」を常に頭に入れて処理を行うようにしなければいけません。少なくとも、別スレッド実行中にメインスレッドが終了するようなことがあってはいけないのです。そうすると、実行中の別スレッドは処理半ばで消滅してしまうのですから。

◉ 両スレッドの実行順を確認する

スレッドの実行時間を調整するには、sleepを使うのが有効です。sleepによりどれだけ一時停止するかによりスレッドの処理スピードは調整されるからです。

試してみよう 実際にある程度時間がかかる処理を作成してsleepによる速度調整がどのようになるか見てみましょう。ソースコードを以下に書き換えて実行してください。

▼ リスト4-13

```rust
use std::thread;
use std::time::Duration;

fn main() {
  thread::spawn(|| {
    for n in 1..10 {
      println!("Thread:No,{}.", n);
      thread::sleep(Duration::from_millis(50));
    }
  });

  for n in 1..10 {
    println!("Main: No,{}.", n);
    thread::sleep(Duration::from_millis(100));
  }
}
```

▼ 図4-9：メインスレッドのメッセージが1つ表示されるまでの間に別スレッドでは2つのメッセージが表示される

```
──────────── Standard Output ────────────
Main: No,1.
Thread:No,1.
Thread:No,2.
Main: No,2.
Thread:No,3.
Thread:No,4.
Main: No,3.
Thread:No,5.
Thread:No,6.
Main: No,4.
Thread:No,7.
Thread:No,8.
Main: No,5.
Thread:No,9.
Main: No,6.
Main: No,7.
Main: No,8.
Main: No,9.
```

　これを実行するとどうなるでしょうか。おそらくメインスレッドと別スレッドの出力速度が違うのが確認できるはずです。出力結果は以下のようになっているでしょう。

```
Main: No,1.
Thread:No,1.
Thread:No,2.
Main: No,2.
Thread:No,3.
Thread:No,4.
Main: No,3.
Thread:No,5.
Thread:No,6.
Main: No,4.
Thread:No,7.
Thread:No,8.
Main: No,5.
Thread:No,9.
Main: No,6.
Main: No,7.
Main: No,8.
Main: No,9.
```

Main:の出力が1つされるとThreadの出力が2つされる、というように、常に別スレッドはメインスレッドの2倍のスピードで出力されていきます。そして別スレッドの表示がNo, 9まで終わりスレッドが消滅すると、後はメインスレッドの表示だけが行われていきます。

ここではspawn内とその後でそれぞれforを使い9回ずつprintln!を実行しています。

◉ sleepの持つ役割

ここではsleepで一時停止をしながら処理を実行していきました。「**では、sleepしなければもっと高速に両スレッドが実行できるのではないか**」と思ったかもしれません。

試してみよう では、実際に試してみましょう。

▼ リスト4-14
```
use std::thread;
use std::time::Duration;

fn main() {
  thread::spawn(|| {
    for n in 1..100 {
      println!("Thread:No,{}.", n);
    }
  });
  thread::sleep(Duration::from_millis(1)); //☆
  for n in 1..100 {
    println!("Main: No,{}.", n);
  }
}
```

▼ 図4-10：実行すると、まず別スレッドの出力だけが99個表示され、その後でメインスレッドの表示がされる

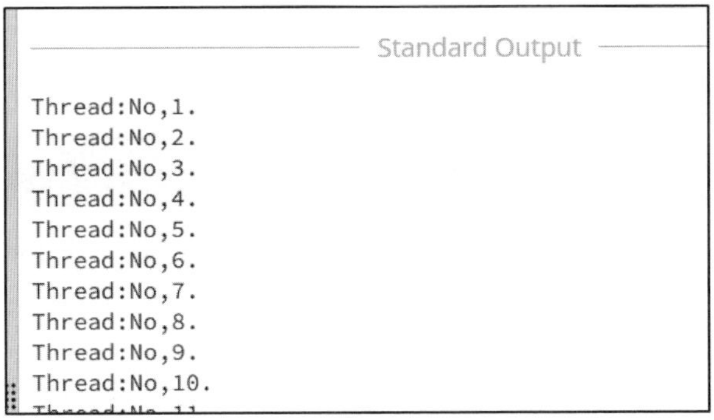

```
──────── Standard Output ────────

Thread:No,1.
Thread:No,2.
Thread:No,3.
Thread:No,4.
Thread:No,5.
Thread:No,6.
Thread:No,7.
Thread:No,8.
Thread:No,9.
Thread:No,10.
Thread:No,11.
```

ここではspawnの後に1ミリ秒だけsleepで停止をしているだけです。2つのスレッドではそれ

それforで99回println!を実行させています。

これを実行すると、おそらく予想していなかった形で出力がされるでしょう。最初に別スレッドの「Thread:No,〇〇!」という表示がずらっと出力され、その後でメインスレッドの処理が出力される、というように、各スレッドの出力がある程度まとまって書き出されているでしょう。もちろん、完全に別スレッドだけがすべて表示されるとは限らず、途中で何度かメインスレッドと別スレッドの表示が切り替わったりしているでしょうが、「**各スレッドの表示がズラッと並ぶ**」という現象は確認できるでしょう。1つ1つの出力できめ細かに切り替わったりはしないはずです。

◉ スレッドの切り替わりタイミング

このようにスレッドの表示がまとまって書き出されたのは、スレッドが切り替わるタイミングがなかったためです。

スレッドというのは、それぞれが完全に並行して動いていくわけではありません。「**同時に動く**」といっても、演算を処理するCPUは1つですから、コンピュータが処理できる命令は一度に1つだけです。従って、実際には「**複数のスレッドの処理を順に実行していく**」という形になっているはずですね。

では、どのようにして実行するスレッドが切り替わるのでしょう。そのタイミングは? これはさまざまな要因が考えられますが、もっとも確実なのは「**スレッドが一時的に停止したとき**」でしょう。実行中のスレッドがsleepにより一時停止すると、プログラムは停止していない別のスレッドに実行を移し、そこにある処理が実行されます。

先ほどのサンプルでは、sleepはメインスレッドで一度だけ実行されました。このときに、メインスレッドから別スレッドに処理が切り替わり、それより後は切り替わるタイミングがなかったため、片方のスレッドの処理が連続して実行されるようなことが起こったのですね。

もちろん、「**sleepしないとずっと1つのスレッドだけが実行される**」というわけではありません。このあたりは実行されるハードウェアによって変わってきます。けれど、「**sleepすれば、他のスレッドに処理を渡すことができる**」という点は理解しておきましょう。

スレッドのブロックとJOIN

メインスレッドから別スレッドを作成したとき、メインスレッドが終了すると別スレッドも消えてしまいます。これはメインスレッドから新しいスレッドを作ったときですが、では (メインスレッドではない) あるスレッドから更に別のスレッドを作ったときはどうなるのでしょうか?

実をいえば、親スレッドがメインスレッドではない場合、親スレッドと子スレッドは切り離された状態になっています。従って、親スレッドが終了した後も、子スレッドは存続し続けること

ができます。親がメインスレッドでない限り、子は親から自由なのです。

　ただし、自由すぎる状態は、ときに問題も引き起こすこともあるでしょう。子スレッドは、大抵は親スレッドの中で必要に応じて作られるものであり、子の実行結果を受けて親も処理を終了したい、ということはあるはずです。

　このようなとき、親と子を接続し、子が終了するまで親を待たせておくことができます。これには、スレッドの「JOIN」を利用します。JOINすることにより子スレッドを親スレッドと接続できます。

　親と子が接続されると、親は処理が完了した後も、接続された子が終了するまでブロック状態になります。「ブロック」とは、スレッドの実行状態が変更されないようにすることです。すなわち、実行中のスレッドは、ブロックにより終了されなくなります。

　こうしてJOINすることで接続されたスレッドは、接続した他方が終了するまで待って終わるようになるのです。これにより、スレッドの途中で消えてしまうこともなくなります。

◉ JoinHandle と join メソッド

　では、スレッドのJOINはどのように行うのか。これには、まずspawnによるスレッドの作成から仕掛けが必要です。

```
変数 = thread::spawn(|| {……});
```

　このように、spawnの戻り値を変数に代入しておきます。この戻り値は「JoinHandle」という構造体のインスタンスです。これはスレッドに参加する所有権を扱うためのものです。このJoinHandleにある「join」メソッドを呼び出すことで、そのスレッドをJOINします。

```
《JoinHandle》.join();
```

　これでスレッドはJOINされます。joinはResult列挙体を値として返すので、更に一歩進めてjoinの戻り値から「unwrap」メソッドで結果を取り出すこともできます。

```
《JoinHandle》.join().unwrap();
```

　問題なければ取り出されるのはOk値になるでしょう。Okは、Result列挙体の値でしたね。このOkを返すことで、戻り値を使った結果の処理を行えます。

◎ 試してみよう 子と親を接続する

では、実際にスレッドの接続を行ってみましょう。ここではメインスレッドから子スレッドを作り、その中から更に孫スレッドを作成させてみます。

▼ リスト4-15

```rust
use std::thread;
use std::time::Duration;

fn main() {
  println!("Main:start!");

  let h = thread::spawn(|| {
    thread::spawn(|| {
      for n in 1..6 {
        println!("H1:No,{}.", n);
        thread::sleep(Duration::from_millis(2));
      }
    });

    thread::spawn(|| {
      for n in 1..6 {
        println!("H2:No,{}.", n);
        thread::sleep(Duration::from_millis(2));
      }
    });

    for n in 1..6 {
      println!("Thread:No,{}.", n);
      thread::sleep(Duration::from_millis(1));
    }
  });

  let _res = h.join(); //☆
  println!("Main:End.");
}
```

▼ 図4-11：hスレッドが終了すると、h1/h2スレッドは消えてしまう

```
─────────────── Standard Output ───────────────
Main:start!
Thread:No,1.
H2:No,1.
H1:No,1.
Thread:No,2.
Thread:No,3.
H2:No,2.
H1:No,2.
Thread:No,4.
Thread:No,5.
H2:No,3.
H1:No,3.
H2:No,4.
Main:End.
```

　ここではメインメソッドからhスレッドを作り、更にその中からh1/h2という2つの孫スレッドを作成しています。これを実行するとどうなるでしょうか。

　hスレッドの処理は最後まで実行されてから終了されるのがわかるでしょう。これは、☆のh1.join()により、hスレッドを親スレッド（メインスレッド）に接続しているためです。ただし、孫スレッドのh1/h2については、途中までしか出力がされていないでしょう。孫スレッドは子スレッドと接続されていないので、終了するまで待ってはくれないのです。

試してみよう　では、この点を踏まえて、孫スレッドまでJOINする形にプログラムを修正してみましょう。

▼ リスト4-16

```rust
use std::thread;
use std::time::Duration;

fn main() {
  println!("Main:start!");

  let h = thread::spawn(|| {

    let h1 = thread::spawn(|| {
      for n in 1..10 {
        println!("H1:No,{}.", n);
        thread::sleep(Duration::from_millis(2));
      }
    });

    let h2 = thread::spawn(|| {
```

```
    for n in 1..10 {
      println!("H2:No,{}.", n);
      thread::sleep(Duration::from_millis(2));
    }
  });

  for n in 1..10 {
    println!("Thread:No,{}.", n);
    thread::sleep(Duration::from_millis(1));
  }
  let _res1 = h1.join(); //☆
  let _res2 = h2.join(); //☆
});

let _res = h.join(); //☆
println!("Main:End.");
}
```

▼ 図4-12：親・子・孫の全スレッドの処理が完了するようになった

```
─────────────────── Standard Output ───
Main:start!
Thread:No,1.
H2:No,1.
H1:No,1.
Thread:No,2.
Thread:No,3.
H2:No,2.
H1:No,2.
Thread:No,4.
H2:No,3.
H1:No,3.
Thread:No,5.
H2:No,4.
H1:No,4.
H2:No,5.
H1:No,5.
Main:End.
```

　今度は、hスレッドだけでなくh1/h2スレッドもすべての表示が完了してからプログラムを終了するようになりました。ここではh1/h2を接続し、更にhスレッドをメインスレッドに接続することで、すべてのスレッドが接続された状態となります。これにより、全スレッドが完了するまで待ってからメインスレッドが終了するようになったのです。

Column アンダースコアで始まる変数名

ここでは、h.join()の戻り値を_resという名前の変数に代入しています。この「アンダースコア（_）で始まる変数名」は特別な意味を持っています。これは、「変数に値を代入するが、その変数は使わない」というときに使用します。

Rustでは、変数に値を代入しているのにその変数が使われていないとコンパイル時に**「この変数、いらないのでは？」**と警告を発します。アンダースコアで始まる名前の変数は、使っていなくとも警告が出ないようになっています。

関数の引数などで、**「一応値を用意しないといけないけれど、実際には使わない」**ということはよくあります。こうした場合に、アンダースコアで始まる変数名を使います。

スレッドによる値の共有

複数のスレッドを実行するとき、考えなければならないのが**「スレッド間での値のやり取り」**です。スレッドの処理は、spawnでクロージャとして用意されます。クロージャは、実行時の環境をそのまま保って処理を実行します。従って、既に用意されている変数などをそのままスレッド内で利用することは可能です。ただし、値を**「共有」**できるかどうかは、また別の話です。

試してみよう 実際にスレッド外にある変数を利用する処理を作ってみましょう。ソースコードを以下のように書き換えてください。

▼ リスト4-17

```
use std::thread;
use std::time::Duration;

fn main() {
  let mut num = 1;
  println!("Main: start!");

  let h1 = thread::spawn(move || {
    println!("H1: start!");
    for n in 1..5 {
      num = 10 * n;
      println!("H1: num_h={}.", num);
      thread::sleep(Duration::from_millis(10));
    }
    println!("H1: End.");
```

```
  });

  let h2 = thread::spawn(move || {
    println!("H2: start!");
    for n in 1..5 {
      num += n;
      println!("H2: num_h={}.", num);
      thread::sleep(Duration::from_millis(10));
    }
    println!("H2: End.");
  });
  let _res = h1.join();
  let _res = h2.join();
  println!("Main: End.");
}
```

▼ 図4-13：h1とh2でそれぞれnumの値を書き換えて動かす

```
──────────── Standard Output ────────────
Main: start!
H2: start!
H2: num_h=2.
H1: start!
H1: num_h=10.
H1: num_h=20.
H2: num_h=4.
H1: num_h=30.
H2: num_h=7.
H1: num_h=40.
H2: num_h=11.
H1: End.
H2: End.
Main: End.
```

　そのまま実行するとvalue captured by `num` is never usedというメッセージが出力される でしょうが、これはエラーではなく、**「受け取った変数numを使ってませんよ」**という注意で す。そのまま無視して構いません。

　ここではh1/h2という2つのスレッドを作成し、それぞれでスレッド外にある変数numの値を 書き換えながら処理を実行していきます。出力される内容を見ると、確かにh1とh2で変数num は利用できています。ただし、書き換わっていく値を見ると、h1はh1のnumを書き換え、h2は h2のnumを書き換えていることがわかるでしょう。h1とh2のスレッドそれぞれに環境として変 数numが用意され、その値を書き換えているのです。スレッドの前に定義してあったnumを共 有しているわけではないのです。

Arc/Mutexで値を共有する

　では、スレッド間で値を共有する方法はないのでしょうか。これは、ないわけではありません。ただし、ちょっとわかりにくいのは確かです。

　スレッド間で値を共有するにはstdクレートのsync」というモジュールにある「**Mutex**」「**Arc**」といった構造体を利用します。これらを利用するには、ソースコードに以下の文を用意しておきます。

```
use std::sync::{Mutex, Arc};
```

　「**Mutex**」というのは、スレッド間でデータを共有する際のデータ保護を行うために用いられる構造体です。これはデータをロックし、それ以外のスレッドをブロックすることでデータをスレッド外からのアクセスを禁じ、安全に利用できるようにします。Mutexを使うと、ロックされている間のみ値にアクセスが可能となるため、ロックされていないスレッドが勝手にデータにアクセスし内容を改変するようなことを防止できます。

　「**Arc**」は、スレッドセーフな参照カウント式ポインタというものです。Arc は "Atomically Reference Counted"の略です。Arcはジェネリックを利用して特定の型の値の共有所有権を提供します。

　この2つを組み合わせることで、複数スレッドの間で共有所有権を持つ値を用意し、利用できるようになります。これにはいくつかの手順があり、それに従って処理を行う必要があります。順に説明していきましょう。

✚Arc インスタンスを作成する

　最初に、Arcインスタンスを作成します。これは値を元に作成されたMutexインスタンスを引数に用意します。

```
変数 = Arc::new(Mutex::new(値));
```

　Mutex::newの引数に、共有したい値の初期値を用意しておきます。これは、スレッドを実行する前に用意しておきます。

✚Arc を複製する

　続いて、スレッドを実行したら、その中でArcインスタンスを複製します。これは、Arc::cloneメソッドを使って行います。

```
変数 = Arc::clone(《&Arc》);
```

　　引数には、あらかじめ作成しておいたArcインスタンスに&をつけ、参照を指定しておきます。これにより、Arcインスタンスの参照が複製され、スレッド内で利用できるArcインスタンスとなります。

✚ Arcの値をロックする

　　続いて、Arcをロックし、保持する値を利用可能にします。これにはcloneで作成したArcインスタンスの「**lock**」を実行し、更にunwrapします。

```
変数 =《Arc》.lock().unwrap();
```

　　これでArcによりロックされた値が得られました。後は、この変数を使って値を利用するだけです。ただし、注意したいのは、**「変数に取り出されるのは参照である」**という点です。実際に値を利用する際は、変数名の前にアスタリスクをつけ**「*変数」**という形で参照元の値を指定します。

◎ 試してみよう 2つのスレッドで値を共有する

　　では、実際にスレッド間で値を共有してみましょう。簡単な例として、2つのスレッド間で数値の変数を共有し、相互に値を書き換えてみます。

▼ リスト4-18

```
use std::sync::{Mutex, Arc};
use std::thread;
use std::time::Duration;

fn main() {
  let num = Arc::new(Mutex::new(1));
  println!("Main: start!");

  let num_1 = Arc::clone(&num);

  let h1 = thread::spawn(move || {
    let mut num_h1 = num_1.lock().unwrap();
    println!("H1: start!");
    for n in 1..5 {
      *num_h1 += n;
```

```
      println!("H1: num_h={}.", *num_h1);
      thread::sleep(Duration::from_millis(1));
    }
    println!("H1: End.");
  });


  let num_2 = Arc::clone(&num);


  let h2 = thread::spawn(move || {
    let mut num_h2 = num_2.lock().unwrap();
    println!("H2: start!");
    for n in 1..5 {
      *num_h2 *= n;
      println!("H2: num_h={}.", *num_h2);
      thread::sleep(Duration::from_millis(1));
    }
    println!("H2: End.");
  });


  let _res = h1.join();
  let _res = h2.join();


  println!("Main: End.");
}
```

▼ 図4-14：実行するとh1とh2の2つのスレッドで変数numが共有される

```
─────────────────── Standard Output ───────────────────

Main: start!
H2: start!
H2: num_h=1.
H2: num_h=2.
H2: num_h=6.
H2: num_h=24.
H2: End.
H1: start!
H1: num_h=25.
H1: num_h=27.
H1: num_h=30.
H1: num_h=34.
H1: End.
Main: End.
```

　これを実行すると、h1とh2の2つのスレッドを作成し、その両方で変数numの値を利用しま

す。h1ではnumにforで数字を加算していき、h2ではnumに数字を乗算しています。出力される
numの値を見ると、2つのスレッド間でnumが共有され同じ値が操作されていることがわかる
でしょう。

では、スレッドでのnumの扱いについて調べてみましょう。例としてh1でのnumの利用につ
いて見ていきます。まずスレッドを開始する前に、numを値に持つArcインスタンスを用意して
います。

```
let num_1 = Arc::clone(&num);
```

引数には、&num（numではない）を指定しています。そしてspawnでスレッドを実行します。
このとき、引数には**「move」**を指定し、値の所有権が移動するようにしています。

```
let h1 = thread::spawn(move || {……
```

このmoveの指定は忘れないようにしてください。スレッド内では、作成したArcインスタンス
をロックして値を取り出します。

```
let mut num_h1 = num_1.lock().unwrap();
```

これで変数num_h1でnumの値が利用できるようになりました。実際に使っているfor部分
を見てみましょう。

```
for n in 1..5 {
  *num_h1 += n;
  println!("H1: num_h={}.", *num_h1);
  thread::sleep(Duration::from_millis(1));
}
```

*num_h1にnを加算し、その値をprintln!で表示しています。 num_h1ではなく、参照元の値
である *num_h1を指定する、ということを間違えないようにしましょう。

◉交互にArcを利用するには？

サンプルで作成したプログラムを実行してみると、片方のスレッドがずらっと実行され、その
後にもう一方のスレッドがずらっと実行されるのに気がついたことでしょう。Arcは、値をロック
することで参照元の値を使えるようにします。**「ロックする」**ということは、利用している間、そ

れ以外のスレッドからのアクセスが行えないということです。このために、片方のスレッドの実行が終わるまで、もう一方のスレッドはnumを利用できず一時停止状態となっていたのです。

では、スレッド間で交互にnumの値を利用することはできないのでしょうか。これは、もちろん可能です。先ほどの例では、スレッド内でずっとArcを利用していました。しかし必要な場所でのみロックし、利用を終えたらロックを解除すれば、2つのスレッドそれぞれでnumが使えるようになるはずです。

では、ロックを解除する方法は？ これは**「スコープ」**を使うのです。Rustでは、変数にはそれぞれ利用範囲（スコープ）が決まっており、そこを抜ければ値は破棄されます。Arcも、スコープを抜ければ破棄されロックは解除されるのです。

試してみよう では、先ほどのサンプルを修正し、2つのスレッドで交互にnumの値が使われるようにしてみましょう。

▼ リスト4-19

```rust
use std::sync::{Mutex, Arc};
use std::thread;
use std::time::Duration;

fn main() {
  let num = Arc::new(Mutex::new(1));
  println!("Main: start!");
  let num_1 = Arc::clone(&num);
  let h1 = thread::spawn(move || {
    println!("H1: start!");
    for n in 1..5 {
      {
        let mut num_h1 = num_1.lock().unwrap();
        *num_h1 += n;
        println!("H1: num_h={}.", *num_h1);
      }
      thread::sleep(Duration::from_millis(1));
    }
    println!("H1: End.");
  });
  let num_2 = Arc::clone(&num);
  let h2 = thread::spawn(move || {
    println!("H2: start!");
    for n in 1..5 {
      {
        let mut num_h2 = num_2.lock().unwrap();
```

```
      *num_h2 *= n;
      println!("H2: num_h={}.", *num_h2);
    }
    thread::sleep(Duration::from_millis(1));
  }
  println!("H2: End.");
});
let _res = h1.join();
let _res = h2.join();
println!("Main: End.");
}
```

▼ 図4-15：2つのスレッドで交互に num が利用されるようになった

```
──────────── Standard Output ────────────
Main: start!
H2: start!
H2: num_h=1.
H1: start!
H1: num_h=2.
H2: num_h=4.
H1: num_h=6.
H2: num_h=18.
H1: num_h=21.
H2: num_h=84.
H1: num_h=88.
H2: End.
H1: End.
Main: End.
```

これを実行すると、h1とh2のスレッドでそれぞれnumの値を書き換え、値を取得し利用できているのがわかります。h1とh2の出力はほぼ交互に行われており、両スレッドが交互に処理を進めているのが確認できますね。

ここでは、spawnでスレッドを作成したところでArcは作成していますが、実際にロックして利用しているのはforの繰り返し部分になります。この繰り返し内で値を取得し、繰り返すごとに破棄しているのです。for部分を見てみましょう。

```
for n in 1..5 {
  {
    let mut num_h1 = num_1.lock().unwrap();
    *num_h1 += n;
    println!("H1: num_h={}.", *num_h1);
  }
```

```
    thread::sleep(Duration::from_millis(1));
}
```

　　繰り返しの最初に||でブロックを用意し、その中でnum_1をロックした値num_h1を作成しています。そして*num_h1の値を変更したり出力したりした後、ブロックを抜けたところでsleepで処理を一時停止します。このとき、既にロックして変数num_h1を作成したブロックからは抜け出ていますから、num_h1はドロップされ、ロックは解除されています。そしてsleepしている間にもう一方のスレッドで同様の処理が実行され、そこでArcをロックしたnum_h2が作成され、利用され、破棄される、ということを繰り返しているのですね。

　　このように、ブロックを使って**「Arcから取り出した値をロックするスコープ」**を設定し、その範囲内のみ値が利用できるようにすれば、複数のスレッド間でうまく値を共有できるようになります。

スレッドのデッドロック

　　値を共有する場合、考えなければならないのが**「デッドロック」**問題です。デッドロックとは、複数のスレッドが共有リソースにアクセスする際に発生する問題です。共有リソースは、特定のスレッドが利用しているとその間ロックされるため、他のスレッドはそのスレッドの利用が終了するまで待たなければいけません。

　　このような状況では、複数のスレッドがお互いに相手の使っている共有リソースの開放を待ち続けるような状況が起こりえます。そうなるとどちらも処理を停止した状態となるため、いつまでたっても相手が専有する共有リソースが開放されず、永遠に待ち続けることになります。この状態が**「デッドロック」**です。

　　Arcで値を共有する際も、このデッドロックが発生する場合があります。

試してみよう　　実際にデッドロックを起こしてみましょう。

▼ **リスト4-20**

```
use std::sync::{Arc, Mutex};
use std::thread;
use std::time::Duration;

fn main() {
    let num1 = Arc::new(Mutex::new(0));
    let num2 = Arc::new(Mutex::new(0));

    let value1a = Arc::clone(&num1);
    let value2a = Arc::clone(&num2);
```

```
    let value1b = Arc::clone(&num1);
    let value2b = Arc::clone(&num2);

    let h1 = thread::spawn(move || {
      let mut num1 = value1a.lock().unwrap();
      thread::sleep(Duration::from_millis(50));
      let mut num2 = value2a.lock().unwrap();
      *num1 += 10;
      *num2 += 20;
    });

    let h2 = thread::spawn(move || {
      let mut num2 = value2b.lock().unwrap();
      thread::sleep(Duration::from_millis(50));
      let mut num1 = value1b.lock().unwrap();
      *num1 += 100;
      *num2 += 200;
    });

    h1.join().unwrap();
    h2.join().unwrap();

    println!("end");
}
```

▼ 図4-16：ローカル環境でプログラムを実行すると、起動したまま何の表示もされずプログラムが停止状態となる

ターミナル　　問題　　出力　　デバッグ コンソール	▷ run sample_rust_app - Task

```
○    Compiling sample_rust_app v0.1.0 (D:\tuyan\Desktop\sample_rust_app)
      Finished dev [unoptimized + debuginfo] target(s) in 0.86s
       Running `target\debug\sample_rust_app.exe`
```

　ここではnum1とnum2という値を用意し、それぞれを利用するためのArcを2つずつ用意しています。そして2つのスレッドでそれぞれ片方だけをロックし、sleepで待ってからもう一方をロックします。すると、2回目のロックを行う変数は1回目にそれぞれ相手側スレッドでロックされているため、ロックの解放待ち状態となります。

　しかし、2つのスレッド共に停止しているため、両者がロックしている変数は永遠にアンロッ

クされません。このため、どちらも停止状態となり動かなくなります。これがデッドロックの状態です。状態を確認できたら、Ctrlキー+Cキーでプログラムを強制終了してください。

このように、リソースの共有はスレッドが使用するリソースをロックすることで動作するため、デッドロックの問題を完全に解決することは非常に難しいでしょう。

チャンネルで値を送受する

値の共有はデッドロックという問題が生じます。もっと安全に値を共有することはできないのでしょうか。

「複数スレッドで値を共有する」といいましたが、考えてみると、完全に共有する必要があることはそう多くはないかもしれません。**「スレッド間で値をやり取りできれば十分」**ということも多いはずです。

スレッドで利用できる値の送受システムを用意しておき、値が別のスレッドで必要なときは、このシステムに値を送信するのです。そして別スレッドは、システムから値を受信してそれを利用します。同時に1つのリソースにアクセスするのではなく、スレッド外で必要な値をお互いにやり取りしながら動かしていくのです。

Rustには、スレッド間で値を送受する仕組みが用意されており、これを利用することで安全に値をやり取りできます。

この機能は、stdクレートにある**「sync::mpsc」**モジュールに用意されています。利用の際は、事前に以下のようなuse文を用意しておきます。

```
use std::sync::mpsc;
```

mpscは、値を非同期に送受する**「チャンネル」**と呼ばれる機能を提供するものです。これは**「channel」**関数を使い、以下のように作成します。

```
(変数1，変数2) = mpsc::channel();
```

channelは2つの値をタプルとして返します。これらの変数には、それぞれ以下のようなオブジェクトが代入されます。

変数1	**「Sender」**と呼ばれるオブジェクトが代入されます。Senderは、チャンネルに値を送信する機能を提供します。
変数2	**「Receiver」**と呼ばれるオブジェクトが代入されます。Recieverは、チャンネルから値を受信する機能を提供します。

1

2

3

5

6

　　　このようにSenderとRecieverを使って値をやり取りすることで2つのスレッド間で値を受け渡し、結果的に同じ値を共用することができるようになります。

　　　これらのインスタンスを使って値を送受します。これは以下のように行います。

✚ 値の送信

```
《Sender》.send(値);
```

✚ 値の受信

```
変数 =《Reciever》.recv().unwrap();
```

　　　値の送信は、「**send**」メソッドで値を送るだけです。これは非常に簡単ですね。このsendは戻り値を持っており、Result列挙体が返されます。値がOkならば、問題なく送信できています。

　　　受信は「**recv**」で値を取り出しますが、得られるのはこちらもResult列挙体の値です。ここからunwrapで値を取り出して利用します。

◎ 試してみよう チャンネルを利用する

　　　では、実際にチャンネルを使って値を送受してみましょう。ソースコードを以下のように書き換えてください。

▼ リスト4-21

```rust
use std::sync::mpsc;
use std::thread;
use std::time::Duration;

fn main() {
  let (tx, rx) = mpsc::channel();
  println!("Main: start!");
  let h1 = thread::spawn(move || {
    let mut num = 1;
    println!("H1: start!");
    for n in 1..5 {
      num += n;
      tx.send(num).unwrap();
      println!("H1: num={}.", num);
      thread::sleep(Duration::from_millis(10));
    }
```

```
    println!("H1: End.");
  });
  let h2 = thread::spawn(move || {
    println!("H2: start!");
    for _n in 1..5 {
      let num_recv = rx.recv().unwrap();
      println!("H2: num_recv={}.", num_recv);
      thread::sleep(Duration::from_millis(20));
    }
    println!("H2: End.");
  });
  let _res = h1.join();
  let _res = h2.join();
  println!("Main: End.");
}
```

▼図4-17：h1スレッドからh2スレッドに値を渡して表示する

```
───────────────── Standard Output ─────
Main: start!
H2: start!
H1: start!
H1: num=2.
H2: num_recv=2.
H1: num=4.
H2: num_recv=4.
H1: num=7.
H1: num=11.
H2: num_recv=7.
H1: End.
H2: num_recv=11.
H2: End.
Main: End.
```

　ここではh1とh2の2つのスレッドを作成し、h1からh2に値を渡して表示しています。h1で加算した値がh2側で受け取り表示されていることがわかるでしょう。
　ここでの処理の流れを整理しましょう。まずチャンネルの送受用オブジェクトを以下のように作成します。

```
let (tx, rx) = mpsc::channel();
```

　この2つのオブジェクトを利用してスレッド間でやり取りをしていきます。まずh1のスレッドです。ここでは変数numの値を変更し、以下のようにしてチャンネルに送信しています。

```
tx.send(num).unwrap();
```

「**send**」メソッドで引数に指定した値をチャンネルに送信しています。これで値はチャンネルに送られ、保管されました。

続いて、h2スレッドの処理を見てみましょう。ここでは、チャンネルから値を取り出して変数に代入しています。

```
let num_recv = rx.recv().unwrap();
```

値の受信は、Recieverの「**recv**」メソッドを使います。ここのrecvもResult列挙体を返しますから、unwrapで値を取り出し利用します。基本のやり取りがわかれば、チャンネルの利用はそれほど難しくはありません。

◉ チャンネルはFIFO

チャンネルは、このように比較的簡単に利用できるものですが、1つだけ注意しておきたい点があります。それは「**送信された値は必ず順に取り出されていく**」という点です。チャンネルは、「**FIFO（First In First Out、先入先出法式）**」になっており、Senderから送信された値がその順にRecieverで取り出されていきます。

先ほどのサンプルの実行結果をよく見てみましょう。すると、h1とh2の表示にズレが生じているのがわかるでしょう。こんな具合です。

```
H1: num=4.
H2: num_recv=4.
H1: num=7.
H1: num=11.
H2: num_recv=7.
H1: End.
H2: num_recv=11.
```

h1とh2ではsleepで休んでいる時間が異なります。h1は繰り返しごとに10ミリ秒停止しているのに対し、h2は20ミリ秒停止しています。このためh1のほうが早く処理が進みます。

出力を見ると、最初はh1で送信した値がその直後にh2で受け取り表示していますが、h1側の処理が速くなるため、次第にチャンネル内に値が溜まっていくようになります。チャンネルは値の共有ではなく、単に値を送受するだけのものなので、「**現在、numの値はどうなっているのか**」とは関係なく、チャンネルに保管されている値から一番古いものを取り出して処理す

るのです。このため、受け取るほうのスレッド速度が遅いとチャンネル内に値が溜まっていき、**「h1で値が表示されたとき、h2ではそのいくつも前の値を取り出している」**というようなことになってしまうのです。

◉相互に送受するには？

これでスレッド間で値を受け渡す方法はわかりました。ただ、このチャンネルによる送受は、基本的に**「一方通行」**です。Senderで値を送信し、Recieverで受け取る、というやり方ですね。あるスレッドから別のスレッドに値を送るにはこれで十分ですが、2つのスレッド間でお互いに値をやり取りしたいときはどうするのでしょうか。

作ったSenderとRecieverを2つのスレッドで使えばいい、と考えた人。それはできません。スレッドで実行する関数にはmoveが指定されており、スレッド内でSenderやRecieverを使うと所有権がそのスレッド内に移動し、別スレッドからは使えなくなります。作成したSender/Recieverは常に1つのスレッドでしか使えないのです。

では、どうすればいいのか。チャンネルを2つ用意すればいいのです。そして**「チャンネルAは、スレッド1からスレッド2へ」「チャンネルBは、スレッド2からスレッド1へ」**というようにお互いに送受し合うようにするのです。

試してみよう では、これもやってみましょう。先ほどのサンプルを修正し、h1とh2でnumの値をやり取りさせてみます。

▼ リスト4-22

```
use std::sync::mpsc;
use std::thread;
use std::time::Duration;

fn main() {
  let (tx1, rx1) = mpsc::channel();
  let (tx2, rx2) = mpsc::channel();
  tx2.send(0).unwrap();
  println!("Main: start!");
  let h1 = thread::spawn(move || {
    println!("H1: start!");
    for _ in 1..5 {
      let val = rx2.recv().unwrap();
      let num = val + 1;
      println!("H1: num={}.", num);
      tx1.send(num).unwrap();
      thread::sleep(Duration::from_millis(10));
```

```
  }
  println!("H1: End.");
});
thread::sleep(Duration::from_millis(5));
let h2 = thread::spawn(move || {
  println!("H2: start!");
  for _ in 1..5 {
    let val = rx1.recv().unwrap();
    let num = val * 2;
    println!("H2: num={}.", num);
    tx2.send(num).unwrap();
    thread::sleep(Duration::from_millis(10));
  }
  println!("H2: End.");
});
let _res = h1.join();
let _res = h2.join();
println!("Main: End.");
}
```

▼ 図4-18：h1とh2でnumの値を共用する。h1ではnumは1増え、h2では2倍になる

```
────────── Standard Output ──────────

Main: start!
H1: start!
H1: num=1.
H2: start!
H2: num=2.
H1: num=3.
H2: num=6.
H1: num=7.
H2: num=14.
H1: num=15.
H2: num=30.
H1: End.
H2: End.
Main: End.
```

　ここではh1とh2の間でnumの値をやり取りし、値を更新していきます。h1ではnumを1増やし、h2ではnumを2倍にしています。両者の間で1つの値をやり取りできていることがわかるでしょう。

　（なお、ここでは値取得時のエラー処理を実装していないため、最後にスレッドで値をunwrapする際にpanicが発生しエラーが発生するかもしれません。これについてはこの後で説

明します)

◉2つのチャンネルを使った送受信

では、どのように値をやり取りしているか見てみましょう。ここでは2つのスレッドそれぞれでfor内で以下のような処理を行っています。

➕h1スレッド

```
for _ in 1..5 {
  let val = rx2.recv().unwrap();
  let num = val + 1;
  println!("H1: num={}.", num);
  tx1.send(num).unwrap();
  thread::sleep(Duration::from_millis(10));
}
```

➕h2スレッド

```
for _ in 1..5 {
  let val = rx1.recv().unwrap();
  let num = val * 2;
  println!("H2: num={}.", num);
  tx2.send(num).unwrap();
  thread::sleep(Duration::from_millis(10)); //☆
}
```

h1では第2チャンネルから値を受信し、利用後に第1チャンネルに値を送信しています。そしてh2では第1チャンネルから値を受信し、利用後に第2チャンネルに値を送信しています。これで2つのスレッド間で2つのチャンネルを使い値をやり取りできるようになります。

◉recvは値を受け取るまで待つ

ここでは繰り返すごとにsleepする時間をどちらも10ミリ秒にしてあります。この値を修正してみてください。例えばh2スレッド側のsleepの値を100ミリ秒にしてみましょう（☆マークの文）。こうするとh2のほうが遥かに実行速度が遅くなり、両者の間での値の受け渡しにズレが生じるように思えます。

が、実際にやってみると、2つのスレッドは常に交互に値をやり取りすることがわかります。どちらかのスレッドが猛烈に遅くなってもそれは変わりありません。

なぜ、sleepの値を大きくしても片方のスレッドが遅くならないのか。それはチャンネルの利用の仕組みによるものです。チャンネルでは、Recieverで値を受け取るとき、値がなかった場合は送られてくるまで待つのです。

ここでは、スレッドは相手側のスレッドから送られた値を受け取り、それを元に処理をして再び相手側に送っています。つまり片方のスレッドが遅くとも速くとも関係なく、必ず**「相手から値を受け取り、相手に返す」**というやり取りをしていくのです。このため、片方のスレッドだけが早く処理を終えたりすることにはならなかったのです。

非同期チャンネルと同期チャンネル

実際にサンプルを動かしてみると、中には**「最後にエラーが発生して終わっている」**という人もいたことでしょう。これは値のsend時に送信先のスレッドが既に終了していると発生します。

サンプルでは値を受信して表示したら次の値を送信していますが、片方のスレッドの処理がすべて終わりスレッドが終了した後でもう一方のスレッドが値を送信しようとすると、送信先のスレッドが見つからずパニックを発生させるのです。

この問題は、値の送受がチャンネルの状況に関係なくいつでも行えることから起こります。いつでも値を送信でき、いつでも値を受信できるというチャンネルの特性により、**「もうチャンネルはないのに送信しようとしてエラーが起きる」**という状況が起こってしまうのですね。

ここまでmpsc::channelでチャンネルを作成し利用してきましたが、このチャンネルは**「非同期チャンネル」**です。このチャンネルでは非同期に値を送受できました。送信した値はバッファに保管され、いつでも受信側が値を取得すれば最初に送信したものから順に値を取り出すことができました。

ただし非同期であるため、受信側がきちんと値を受け取らないと、送信した値がどんどんバッファに蓄積されていき、受信側で使われないような状態になることもあるでしょう。

◎ 同期チャンネルについて

そこで用意されたのが同期チャンネルです。同期チャンネルでは、あらかじめ値を保管できるバッファサイズが決められています。送信側が値を送るとそれはバッファに保管され、バッファが一杯になるともう値を受け付けられません。受信側が値を取り出さないと、次の値を送信しても値を受け取れないため、送信処理はブロックされ、受信側が値を取り出すまで待ち続けることになります。

この同期チャンネルは、**「sync_channel」**関数を使って作成します。

```
(変数1, 変数2) = mpsc::sync_channel(バッファ数);
```

引数にはバッファサイズを示す整数を指定します。これで同期チャンネルと同様にSenderとRecieverのインスタンスが作られます。

同期チャンネルの操作は、受信に関しては非同期と同じく「**recv**」メソッドで行えますが、送信に関してはsendは使いません。代わりに「**sync_send**」または「**try_send**」というメソッドを使います。

```
《Sender》.sync_send(値).unwrap();
《Sender》.try_send(値).unwrap();
```

このようにして値を送信します。基本的な使い方はsendと同じで、引数に送信する値を指定します。ただし違うのは、バッファがいっぱいの場合の挙動です。

sync_sendは、チャンネルのバッファがいっぱいなら、バッファがあくまでブロックされます。空きが出るまで処理を待ち続け、バッファが空いたら値を送信して次に進みます。try_sendは、バッファがいっぱいのときはエラーを返します。

◎ 試してみよう 同期チャンネルで送受する

では、先ほどの2つのチャンネルで値をやり取りするサンプルを同期チャンネルに書き換えてみましょう。

▼ リスト4-23

```rust
use std::sync::mpsc;
use std::thread;
use std::time::Duration;

fn main() {
  let (tx1, rx1) = mpsc::sync_channel(1);
  let (tx2, rx2) = mpsc::sync_channel(1);
  tx2.sync_send(0).unwrap();
  println!("Main: start!");
  let h1 = thread::spawn(move || {
    println!("H1: start!");
    for _ in 1..5 {
      let val = rx2.recv().unwrap();
      let num = val + 1;
```

```
    println!("H1: num={}.", num);
    tx1.sync_send(num).unwrap();
    thread::sleep(Duration::from_millis(10));
  }
  println!("H1: End.");
});
thread::sleep(Duration::from_millis(5));
let h2 = thread::spawn(move || {
  println!("H2: start!");
  for _ in 1..5 {
    let val = rx1.recv().unwrap();
    let num = val * 2;
    println!("H2: num={}.", num);
    tx2.sync_send(num).unwrap();
    thread::sleep(Duration::from_millis(10));
  }
  println!("H2: End.");
});
let _res = h1.join();
let _res = h2.join();
println!("Main: End.");
}
```

このようになりました。今度はもう最後のエラーは発生しなくなります。sync_sendは、送信に失敗してもパニックを発生させません。このため「チャンネルの送信先スレッドがなくなった」というエラーが起きなくなるのです。

同期チャンネルは、送信時のエラーを起こさずにやり取りできますが、しかし同期処理のため、「いつでも値を送れる」ということができません。常に「送信したら受信する」という手順を守る必要があります。ただし、この仕組みのおかげで、非同期チャンネルに起こりがちな「値がどんどん溜まっていき使われない」というような状況は起こり得ません。

どちらにも利点と欠点があります。作成するプログラムに応じてどちらを利用するかを決定してください。

Section
4-3

ファイルアクセス

> **ポイント**
> ▶ テキストファイルのアクセス方法を知りましょう。
> ▶ ファイルやフォルダの情報を扱えるようになりましょう。
> ▶ ファイル操作の基本について学びましょう。

テキストファイルの利用

プログラムでは、各種のデータはあらかじめリソースとして用意しておき利用するのが一般的です。こうした「**プログラム外から情報を取得する**」という方法について考えていきましょう。

まずは「**テキストファイル**」の利用からです。ファイルアクセスは、stdクレートの「**fs**」というモジュールに必要な機能がまとめられています。ファイル関係は、その中の「**File**」構造体として用意されているものを使います。このFileを利用してファイルにアクセスし、その内部のデータを読み書きしていくのです。

Fileを利用するには、以下のuse文を用意しておきます。

```
use std::fs::File;
```

テキストファイルはファイルアクセスの基本といっていいでしょう。まずはテキストファイルからテキストデータを読み込み利用することから行ってみましょう。

◎ テキストファイルを開く

テキストファイルからテキストを読み込むには、まずテキストファイルを開き、「**File**」インスタンスを取得します。これはFileの「**open**」メソッドを利用します。

```
変数 = File::open(ファイルパス);
```

引数には、利用するファイルのパスをテキストで指定します。Cargoプロジェクトとしてプログ

ラムを作成している場合、実行時にはプロジェクトのフォルダがデフォルトで開かれるディレクトリとして設定されています。ここにテキストファイルがある場合は、そのままファイル名だけで指定のファイルを開けます（ビルドしてできたプログラムを実行する場合は、プログラムがある場所がデフォルトのディレクトリになります）。

もし別の場所にあるファイルにアクセスしたければ、デフォルトディレクトリからの相対パスか絶対パスを使ってファイルを指定します。

このopenでFileを取得するわけですが、実をいえばopenでそのままFileが返されるわけではありません。これで得られるのは、Result列挙体の値なのです。また出てきましたね、Result列挙体。これには別の値を保管できました。openで得られたResultからunwrapで値を取り出すとFileが得られるようになっているのですね。

◉ BufRead と BufReader

openでファイルを開いてFileが得られたら、次に行うのは「**BufReader**」構造体のインスタンスを作成することです。

「**BufReader**」とは、「バッファ付きのリーダー（Reader）」構造体です。リーダーというのはテキストファイルを読み込むためのもので、これにバッファ機能を付加したのがBufReaderです。テキストファイルの読み込みは、このBufReaderを使うのが基本といえます。

BufReaderは、strクレートの「**io**」モジュールにあります。これを利用するには、事前にBufReadとBufReaderをuseしておきます。

```
use std::io::{BufRead, BufReader};
```

BufReadというのはトレイトで、BufReaderを利用する際はこれも合わせてuseしておくのが基本です。

このBufReaderは、newを使って以下のようにインスタンスを作成します。

```
変数 = BufReader::new(《File》);
```

引数には、先ほど作成したFileインスタンスを指定します。これでバッファ付きのリーダーが用意できました。

後は、そこからメソッドを呼び出し、ファイルの内容を取り出すだけです。これは一般に「**lines**」というメソッドを使います。

```
変数 =《Reader》.lines();
```

このlinesは、リーダーからテキストを読み取り、「**Lines**」という値として返します。Linesはイテレータで、テキストを段落ごとにまとめたものです。このLinesから順に値を取り出して処理していけばいいのです。

◉ テキストファイルを用意する

試してみよう では、実際にテキストファイルを利用してみましょう。ここでは、Cargoプロジェクトとしてプログラムを作成している前提で説明をします。

まず、テキストファイルを用意してください。プロジェクトのフォルダ内に「**data.txt**」という名前でテキストファイルを用意してください。そしてそのファイルを開き、適当にテキストを記入しておきましょう。動作がわかるよう複数行のテキストを書いておくと良いでしょう。

▼ 図4-19：Visual Studio Codeでプロジェクト内にdata.txtを作成し、テキストを記入したところ

◉ **試してみよう** data.txtを読み込み表示する

では、data.txtからテキストを読み込むソースコードを作成しましょう。以下のように記述してください。

▼ リスト4-24

```
use std::fs::File;
use std::io::{BufRead, BufReader};

fn main() {
  let file = File::open("data.txt").unwrap();
  let reader = BufReader::new(file);

  let mut count = 0;
  for line in reader.lines() {
```

```
    count += 1;
    let txt = line.unwrap();
    println!("{}: {}", count, txt);
  }
}
```


▼図4-20：実行すると、data.txtを読み込み内容を出力する

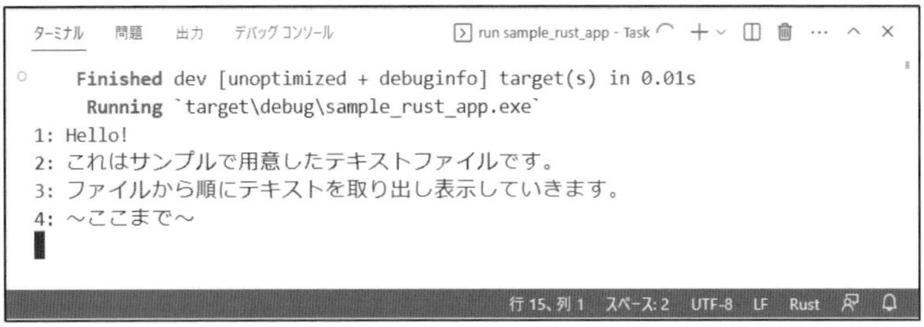
ターミナル 問題 出力 デバッグ コンソール
run sample_rust_app - Task
Finished dev [unoptimized + debuginfo] target(s) in 0.01s
Running `target\debug\sample_rust_app.exe`
1: Hello!
2: これはサンプルで用意したテキストファイルです。
3: ファイルから順にテキストを取り出し表示していきます。
4: ～ここまで～
行 15、列 1 スペース: 2 UTF-8 LF Rust

実行するとdata.txtからテキストを読み込み、段落ごとに番号を振って出力していきます。問題なくテキストファイルが読み込めたでしょうか。もし例外などが発生した場合はファイル名とファイルの配置場所をよく確認してください。

では、実行している処理を整理していきましょう。

```
let file = File::open("data.txt").unwrap();
```

まず、File::openでdata.txtを開き、unwrapで戻り値のResultからFileを取り出します。続いて、このFileを元にBufReaderインスタンスを作成します。

```
let reader = BufReader::new(file);
```

これでインスタンスが用意できました。後は、ここからテキストを取り出していくだけです。linesの値はイテレータですから、そのままforを使って繰り返し処理できます。

```
for line in reader.lines() {
  count += 1;
  let txt = line.unwrap();
  println!("{}: {}", count, txt);
}
```

これでlinesから1段落ごとにテキストをlineに取り出していきます。ただし、このlineの値をそのままテキストとして扱うことはできません。linesから取り出されるのは、Result列挙体の値な

のです。テキストが得られた場合は、ResultにString値が追加されます。この値をunwrapで取り出し利用しています。

これでファイルからテキストを取り出し処理する一連の作業が行えるようになりました！

Fileの取得とエラー処理

ファイルを利用する場合、考えなければならないのが**「エラー処理」**です。ファイルアクセスは、必ず成功するわけではありません。ファイルがなかったり、破損して読めなかったり、アクセス権によりアクセスに失敗したり、といった問題はいくらでも考えられるでしょう。

こうした場合のために、**「アクセスに失敗したときどうするか」**を考えておく必要があります。

File::openでファイルのオープンに失敗した場合、ResultにはErrが保管されます。このErrにはstd::ioの**「ErrorKind」**という列挙型の値が保管されています。これはファイルアクセスに関するエラーをまとめた列挙型で、この値によりどのようなエラーが発生したかがわかるようになっています。

matchを使い、openの戻り値がErrだった場合、更にその値がErrorKindのどの値かに応じた処理を作成すればきめ細かなエラー処理が行えるようになるでしょう。

◎ 試してみよう ErrorKindでエラー処理をする

では、実際に簡単なエラー処理を組み込んでみましょう。ここではエラー処理の例として、エラーが発生したらすべてpanicを発生させておきます。

▼ リスト4-25

```
use std::fs::File;
use std::io::{BufRead, BufReader};
use std::io::ErrorKind;

fn main() {
    let file = match File::open("data.txt") {
        Ok(file) => file,
        Err(error) => match error.kind() {
            ErrorKind::NotFound => panic!("ファイルが見つかりませんでした"),
            ErrorKind::PermissionDenied => panic!("ファイルへのアクセス権限がありません"),
            _ => panic!("ファイルのオープンに失敗しました: {:?}", error),
        },
    };
    let reader = BufReader::new(file);
```

```
    for line in reader.lines() {
        println!("{}", line.unwrap());
    }
}
```

▼図4-21：ファイルのオープンに失敗するとpanicを発生させる

実際にプログラムを実行し、いろいろとエラーを起こしてみてください。ファイルが存在しなかったり、他で使用して開けなかったりすると指定したメッセージでpanicが発生します。これで基本的な処理の流れがわかったら、panicの部分にエラー時の処理を実装していけばいいでしょう。

ここでは、以下のような形でopen時のエラー処理を作成しています。

```
let file = match File::open("data.txt") {
  Ok(file) => file,
  Err(error) => match error.kind() {
    ErrorKind::NotFound => ファイルがないときの処理,
    ErrorKind::PermissionDenied => アクセス権がないときの処理,
    _ => それ以外のエラー処理,
  },
};
```

match を使い、open時にOkの場合とErrの場合で処理を用意しています。更にErr時には、またmatchを使ってerror.kind()というメソッドでErrに保管されているErrKind値を調べ、その値に応じた処理をしています。

このErrorKindはファイルアクセス用のものですので、すべてのエラーで使えるわけではありません。File::open時に使う専用のものと考えてください。

テキストを書き出す

続いて、ファイルへの保存について行いましょう。ファイルへの保存も、Fileインスタンスを作成して操作をします。ただし、Fileの取得はファイルの読み込みとは少し違ってきます。

```
変数 = File::create(ファイルパス);
```

Fileの「**create**」メソッドは、新たにファイルを作成するためのメソッドです。引数にファイル名をString値で指定すると、そのファイルのFileインスタンスを作成して返します。ただしopenと違い、このcreateは「**既にあるファイルを返すものではない**」という点が違います。これはファイルを作成するためのFileインスタンスですので、存在しないFileインスタンスを作成することもあります。そしてFileのメソッドを呼び出して実際にファイルを作成するわけです。

このcreateの戻り値はResultになっています。ここからunwrapしてFileを取り出し利用します。

続いて、Fileへの値の書き出しです。これは「**write_all**」メソッドで行います。

```
《File》.write_all(値);
```

これで指定した値をファイルに書き出します。注意したいのは、引数に用意する値です。これはバイトデータとして用意する必要があります。

バイトデータとは、要するに「**8ビット単位のデータの集まり**」のことです。コンピュータのハードディスクなどのストレージに保存されているファイルは、バイトデータとして内容が記述されています（正確には2進数のバイナリデータになっています）。従ってファイルにデータを保存する際は、データをバイトデータとして用意しないといけません。

バイトデータは、Rustでは「**u8値の配列**」として用意されます。u8型というのは、符号なし8ビット整数の型であり、このu8値の配列としてデータを用意しておけば、それをwrite_allで書き出すことができます。

「**なんだか難しそうだな**」と思ったかもしれませんが、心配はいりません。テキストの場合、Stringに「**テキストをバイトデータとして取り出す**」メソッドが用意されています。これを使えば簡単にテキストデータをバイトデータにできます。

```
変数 =《String》.as_bytes();
```

これでテキストをバイトデータとして取り出せます。後はこれをwrite_allでファイルに保存すればいいのです。

◎ 試してみよう ファイルにテキストを保存する

では、実際にファイルへの保存を行ってみましょう。以下のようにソースコードを修正してください。

▼ リスト4-26

```
use std::fs::File;
use std::io::Write;

fn main() {
  let data = [
    "Hello world!",
    "これはサンプルのデータです。",
    "テストテスト！"
  ];
  let str_data = data.join("\n");
  let mut file = File::create("backup.txt").unwrap();
  file.write_all(str_data.as_bytes()).unwrap();
}
```

▼ 図4-22：実行するとbackup.txtにString配列のテキストを保存する。これはVisual Studio Codeで、作成されたファイルを開いて内容を確認したところ

これを実行すると、プロジェクトのフォルダ内に「**backup.txt**」というファイルを作成し、そこに変数data（String配列）の内容を保存します。

ここでは、まずString配列を1つのStringにまとめています。

```
let str_data = data.join("\n");
```

　String配列は「**join**」というメソッドを使って1つのStringにつなげることができます。引数には、テキストをつなぐときに間に挟む値を用意します。ここでは"\n"という改行コードを示す値を用意し、各値が改行されてつなげられるようにしました。
　保存するStringが用意できたら、後はFile::createでFileを作成し、これに保存するだけです。

```
let mut file = File::create("backup.txt").unwrap();
```

　File::createでファイルを作成し、その戻り値からunwrapでFileを取り出します。ここで注意したいのは、「**Fileはmutにする**」という点です。ファイルに値を保存するには、Fileが変更可能になっていないといけません。
　Fileができたら、これにテキストデータを書き出します。

```
file.write_all(str_data.as_bytes()).unwrap();
```

　String値から「**as_bytes**」メソッドでバイトデータを取得し、これをwrite_allの引数にして書き出します。実際に作成されたファイル（backup.txt）を開き、data配列に用意した値が保存されていることを確認しましょう。

ファイルにデータを追記する

　File::createとwrite_allによる保存は、ファイルにデータを書き出します。既に指定した名前のファイルがある場合は、そのファイルを上書きして新たに保存をします。つまり、指定した名前のファイルにあるのは、常に「**最後に保存した内容**」だけです。それ以前のものは上書きされて消えてしまいます。
　では、既にあるデータを残し、その後に更に追記していくにはどうすればいいでしょうか。これは、「**OpenOptions**」という構造体を使います。OpenOptionsは、その名前の通りファイルを開く際のオプション設定の情報を管理するものです。これを利用するには以下のようにuseを用意しておきます。

```
use std::fs::OpenOptions;
```

このOpenOptionsはnewでインスタンスを作成し、そこから設定を行うメソッドを呼び出して設定をしていきます。では以下の2つを挙げておきましょう。

create(論理値)	ファイルがない場合、新たにファイルを作るかどうか
append(論理値)	既にあるファイルに追記するかどうか

これらのメソッドはそのままOpenOptionsインスタンスを返すため、連続して呼び出していく**「メソッドチェーン」**の書き方ができます。ざっと以下のように記述できるわけです。

```
OpenOptions::new()
  .create(論理値)
  .append(論理値)
```

createとappendをいずれもtrueにすれば、指定したファイルがなければ新たに作成し、あった場合はファイルの末尾にデータを追記するようにできます。

こうして用意できたOpenOptionsから**「Open」**メソッドを呼び出してファイルを作成すれば、指定した設定でファイルが開かれます。後は、write_allでデータを書き出すだけです。

◎ 試してみよう 値をファイルに追記する

では、実際にファイルに値を追記する例を挙げておきましょう。以下のようにソースコードを書き換えてください。

▼ リスト4-27
```
use std::fs::OpenOptions;
use std::io::Write;

fn main() {
  let str_data = "This is sample!\n"; //☆
  let mut file = OpenOptions::new()
    .create(true)
    .append(true)
    .open("append.txt").unwrap();
  file.write_all(str_data.as_bytes()).unwrap();
}
```

▼図4-23：実行するごとにappend.txtにテキストが追記される

　ここでは「append.txt」というファイルを作成し、そこに値を追記していくようになっています。何度も繰り返し実行していくと、ファイルに「**This is sample!**」というテキストがどんどん追記されていくのがわかるでしょう。

　ここでは、以下のようにしてFileインスタンスを作成しています。

```
let mut file = OpenOptions::new()
  .create(true)
  .append(true)
  .open("append.txt").unwrap();
```

　OpenOptions::newでインスタンスを作成し、append, create, openと連続して呼び出してFileを作成していきます。これも変数はmutにしておくのを忘れないでください。そしてwrite_allで値を書き出せば、ファイルの末尾に追記する形で書き出されます。

ファイルの一覧の取得

　特定のファイルを取得し、読み書きするのはできるようになりました。けれどファイルアクセスというのは、これだけできればいいというものでもありません。そもそもファイルを利用する際は、指定したファイルがあるかどうか調べる必要がありますし、不特定のファイルを指定して利用するような場合はフォルダ内にどんなファイルがあるのか調べないといけません。こうした**「現在、どんなファイルがあるのか」**を調べるための方法も知っておきたいところです。

　ファイルシステムに関する機能は、strクレートの**「fs」**モジュールに用意されています。これを利用するには以下のuse文を用意しておきます。

```
use std::fs;
```

◉ ReadDir構造体

指定したフォルダ内にあるファイルの一覧を得るには、「**read_dir**」という関数を使います。これは以下のように利用します。

```
変数 = fs::read_dir(パス);
```

引数には、調べるフォルダのパスをテキストで指定します。戻り値はResultで、unwrapすると「**ReadDir**」という構造体のインスタンスが得られます。これは指定したフォルダ内の項目（ファイルやフォルダなど。エントリーと呼ばれます）をまとめたコレクションで、forなどを使ってすべてのエントリーを処理していくことができます。

◉ DirEntry構造体

このReadDirから取り出される値はResultであり、unwrapすることで「**DirEntry**」という構造体のインスタンスを取り出すことができます。

DirEntryにはさまざまなメソッドが用意されていますが、まずは「**path**」から利用してみましょう。これは、そのエントリーのパスを取り出すものです。戻り値は「**PathBuf**」という構造体で、パスの情報を扱う機能を持っています。とりあえず、「**to_str**」メソッドを使えばパスのテキストが取り出せる、ということだけ覚えておけばいいでしょう。

◉ 試してみよう フォルダにあるファイルの一覧を表示する

では、実際にフォルダ内の一覧を取り出してみましょう。ソースコードを以下のように書き換えてください。

▼ リスト4-28

```rust
use std::fs;

fn main() {
  let paths = fs::read_dir("./").unwrap();

  for path in paths {
    let entry = path.unwrap();
    println!("{:?}", entry.path().to_str());
  }
}
```

▼図4-24：作業ディレクトリにある項目を一覧表示する

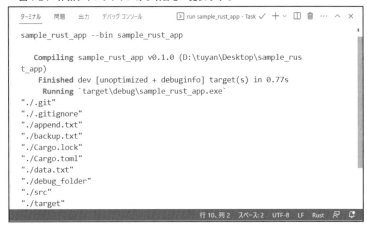

　これを実行すると、プログラムの作業ディレクトリにあるファイルをすべて表示します。Cargo
プロジェクトとして作成している場合、プロジェクト内にあるファイルやフォルダがすべて表示さ
れます。
　ここでは、まずカレントディレクトリのReadDirを取り出しています。

```
let paths = fs::read_dir("./").unwrap();
```

　ディレクトリのパスには"./"を指定していますね。これでデフォルトで選択されるフォルダの
ReadDirが得られます。ここから以下のようにして各エントリーを取り出し処理していきます。

```
for path in paths {……
```

　取り出される値はまだResultですから、アンラップしてDirEntryインスタンスを取り出しま
す。

```
let entry = path.unwrap();
```

　これでエントリーが得られました。後は、そのpathからto_strを呼び出してパスのテキストを
取り出し、println!で表示するだけです。

```
println!("{:?}", entry.path().to_str());
```

　これでフォルダにあるすべてのエントリーのパスが表示できます。「ReadDir」「DirEntry」

「PathBuf」と、利用する値がいくつも出てくるので混乱してしまう人もいるでしょう。
「ReadDirはフォルダ内の全項目」「DirEntryはファイルやフォルダなどの項目」
「PathBufはパスを管理するためのもの」というように各値の役割をしっかりと頭に入れて
おくようにしましょう。

エントリーの種類を調べる

フォルダ内のエントリーを取り出し利用できるようになると、それぞれのエントリーがどういう
ものかを調べ、それに応じて処理を行えるようになります。

エントリーがどういうものかを調べるには、DirEntryにある以下のようなメソッドを利用しま
す。

```
変数 =《DirEntry》.file_type();
```

これで得られるのは、例によってResultです。unwrapすると、「FileType」という構造体の
値が得られます。この値にある機能を使い、そのエントリーの種類がどういうものかを調べるこ
とができます。

主なメソッドには以下のようなものがあります。

is_file()	ファイルかどうかを示すもの。true ならファイル。
is_dir()	フォルダかどうかを示すもの。true ならフォルダ。
is_symlink()	シンボリックリンクかどうかを示すもの。true ならリンク。

いずれも論理型の戻り値を持っており、trueかどうかでそのエントリーがどういう種類のもの
かが確認できます。

◎ 試してみよう フォルダ内のエントリーの種類を調べる

では、フォルダ内にあるエントリーの種類を表示するように先ほどのサンプルを修正してみ
ましょう。

▼ リスト4-29

```
use std::fs;

fn main() {
  let paths = fs::read_dir("./").unwrap();
```

```
for path in paths {
  let entry = path.unwrap();
  let ftype = entry.file_type().unwrap();
  if ftype.is_file() {
    println!("{:?} file", entry.path())
  } else if ftype.is_dir() {
    println!("{:?} dir", entry.path())
  } else if ftype.is_symlink() {
    println!("{:?} link", entry.path())
  } else {
    println!("{:?}", entry.path())
  }
}
}
```

1

2

3

Chapter 4

5

6

▼ 図4-25：フォルダ内にあるエントリーの種類を表示する

これを実行すると、各エントリーのパスの後に「**file**」「**dir**」「**link**」といった表示が追加されます。どれにも当てはまらないものがあった場合はパスだけで他は表示されません。

ここではforでDirEntryを取得した後、以下のようにしてFileTypeを取得しています。

```
let ftype = entry.file_type().unwrap();
```

後は、そこからis_fileやis_dir、is_linkといったメソッドで種類をチェックし、println!で結果を表示しています。ファイルの種類がわかれば、例えばフォルダなら更にその中のファイルを調べて処理するようなこともできるようになります。

ファイル／フォルダの操作

　フォルダやファイルをエントリーとして扱えるようになると、それらを操作する処理も行いたくなります。ファイルをコピーしたりフォルダを作成したり、といったものですね。

　こうしたファイル操作のためのメソッドも、fsモジュール内に用意されています。ここでまとめておきましょう。

✚フォルダの作成

```
fs::create_dir(パス);
```

✚エントリーのコピー

```
fs::copy(元パス, コピー先);
```

✚エントリーの移動

```
fs::move(元パス, 移動先);
```

✚エントリーの削除

```
fs::remove_file(パス);
fs::remove_dir(パス);
fs::remove_dir_all(パス);
```

　パスは、ファイルやフォルダのパスをテキストとして用意したものを指定すればいいでしょう。削除関係がいくつもありますが、これは**「ファイルの削除（remove_file）」**と**「フォルダの削除」**でメソッドが異なるためです。またフォルダの削除は、**「空のフォルダを削除（remove_dir）」**と**「フォルダの中身もすべて削除（remove_dir_all）」**が用意されています。

　これらはいずれもResultの戻り値を持っています。これがErrならば実行に失敗したと判断できます。

◎ 試してみよう ファイルを「backup」フォルダにコピーする

　では、実際の利用例を挙げておきましょう。ごく簡単なものとして、カレントディレクトリにあるファイルを**「backup」**フォルダの中にコピーするサンプルを作ってみます。

▼ リスト4-30

```rust
use std::fs;

fn main() {
    _ = fs::create_dir("./backup");
    let entries = fs::read_dir("./").unwrap();

    for path in entries {
        let entry = path.unwrap();
        if entry.file_type().unwrap().is_file() {
            let file_name = entry.file_name();
            let from_name = format!("./{}", file_name.to_string_lossy());
            let to_name = format!("./backup/_{}", file_name.to_string_lossy());

            _ = fs::copy(&from_name, &to_name);
            println!("backup: {:?} → {}",from_name, to_name);
        } else {
            println!("not copied.({:?})", entry.file_name());
        }
    }
}
```

▼ 図4-26 :「backup」フォルダにプロジェクト内のファイル類がコピーされる

これを実行すると、プロジェクトのフォルダ内にあるファイルを「**backup**」というフォルダ内にコピーします。ごく簡単なものですが、ファイルのバックアップを行う処理ができました。

ここでは、まずバックアップする「**backup**」フォルダを作成しています。

```
_ = fs::create_dir("./backup");
```

これでできました。既にフォルダがある場合、ResultにはErrが返されます。ただし、ここでは変数名に_を指定して特に処理はしていないので、フォルダがあってもそのまま処理は進みます。

◉ ファイルをコピーする

ファイルのコピーは、forの繰り返し内で行っています。エントリーのfile_typeのis_fileがtrueの場合にのみコピーを行うようにしています。

コピーの処理は、まずコピーするファイルと、コピー先のパスを用意することから始まります。

```
let file_name = entry.file_name();
```

file_nameでファイル名を取り出します。これは「**OsString**」というOSネイティブなテキストの値として取り出されます。

ここから「**format!**」という関数を使って送信元と送信先のパスのテキストを作成します。

```
let from_name = format!("./{}", file_name.to_string_lossy());
let to_name = format!("./backup/_{}", file_name.to_string_lossy());
```

「**format!**」マクロは、値を使ってテキストを生成するものです。これはprintln!と同じように、第1引数のテキストに||を用意し、そこに第2引数以降の値をはめ込んでテキストを作成します。

ここではOsStringの値をformat!で利用するため、to_string_lossyというメソッドを使っています。これはCow<str>という値として取り出すもので、CowはOSネイティブなテキストをStringに変換してくれます。

これでコピー元とコピー先のパスがそれぞれfrom_nameとto_nameに用意できました。後はこれらを使ってコピーを実行するだけです。

```
_ = fs::copy(&from_name, &to_name);
```

引数にはコピー元とコピー先のテキストを指定します。これらはそのまま指定してもいいのですが、そうすると所有権が移動し、その後のprintln!で使えなくなります。そこで&をつけ、借用でコピーを行っています。

これでファイルの基本的な操作が一通り行えるようになりました。ファイルが利用できると、ファイルをコピーしたり移動したりするユーティリティ的なプログラムが作成できるようになります。

Section
4-4 モジュールの作成

ポイント

▶パッケージ、クレート、モジュールについて理解しましょう。

▶モジュールの構造について学びましょう。

▶モジュールを作成し、利用できるようになりましょう。

クレートとモジュール

ここまでのサンプルで、いくつかのクレートとモジュールを利用してきましたね。Rustにはさまざまな機能がライブラリとして用意されており、これらは「**クレート**」と「**モジュール**」と呼ばれる形でまとめられ利用できるようになっていました。ここで改めて整理しましょう。

パッケージ	これは、配布の形態です。Rustでは、さまざまなプログラムをライブラリ的に公開し配布する場合、配布するクレートをパッケージとしてまとめ、それをCargoでインストールできるようにしています。
クレート	配布するライブラリなどの配布単位となるものです。さまざまなライブラリ類は、クレートとしてまとめられています。クレートはライブラリのベースとなるものであり、Rustの標準ライブラリもいくつかのクレートとして提供されています。
モジュール	クレート内に用意されるライブラリ群です。クレートの中には、さまざまな機能を必要に応じていくつかのモジュールに分けて用意しています。このモジュール単位でソースコードからライブラリをロードし利用します。

Rustでは、公開されたプログラムはパッケージとして配布されています。Cargoでパッケージをインストールすると、そのパッケージの中身はクレートとして追加されます。ソースコード内からインストールしたライブラリの機能を利用する場合は、useを使い、クレートとその中にある利用したいモジュールをインポートすることで利用可能になります。

▼図4-27：モジュールの中にはクレートがあり、各機能はクレート内にモジュールとして組み込まれている

モジュールを作成する

　ここまで、サンプルとして「**sample_rust_app**」というプロジェクトを使ってプログラムを記述してきました。このプロジェクトは、それ自体で「**sample_rust_appというクレートを持つパッケージ**」でもあります。つまり、皆さんは既にパッケージとクレートを作成していたのです。

　このsample_rust_app内にはmain.rsがあり、そこにソースコードを記述して動かしてきました。このプロジェクトがクレートでもあるということならば、この中にモジュールを作成して汎用的な機能を作成して利用できるようになるはずですね。この「**モジュールの作成と利用**」ができるようになれば、さまざまな処理をライブラリとしてまとめ、いつでも使えるようにすることができます。

　では、実際にsample_rust_app内にモジュールを作成してみましょう。

◎ cargo new --libを実行する

　モジュールの作成は、cargoコマンドを使って行えます。これは以下のように実行します。

```
cargo new --lib モジュール名
```

試してみよう　では、試してみましょう。コマンドプロンプトあるいはターミナルを開き、「**sample_rust_app**」プロジェクトのフォルダ内にカレントディレクトリを移動してください。そして以下のコマン

ドを実行しましょう。

```
cargo new --lib mymodule
```

▼図4-28：cargo new --libでモジュールを追加する

このコマンドを実行すると、プロジェクトのフォルダ内に「**mymodule**」というフォルダが作成されます。このフォルダを開くと、その中に「**src**」フォルダや「**cargo.toml**」といったプロジェクトにあったのと同じようなファイルやフォルダ類が作成されていることがわかるでしょう。

この「**mymodule**」も、ファイル構成はプロジェクトと同じような形になっています。この作成された「**mymodule**」というフォルダは、「**クレート**」です。mymoduleクレートを作成し、その中にモジュールを追加していくわけです。

▼図4-29：「mymodule」というフォルダが作られ、その中にクレートのファイル類が作成されている

◉ Cargo.toml について

では、「**mymodule**」フォルダ内に作成されているCargo.tomlを開いてみましょう。ここにクレートの情報が記述されています。

▼ リスト4-31

```
[package]
name = "mymodule"
version = "0.1.0"
edition = "2021"


[dependencies]
```

基本的にはプロジェクトのCargo.tomlと変わりありません。[package]にこのクレートの基本的な情報を記述し、[dependencies]にはクレート内から利用するパッケージの情報を記述します。クレート内から外部のパッケージ等を利用したい場合も、ここに記述すればクレート内で外部パッケージが使えます。

lib.rs のソースコード

では、「**src**」フォルダを開いてみましょう。この中身は、デフォルトで「**lib.rs**」というソースコードファイルが用意されています。ここにデフォルトで簡単なソースコードが記述されています。

▼ リスト4-32

```
pub fn add(left: usize, right: usize) -> usize {
    left + right
}

#[cfg(test)]
mod tests {
    use super::*;

    #[test]
    fn it_works() {
        let result = add(2, 2);
        assert_eq!(result, 4);
    }
}
```

アプリケーションのプログラムだったmain.rsとはだいぶ内容が違っていますね。ここでのコードは、整理すると以下のようになっています。

```
pub fn 関数……

#[cfg(test)]
mod モジュール名 {……}
```

関数は、ただ「**fn ……**」とするのではなく、冒頭に「**pub**」というものがつけられていますね。これは、この関数を公開するためのものです。

モジュールに用意される機能は、利用の範囲 (スコープ) を指定します。#[cfg(test)]という属性がつけられているコード (mod ○○{……}という部分) は、ユニットテスト用のモジュールを記述している部分です。

その手前にある関数部分が、ライブラリとして用意されている機能のサンプルです。デフォルトでは、addという関数を1つサンプルとして作成してあります。これは引数2つを足し算した結果を返すシンプルなものですね。

クレートを利用する

では、このmymoduleクレートをmain.rsから利用してみましょう。クレートを使うためには、プログラムのCargo.tomlに使用するクレートの情報を追記する必要があります。

試してみよう　プロジェクトのCargo.toml (「**mymodule**」内ではなく、プロジェクトのフォルダにあるもの) を開き、[dependencies]の下に以下の文を追記してください。

▼ リスト4-33
```
mymodule = { path = "./mymodule" }
```

[dependencies]はライブラリなどを利用する際、その情報を記述しておくところです。Cargoでパッケージをインストールして利用するような場合、ここに追加するパッケージの情報を記述します。

```
パッケージ名 = "バージョン"
```

Cargoで公開されているパッケージは、このようにパッケージ名と使用バージョンを指定すれば、ビルドする際、自動的にCargoのサイトから必要なパッケージをダウンロードしてプロジェクトに組み込んでくれます。

今回は公開パッケージではなく、自分でプロジェクト内に作成したクレートを使いますか

ら、少し書き方が違います。

```
クレート名 = { path = クレートのパス }
```

このように、クレートが置かれている場所のパスをpathに設定します。ここではプロジェクト内の**「mymodule」**というフォルダにクレートがありますから、path = "./mymodule"としておけばいいでしょう。

◉ 試してみよう main.rsでmymoduleクレートを使う

では、main.rsでmymoduleクレートを使ってみましょう。main.rsのソースコードを以下のように書き換えてください。

▼ リスト4-34
```
use mymodule::add;

fn main() {
  let x = 10;
  let y = 20;
  let res = add(x, y);
  println!("answer: {} + {} = {}", x, y, res);
}
```

▼ 図4-30：実行すると、x + yの結果を表示する

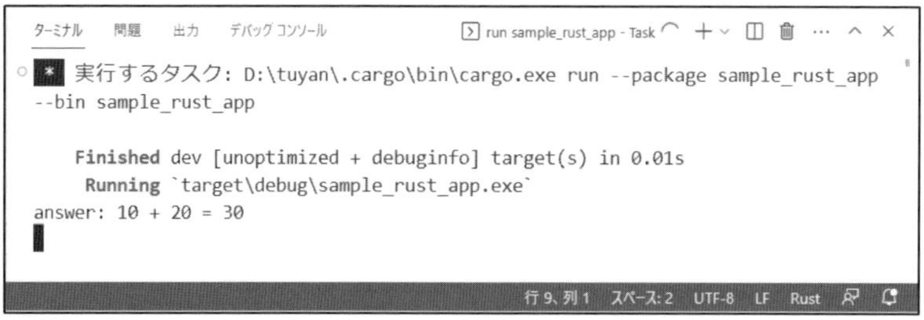

これを実行すると、**「answer: 10 + 20 = 30」**という結果が出力されます。mymoduleに用意されているadd関数を使って計算をしているのがわかりますね。

ここでは、冒頭に以下のようなuse文が書かれています。

```
use mymodule::add;
```

mymoduleがクレート名ですね。これで、このクレートのadd関数をロードしています。作成したクレートも、このようにuseでインポートして使えるようになります。

ここではadd関数を直接インポートしていますが、mymoduleクレートをインポートして以下のように書くこともできます。

▼ リスト4-35

```
use mymodule;

fn main() {
  let x = 10;
  let y = 20;
  let res = mymodule::add(x, y);
  println!("answer: {} + {} = {}", x, y, res);
}
```

mymoduleクレートをインポートした場合、このクレート内にある関数は**「mymodule::add」**というように記述して使います。クレートをインポートするか、クレート内に用意されている個々の機能（関数や構造体など）をそれぞれインポートするか、によって記述の仕方も変わってくるのですね。

モジュールを定義する

ここではlib.rs内に直接add関数を定義していました。しかしクレートを作成する場合、機能などに応じて細かくモジュールを分けて保管しておくことが多いでしょう。例えばファイルアクセスで使ったモジュールはstrクレートにありましたが、ファイルシステムに関するものはstd::fsモジュールに、入出力関係はstr::ioモジュールにとそれぞれ分かれていました。用途に応じてクレート内にモジュールを用意し、更に細かなサブモジュールに分けて整理する、というのは本格的なモジュールを作成する際の基本です。

クレート内に用意するモジュールは、以下のような形で定義します。

```
mod モジュール名 {
   ……モジュールの内容……
}
```

これでモジュールが定義されます。モジュール内に更にサブモジュールを用意したい場合は、この中にまたmodを追記すればいいわけです。こんな感じですね。

```
mod モジュール名 {
  mod サブモジュール名 {
    ……サブモジュールの内容……
  }
  ……モジュールの内容……
}
```

このモジュールは、公開して外部から利用できるようにしたい場合はpubスコープを設定する必要があります。modの定義を「**pub mod ～**」というようにpubをつけて定義することで、そのモジュールは公開され外部から利用できるようになります。

◉ 試してみよう calc モジュールに add 関数を置く

では、lib.rsを修正して、デフォルトのadd関数を「**calc**」というモジュールに配置してみましょう。lib.rsのadd関数のコードを以下のように書き換えてください。

▼ リスト4-36

```
pub mod calc {

  pub fn add(left: usize, right: usize) -> usize {
    left + right
  }

}
```

これで、calcモジュールの中にadd関数が定義されるようになりました。配置場所が変わったので、利用するためのコードも修正する必要があります。

試してみよう　プロジェクトのmain.rsを開き、ソースコードを以下のように修正してください。

▼ リスト4-37

```
use mymodule::calc;

fn main() {
  let x = 10;
  let y = 20;
  let res = calc::add(x, y);
  println!("answer: {} + {} = {}", x, y, res);
}
```

実行すれば先ほどと同様にx + yの結果が表示されます。今回は、以下のような形でcalcモジュールをロードしています。

```
use mymodule::calc;
```

これで、mymoduleクレート内のcalcモジュールがロードされます。この中にあるadd関数は、calc::add(x, y)というように指定すれば利用することができます。クレート内にモジュールを用意しても、**「useで使用するモジュールをロードする」**ということさえきちんと行っていれば、後はそのモジュールから関数などを呼び出すだけです。配置場所が変わっても基本的な使い方は何も変わらないのです。

モジュールのユニットテスト

クレートや内部に組み込まれたモジュールは、外部から利用される前提で作成されます。モジュールの機能は、どのように使われるかわかりません。**「このモジュールはこう使ってほしい。でないとうまく動かない」**といったことは通用しないのです。従って、ただ**「コードを書いたらちゃんと動いた」**というだけでなく、どのような使い方をされても問題なく動作するように細かく動作をチェックする必要があります。

こうした場合に用いられるのが**「ユニットテスト」**でしょう。ユニットテストは、プログラムを構成する小さな単位(ユニット)でプログラムが正常に動作していることを確認するためのテストです。

このユニットテストは、lib.rsにデフォルトで簡単なコードが用意されています。このようなコードが記述されていましたね。

```
#[cfg(test)]
mod tests {……}
```

これがユニットテストのコードです。ユニットテストは、modを使いモジュールとして用意しておくのが一般的です。この際、**「cfg(test)」**という属性をモジュールに用意しておくことで、このモジュールがユニットテスト用のものであることがRustに伝えられます。この属性が付けられたコードはテストのときのみコンパイルされるようになります。

◉ テストを実行する

では、用意されたテストを実行するにはどうすればいいのでしょうか。これは、cargoコマンドを使います。

```
cargo test
```

　このようにコマンドを実行すると、そのプロジェクト（クレート）のテスト用コードをコンパイルして実行し、結果を表示します。では、やってみましょう。

試してみよう　コマンドプロンプト／ターミナルで「**sample_rust_app**」プロジェクトにカレントディレクトリが置かれた状態になっていますか。そのまま「**cd mymodule**」で「**mymodule**」フォルダに移動しましょう。そして、「**cargo test**」コマンドを実行してください。lib.rsのソースコードがデフォルトの状態のままであった場合、コンパイル後にテストが実行され、以下のような出力がされます（リスト4-36の変更を行っているとテストに失敗します。初期状態に戻してから試してください）。

```
running 1 test
test tests::it_works ... ok
```

　これは、testモジュールにあるit_works関数の実行結果です。okとあれば、テストを正常に通過しています。ユニットテストでは関数ごとにこのように実行結果が表示されます。
　そして最後にすべてのテストを実行した結果が表示されます。

```
test result: ok. 0 passed; 0 failed; 0 ignored; 0 measured; 0 filtered out; finished
in 0.00s
```

　「**test result: ok.**」とあれば、テストで問題が発生しなかったことがわかります。ここでは「**passed（パス）**」「**failed（失敗）**」「**ignored（無視）**」というように問題があったテストの数が表示されます。これらを確認し、もしテストに失敗していたならどこで問題が発生したのかを調べ、そこでのテストの内容をチェックすれば原因を調べることができるでしょう。

▼ 図4-31：cargo testでユニットテストを実行する

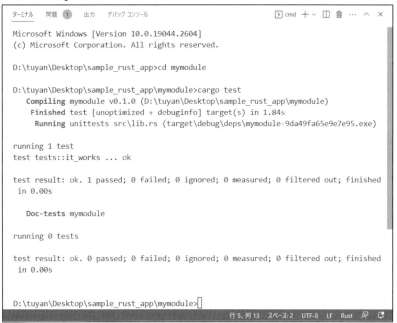

◉ use super::*; について

では、このmod testsというモジュール内のコードを見てみましょう。まず、このようなuse文が用意されていますね。

```
use super::*;
```

「**super**」というのは、このモジュール（testsモジュール）が配置されている親モジュールを示すものです。そして*記号はワイルドカードで、そこにあるすべての項目を示します。つまりsuper::*とすることで、「**このモジュールが組み込まれている親モジュール（mymoduleクレート）内のすべてのモジュールをインポートする**」ということを指定していたのですね。テストでmymodule内のさまざまなモジュールを利用できるようにするためにこのuse文が用意されていたのですね。

◉ #[test] 属性とテスト用関数

この後には、テスト用の処理を記述した関数が定義されています。これは以下のような形になっていますね。

```
#[test]
fn it_works() {……}
```

　このtestという属性を指定することで、この関数がユニットテストを実行するためのものであることがRustに伝えられます。この中にテストの処理を記述していけばいいわけです。

テスト用関数について

　では、どのようなテストを行っているのでしょうか。ここではデフォルトで以下のような処理がit_works関数に用意されていました。

```
let result = add(2, 2);
assert_eq!(result, 4);
```

　これがテストを行っている部分です。まずadd関数を呼び出し、結果をresultに代入しています。そしてその後の「assert_eq」というのがテストを実行している部分です。これは第1引数と第2引数が等しいかどうかを調べるものです。等しければテストを通過し、等しくなければテストに失敗します。

◉ テスト用マクロ

　このassert_eq!は、テスト用に用意されたマクロです。テストは、このようなマクロを利用して行います。以下の用意されているマクロをまとめておきましょう。

✚2つの値が等しいことをチェックする

```
assert_eq!(値1, 値2);
```

✚2つの値が等しくないことをチェックする

```
assert_ne!(値1, 値2);
```

✚引数に用意した式の結果がtrueであることをチェックする

```
assert!(論理値 [, メッセージ]);
```

これらのマクロを利用して、モジュールにある機能を利用した結果をチェックし、モジュール
が正常に働いているかどうかを確認していくのです。

試してみよう テストを試す

では、実際に簡単な関数を作ってテストを行ってみましょう。ここでは例として、数字が素数
かどうかを調べる関数を定義してみます。そして、それが正常に動作しているかテストしてみま
しょう。

では、lib.rsのソースコードのcalcモジュール（pub fn add関数あるいはpub mod calc {……}
の部分）を以下のように書き換えてください。

▼リスト4-38

```
pub mod calc {

  pub fn is_prime(num: usize) -> bool {
    let mut f = true;
    for n in 2..(num / 2) {
      if num % n == 0 {
        f = false;
      }
    }
    return f;
  }

}
```

ここでは、calcモジュール内に「**is_prime**」という関数を用意しました。やっていることは簡
単で、2から引数の値の半分の値まで繰り返し数字を割り算していき、1つでも割り切れた（余
りがゼロ）ものがあれば「**素数ではない**」としてfalseを、すべて割り切れなかったら「**素数で
ある**」としてtrueをそれぞれ返します。ざっと見た感じでは問題なさそうに見えますね。

◎ 試してみよう is_primeを利用する

では、実際にis_primeを使ってみましょう。main.rsのソースコードを以下のように書き換え
てください。

▼リスト4-39

```
use mymodule::calc;
```

```
fn main() {
  let x = 123; //☆
  let res = calc::is_prime(x);
  println!("answer: {} = {}", x,res);
}
```

▼ 図4-32：実行すると「answer: 123 = false」と結果が表示される

```
ターミナル    問題    出力    デバッグ コンソール              ▷ run sample_rust_app - Task  ⌒  + ∨  ⫟  🗑  …  ⌃

○     Finished dev [unoptimized + debuginfo] target(s) in 0.01s
        Running `target\debug\sample_rust_app.exe`
    answer: 123 = false
    ⬚

                                   行 8、列 1    スペース: 2    UTF-8    LF    Rust    ⅀
```

　これを実行すると、「**answer: 123 = false**」と結果が出力されます。123は素数ではない、という判定ですね。実際、123は3で割り切れますからこれは素数ではありません。is_primeは問題なく動いているように見えます。

◎ 試してみよう is_primeをテストする

　では、is_primeをテストしてみましょう。lib.rsのテスト用コード（mod tests {……}部分）を以下のように書き換えてください。

▼ リスト4-40

```
#[cfg(test)]
mod tests {
  use super::*;

  #[test]
  fn it_is_prime() {
    let data = [
      2, 3, 5, 7, 11, 13, 17, 19, 23, 29
    ];
    for n in data {
      let res = calc::is_prime(n);
      assert_eq!(res, true);
    }
  }
  #[test]
```

```
fn it_isnot_prime() {
  let data = [
    4, 6, 9, 10, 12, 14, 15, 16, 18, 20
  ];
  for n in data {
    let res = calc::is_prime(n);
    assert_ne!(res, true);
  }
}
}
```

▼ 図4-33：cargo test を実行すると、it_isnot_prime でテストに失敗する

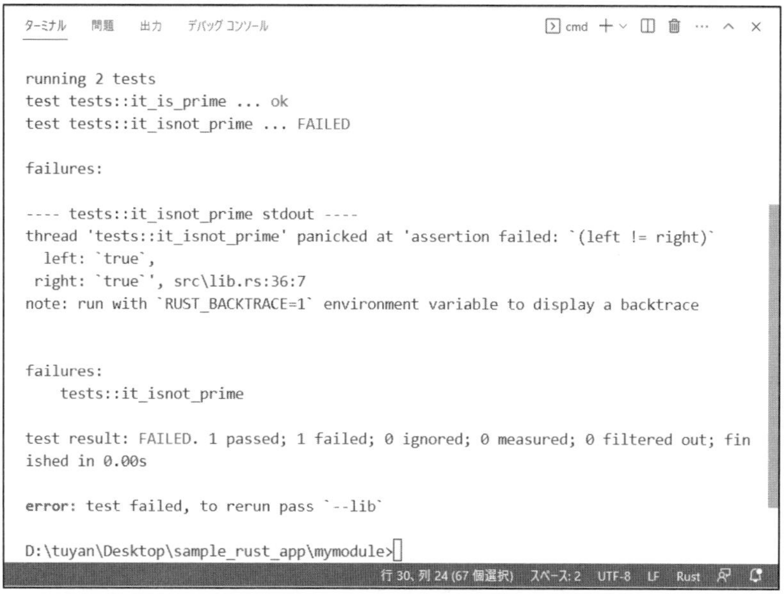

ここではtestsモジュール内に「**it_is_prime**」「**it_isnot_prime**」という2つのテスト用関数を用意しました。これでそれぞれ素数の場合と素数でない場合のis_primeの結果をテストしています。

では、実際に「**cargo test**」を実行してテストを行ってみてください。すると以下のような結果が出力されるでしょう。

```
running 2 tests
test tests::it_is_prime ... ok
test tests::it_isnot_prime ... FAILED
```

it_is_primeはテストを通過しますが、it_isnot_primeはテストに失敗しています。is_prime関数はmain.rsでは問題なく使えていましたが、実は問題を抱えていたことがわかります。

◉ 失敗の原因を探る

2つのテスト用関数では、それぞれdata配列にテストする値をまとめてあります。ここにある数字をforで繰り返し実行しテストをしていたのですね。it_is_prime関数のdataには素数を、it_isnot_prime関数では素数でない値をそれぞれ用意してあります。これらの値が素数かどうかをまず確認しましょう。そして用意されている値をいろいろと書き換えてテスト結果がどう変わるか試してみてください。

すると、it_isnot_primeでdataが「4」のときにテストに失敗していることに気がつくでしょう。main.rsで4が素数かどうかを調べてみてください。リスト4-39の☆の部分を「let x = 4;」というように書き換えて実行すると、「answer: 4 = true」と表示されるのが確認できます。4は素数と判定されてしまうのです。

▼ 図4-34：4が素数かどうか確かめると、answer: 4 = trueと判定される

◉ コードを修正する

では、なぜ4のときだけ素数と判定されてしまうのか、is_prime関数のコードをよく見て考えてみてください。問題の原因は、is_primeのforにあります。作成したコードでは、for n in 2..(num / 2)となっていましたね。2..(num / 2)で「2からnumの半分までの範囲」を指定して繰り返している……と思うでしょうが、そうではありません。これでは「2から、numの半分の手前まで」になってしまいます。4が引数だった場合、この数列は2..2となり、何もチェックしないまま次に進んでしまいます。その結果、trueと判断されていたのです。

（試してみよう） そこで、正しく範囲が指定されるようにis_primeを修正します。

▼ リスト4-41

```
pub mod calc {

  pub fn is_prime(num: usize) -> bool {
```

```
  let mut f = true;
  for n in 2..=(num / 2) { //☆
    if num % n == 0 {
      f = false;
    }
  }
  return f;
}

}
```

☆マークの部分を見てください。範囲は2..=(num / 2)となり、numの半分の値まで含まれるようにしました。引数が4ならば、2..=2となり、2の値でチェックが行われるようになります。

◉再度テストを行う

では、修正したら再びcargo testでテストを行ってみましょう。今度は以下のように出力されるでしょう。

```
running 2 tests
test tests::it_is_prime ... ok
test tests::it_isnot_prime ... ok
```

2つの関数のどちらもテストを通過しました。先ほどの問題は無事解決したことがこれでわかります。

ユニットテストは、さまざまな値を引数に設定して呼び出し結果を調べたりすることで、関数が正常に動いているかを調べます。そのためには、なるべく多くのケースを想定してテストさせることが重要です。先ほどのテストも、素数の値だけしかチェックしていなかったら問題があることに気がつかなかったでしょう。

テストは、**「いかに問題が起こりそうな使い方を思いつくか」**次第だといっていいでしょう。**「普通はこんな使い方なんてしない」**という使い方をどれだけテストできるか。それによってモジュールの品質は確実に向上するでしょう。

eguiによるデスクトップ
アプリケーション開発

デスクトップアプリケーションの作成には専用のフレームワークが必要です。
ここでは「egui」というフレームワークを使い、さまざまなUIの使いかたや
グラフィックの描画の方法を学んでいきましょう。

Section 5-1 eguiの基本

ポイント

▶ **eguiのアプリケーションの基本コードを理解しましょう。**

▶ **headingとLabelでテキストを表示しましょう。**

▶ **RichTextによるテキスト表示の設定方法を学びましょう。**

GUIアプリケーションとフレームワーク

ここまで、Rustの基本的な使いかたについて説明をしていきました。これ以降はもう少し実用的なプログラムの作成について考えていくことにしましょう。まずは、PCなどで動かすGUIアプリケーションの開発についてです。

GUIアプリケーションを作成する場合、考えなければならないのが「**フレームワーク**」です。Rustには、標準でGUIを利用するためのライブラリなどは付属していません。従ってGUIアプリを作成するには、まずそのためのフレームワークを用意する必要があります。

Rustは、まだ誕生して間もない若い言語ですから、フレームワークなども「**これがデファクトスタンダードだ**」といったものが決まってはいません。さまざまなものが登場し、ユーザーによって評価されつつある段階にある、といっていいでしょう。従って、「**これを覚えておけば安心**」といえるものはまだありません。

RustのGUIフレームワークにはどんなものがあるのか、代表的なものをいくつか紹介しておきましょう。

Tauri	軽量なGUIフレームワークです。プログラムのメイン部分はRustで記述しますが、UIにはWeb技術を使っています。このためUI部分の開発にはJavaScriptの技術が必要です。
Druid	シンプルで高速なウィジェットとレイアウトエンジンを提供してくれるフレームワークです。さまざまなウィジェットを使ってUIを構築します。
egui	「即時モード」と呼ばれる方式のGUIフレームワークです。Webブラウザやゲームエンジンと組み合わせて使うことも可能です。

この3つは、UIの実装方法がそれぞれ全く違っています。Tauriは、Web技術を利用していま

す。これはどういうことかというと、要するに**「Rustでウィンドウを作り、その上にHTMLベースのWebページを表示している」**と考えればいいでしょう。最近では、こうしたWeb技術を利用したアプリケーションは増えてきており、速度的にも機能的にも十分実用的なものが作れます。ただ、UIの中心部分はJavaScriptを使って開発する必要があります。これは**「RustでGUIアプリを作る」**という目標からすると少し違う気がしますね。

　Druidとeguiは、いずれもRustでUIを作成します。ただその方式は全く違います。Druidは**「ウィジェット」**と呼ばれるUI部品をライブラリとして用意しており、これを組み合わせて画面を構築していきます。昔ながらのもっともスタンダードな方式といっていいでしょう。

　これに対しeguiは、即時モードによるUI作成を行います。これはどういうものかというと、あらかじめ用意したUIの設定を元に、1秒間に60回の高速でUIを描画していくのです。つまり**「グラフィック」**としてUIを描き、ユーザーの操作に応じて高速で表示を書き換えることでUIらしい動きを実現しているのですね。

　この方式は非常に奇妙に思えるかもしれませんが、実をいえばグラフィックを利用したゲームなどではもっとも一般的な方式なのです。このためeguiはUIアプリのもならず、グラフィックを使ったゲーム開発などにも利用できます。

　ここでは、**「egui」**を使ってGUIアプリを作成してみることにしましょう。eguiは独特の方式をとっていることもあり、ややわかりにくいかもしれませんが、UI利用からグラフィック描画まで幅広い開発に使えます。かなり頻繁にアップデートされていますので、今後の発展が期待できるフレームワークといえるでしょう。

◎ 試してみよう eguiを準備する

　eguiを利用するためには、プロジェクトにeguiのパッケージをインストールしておく必要があります。これは、Cargo.tomlを使って行います。プロジェクトフォルダ内にあるこのファイルを開き、[dependencies]のところを以下のように修正してください。

▼ リスト5-1

```
[dependencies]
eframe = "0.21.0"
egui = "0.21.0"
```

　ここでは、eframeとeguiという2つのパッケージをインストールします。これらはアップデートがけっこう頻繁であり、バージョンによってかなり内容が変わっています。本書では、0.21.0というバージョンを使用します。

　Visual Studio Codeを使っている場合、Cargo.tomlを保存するとその場でプロジェクトが更新されます。そしてインストールしたパッケージのモジュールなどの機能もエディタの補完機能

でちゃんと表示されるようになります。

◉ 2つのクレート

ここではeframeとeguiという2つのクレートをインストールしています。これらは以下のようなものです。

eframe	eguiを利用してアプリケーションを作るためのベースとなる機能を提供するものです。
egui	GUIのライブラリです。これを使って具体的なUIを作成していきます。

この2つはセットで使うのが基本ですが、必ずしもそうしなければならないというわけではありません。eframeは、eguiを使ったアプリを作成しやすいようにさまざまな機能を提供してくれますが、eguiは必ずしもeframe内で使わないといけない、ということではありません。例えばWebブラウザで動かしたり、ゲームエンジンで利用したりするような使いかたも想定して作られています。

アプリケーションの基本処理

では、eguiによるアプリケーション開発について説明していきましょう。まずは、eguiではどのようなものを使ってどうアプリを作成しているのか、その基本から理解していきましょう。

アプリケーションの実行は、eframeの**「run_native」**という関数を使って行います。これは以下のような形になっています。

✚ アプリケーションの実行

```
eframe::run_native(名前,《NativeOptions》,《AppCreator》);
```

第1引数にはアプリの名前を示すテキスト（&str値）を指定します。これは普通のテキストリテラルで用意すればいいでしょう。

◉ オプション設定の用意

第2引数に用意するのは**「NativeOptions」**という構造体です。これはeframeクレートに用意されているもので、アプリケーションに必要なオプション設定の情報などを管理するものです。

```
変数 = eframe::NativeOptions::default();
```

NativeOptions::default()は、デフォルトのNativeOptionsインスタンスを返すメソッドです。とりあえず、これをそのまま利用すればいいでしょう。細かい設定などは特に必要ありません。

◉ AppCreatorとBox

もっとも重要なのが、3つ目の引数に用意するAppCreatorです。これは、eframeで定義されているタイプなのですが、中身は実質的に「**Box**」という構造体を用意する形になっています。Boxというのは、値をヒープメモリというところに配置し利用するための「**スマートポインタ**」と呼ばれるものでしたね。スマートポインタというのは参照をカウントする機能を持つポインタ（メモリ内にある値を示す値）で、要するに「**どこからも参照されなくなったら値が自動的にメモリ内から削除されるような機能を持ったポインタ**」と考えてください。

このBoxを使ってアプリに必要なものをrun_nativeに用意するのですが、ただBoxをnewしてインスタンスを設定するのではありません。ちょっとわかりにくい形でBoxを組み込む必要があります。

✚ AppCreatorのBox生成

```
Box::new(|引数| Box::new(アプリの構造体));
```

Box::newでインスタンスを作成しますが、その引数は、|引数| {……}という形のクロージャが用意されています。このクロージャ内でBox::newでBoxを作成するようにしているのです。

このクロージャの引数には、eframe::CreationContextという構造体のインスタンスが借用として渡されています。このCreationContextという値は、アプリの設定や初期化に必要な情報などを扱うためのものです。

このBox::new内に、あらかじめ定義しておいたアプリの構造体のインスタンスを渡してBoxを作成します。これで、このBoxがアプリに組み込まれる形になり、アプリが実行されます。

◉ アプリの構造体について

Box::newでは、あらかじめ用意しておいたアプリの構造体のインスタンスを指定します。この構造体は、アプリで使われるさまざまな値をフィールドに用意しておくものです。ただし、それだけではなく、eframeの「**App**」というトレイトを組み込む必要があります。これは、以下のような形で組み込みます。

✚Appトレイトの組み込み

```
impl eframe::App for アプリの構造体 {

  fn update(&mut self, ctx: &egui::Context, _frame: &mut eframe::Frame) {
    ……更新処理……
  }

}
```

Appトレイトには**「update」**というメソッドが1つ用意されています。これはselfの後に、egui::Context、eframe::Frameといった引数が用意されています（いずれも借用で渡されます）。Contextは、eguiによるUI作成のベースとなるもので、これを使ってUIが構築されていきます。Frameはeguiによる UIがはめ込まれているフレームとなるものです。

このupdateが、即時モードの表示を行うためのものです。ここに必要なUIの作成と組み込みの処理を用意しておくことで、それらがウィンドウ内に表示されるようになります。いわば、UI表示の中核となるものといっていいでしょう。アプリの構造体には、必ずAppトレイトを組み込み、updateメソッドを用意しなければいけません。

試してみよう アプリを実行する

このアプリを実行する基本コードだけでも、**「何をいってるのかわからない」**と思った人は多いことでしょう。では実際に簡単なコードを書いて、アプリを起動してみましょう。

プロジェクトのmain.rsを開き、その内容を以下に書き換えてください。

▼ リスト5-2

```
fn main() {
  let native_options = eframe::NativeOptions::default();
  let _ = eframe::run_native("My egui App", native_options,
    Box::new(|cc| Box::new(MyEguiApp::new(cc))));
}

#[derive(Default)]
struct MyEguiApp {}

impl MyEguiApp {
  fn new(_cc: &eframe::CreationContext<'_>) -> Self {
    Self::default()
  }
```

```
}

impl eframe::App for MyEguiApp {
  fn update(&mut self, _ctx: &egui::Context, _frame: &mut eframe::Frame) {}
}
```

▼図5-1：実行すると、黒く何も表示されないウィンドウが開かれる

　これを実行すると、画面にウィンドウが1つ開かれます。内部は真っ黒で何も表示されませんが、ウィンドウ自体はタイトルバーをドラッグして移動したり、マウスでリサイズしたりでき、ウィンドウとしての基本的な機能は備えていることがわかります。そのままウィンドウのクローズボックスをクリックすればウィンドウを閉じ、アプリは終了します。

◉ MyEguiApp 構造体について

　ここでは、MyEguiAppというアプリ用の構造体を用意しています。まず、以下のように構造体部分を定義しておきます。

```
#[derive(Default)]
struct MyEguiApp {}
```

　derive(Default)という属性を指定しておきます。これは、構造体にデフォルト値を与えるDefaultトレイトを追加するものです。これを用意すると、MyEguiApp::default()というようにしてデフォルト値のインスタンスを取り出せるようになります。

◉ newメソッドの追加

　構造体自体には、今回は特に値は用意していません。いわば**「空の構造体」**の状態になっています。これにインスタンスを作るnewメソッドを追加します。

```
impl MyEguiApp {
  fn new(_cc: &eframe::CreationContext<'_>) -> Self {
    Self::default()
  }
}
```

このnewでは、CreationContextが渡されるようになっています。これにより、アプリの設定などがある場合はここでCreationContextから値を取り出して構造体に必要な設定を行えるようになります。

ここでは、default()を呼び出し、デフォルト値のインスタンスを作って返しているだけです。

◉Appの実装

そして、最後にAppをMyEguiAppに実装します。これにはupdateメソッドを用意する必要がありました。

```
impl eframe::App for MyEguiApp {
  fn update(&mut self, _ctx: &egui::Context, _frame: &mut eframe::Frame) {}
}
```

こうなりました。updateでは、何もしていません。ただメソッドを用意しているだけです。まだ何の表示も作成していないのでこうなっています。表示をしない場合も、updateメソッド自体は用意しないといけません。

これで、MyEguiAppという構造体を用意してアプリを起動することができるようになりました。後は、このベースとなるコードにいろいろと肉付けしながらGUIの使いかたを覚えておけばいいでしょう。

headingによるテキストの表示

では、少しずつGUIを作っていきましょう。まずは「テキストの表示」から行ってみましょう。GUIの作成と表示は、Appのupdateメソッド内で行います。GUIの表示は、まず「パネル」と呼ばれるものを用意し、その中に追加をしていきます。

パネルは、無色透明な何も表示されないコンテナ（部品を配置する入れ物部分）です。このパネルはいくつか用意されていますが、ここではもっともよく使われる「CentralPanel」というパネルを利用してみましょう。これは以下のように作成します。

+CentralPanelの作成

```
egui::CentralPanel::default().show(《Context》, |引数|{……処理……});
```

　　default()でデフォルト値のインスタンスを作成し、その「**show**」メソッドを呼び出して表示をします。このshowでは、第1引数にUI作成のベースとなるContextインスタンスを指定します。これはupdateメソッドの引数として渡されるものをそのまま指定すればいいでしょう。
　　そして第2引数には、クロージャを用意します。これは引数にeguiの「**Ui**」という構造体が渡されます。これはUI作成のための機能を提供するもので、ここにあるメソッドなどを利用してUIを作成していきます。

◉ headingによるテキスト表示

　　では、showのクロージャにUIを作成し表示する処理を追加していきましょう。最初に使うのは「**テキストの表示**」です。
　　テキストの表示には、この後で説明する「**Label**」という構造体を利用するのですが、実はもっと簡単にテキストを表示する機能が用意されてます。それが「**heading**」です。これはクロージャの引数に渡されるUiに用意されているメソッドで、以下のように利用します。

+headingによるテキストの表示

```
《Ui》.heading(テキスト);
```

　　これにより、ウィンドウ内にテキストを表示することができます。実に簡単ですね！ 表示されるテキストは、左上から縦に順に並んでいきます。これだけではまだ細かな設定などは行えませんが、とりあえず「**テキストを表示する**」という最低限のことはできるようになります。

◉ 試してみよう テキストを表示する

　　では、実際にテキストを表示してみましょう。先ほど作成したMyEguiAppのimpl eframe::Appの部分を以下のように書き換えてください。

▼ リスト5-3

```
impl eframe::App for MyEguiApp {
  fn update(&mut self, ctx: &egui::Context, _frame: &mut eframe::Frame) {
    egui::CentralPanel::default().show(ctx, |ui| {
      ui.heading("Hello World!");
    });
```

```
  }
}
```

▼図5-2：ウィンドウ内に「Hello World!」と表示される

　これを実行すると、黒いウィンドウの左上に**「Hello World!」**とテキストが表示されます。非常に単純なサンプルですが、**「ウィンドウ内にUIを表示する」**という基本はこれでわかるでしょう。

　ここでは、updateメソッドの中で以下のようにしてCentralPanelインスタンスを作成しています。

```
egui::CentralPanel::default().show(ctx, |ui| {
  ui.heading("Hello World!");
});
```

　CentralPanelのdefaultを呼び出し、更にshowを呼び出して描画の処理を行うクロージャを引数に定義します。この中で、ui.heading("Hello World!");としてテキストを追加しています。これだけで、" Hello World!"というテキストが追加され表示されるようになるのです。

Column **headingはLabelを作るショートカットメソッド**

　ここで使ったheadingというメソッドは、この後で出てくる**「Label」**というUI部品を作成するためのショートカットです。heading(○○)というメソッドは、内部的には以下のような文を実行しています。

```
ui.label(RichText::new(○○).heading());
```

　ui.labelというメソッドでLabel構造体を作成していたのです。Labelについてはこの後で説明しますが、**「headingでも実際にテキストの表示のために作っている部品はLabelだ」**ということは知っておきましょう。

テーマを変える

　これでテキストを表示することはできるようになりましたが、**「黒い背景にグレーの文字では読みづらい」**と思った人もいるかもしれません。

　デフォルトでのこの表示は、実は**「ダークテーマ」**が設定されているためです。eguiにはテーマの機能があり、テーマをライトに変更することで白背景のUIに変更することができます。

　テーマの設定は、NativeOptionsに用意されています。main関数でアプリを起動する際、NativeOptionsインスタンスを用意していましたね? このNativeOptionsにあるテーマの値を変更することで、アプリのテーマを変えることができます。

　テーマの変更は以下のように行います。

✚ テーマを設定する

《NativeOptions》.default_theme =《Theme》;

　テーマは、NativeOptionsの**「default_theme」**という値で設定します。テーマの値は、eguiに**「Theme」**という列挙型の値として用意されています。これをLightにすれば、ライトテーマに変更されます。

◎ 試してみよう ライトテーマで表示する

　では、実際にテーマを変更してみましょう。main.rsに記述したmain関数を以下のように書き換えてください。

▼ リスト5-4

```
fn main() {
  let mut native_options = eframe::NativeOptions::default();
  native_options.default_theme = eframe::Theme::Light;
  let _ = eframe::run_native("My egui App", native_options,
    Box::new(|cc| Box::new(MyEguiApp::new(cc))));
}
```

▼ 図5-3：起動するとライトテーマでアプリが表示される

プロジェクトを実行すると、先ほどと同じようにテキストが表示されたウィンドウが現れます。今回は黒い背景ではなく、ほぼ白の背景にテキストが表示されます。

ここではNativeOptionsインスタンスを変数native_optionsに代入した後、以下のようにしてテーマを設定しています。

```
native_options.default_theme = eframe::Theme::Light;
```

これでライトテーマが設定されました。後はこのnative_optionsを引数に指定してrun_nativeを実行すれば、ライトテーマでアプリが表示されるようになります。

LabelとRichText

テキストの表示は、eguiにおいては「**Label**」という構造体として用意されています。headingも内部的にはこのLabelを使ってテキストを表示しています。

このLabelは、以下のような形で作成をします。

✚Labelの作成

```
変数 =《Ui》.label::new(《テキストまたはRichText》);
```

引数にテキストを指定することで、そのテキストを表示するLabelを作成できます。ただし、ただ作っただけではLabelは表示されません。Uiに組み込んで、初めて表示されるようになります。

✚UI部品の組み込み

```
《Ui》.add( UI部品 );
```

Labelに限らず、eguiに用意されているUIの部品は、基本的にすべて「**add**」メソッドで組み込むことができます。addで組み込むと、組み込んだ順番にウィンドウの上からUI部品が表示されます。

このLabelのように、Uiに組み込んで利用するUIの部品は、「**ウィジェット**」と呼ばれます。eguiには、このLabelのようなウィジェットが多数用意されており、これらの使いかたをマスターすることこそがUIの作成を学ぶことなのだ、と考えて良いでしょう。

◉ RichText について

Label::newの引数には、テキストの他に「**RichText**」という値も使うことができます。これはフォントのスタイル情報などを持つことのできるテキストです。このRichTextは、以下のように作成をします。

✚ RichText の作成

```
変数 = egui::RichText::new( テキスト );
```

引数には表示するテキストを指定します。これでRichTextインスタンスを作成したら、「**font**」メソッドを使ってフォントを設定します。

✚ フォントの設定

```
《RichText》.font(《FontId》);
```

引数には「**FontId**」という構造体のインスタンスを指定します。このFontIdは、フォントファミリーとテキストサイズを管理するためのものです。このインスタンスを作るには、以下のようにいくつかのメソッドが用意されています。

✚ FontId の作成

```
変数 = egui::FontId::new(サイズ,《FontFamily》);
変数 = egui::FontId::proportional(サイズ);
変数 = egui::FontId::monospace(サイズ);
```

proportionalが、一般的に使われるフォントのFontIdと考えていいでしょう。monospaceは、いわゆる等幅フォントと呼ばれるものです。newは、例えばフォントのファイルなどを使って自分でFontidを作成するような場合に用います。

これらで表示するテキストのフォントファミリーとテキストサイズを指定したRichTextを作成すれば、それを使ってLabelにテキストを表示できます。

◉ 試してみよう Labelのテキストサイズを変更する

では、実際にLabelとRichTextを使ってテキストを表示してみましょう。これは、Appの実装処理を修正すればいいでしょう。impl eframe::App for MyEguiAppのコードを以下のように書き換えてください。

▼ リスト5-5

```rust
impl eframe::App for MyEguiApp {
  fn update(&mut self, ctx: &egui::Context, _frame: &mut eframe::Frame) {
    egui::CentralPanel::default().show(ctx, |ui| {
      ui.heading("Hello World!");
      let label_txt = egui::RichText::new("This is sample message.")
        .font(egui::FontId::proportional(32.0));
      let label = egui::Label::new(label_txt);
      ui.add(label);
    });
  }
}
```

▼ 図5-4：フォントサイズを大きくしてテキストが表示される

これを実行すると、「**Hello World!**」のテキストの下に、「**This is sample message.**」というテキストが大きめのテキストサイズで表示されます。

ここでは、まずテキストの表示に使うRichTextを作成します。ここでは、32.0のテキストサイズで表示するRichTextを作成しています。

```rust
let label_txt = egui::RichText::new("This is sample message.")
  .font(egui::FontId::proportional(32.0));
```

egui::RichText::newでインスタンスを作成した後、更にfontメソッドで使用するFontIdを設定しています。ここではegui::FontId::proportionalを使い、サイズに32.0を指定してあります。

後は、このRichTextを使ってLabelを作成するだけです。

```rust
let label = egui::Label::new(label_txt);
```

これでテキストを表示するLabelが作成できました。後はこれをUiに追加すれば表示が作成されます。

```rust
ui.add(label);
```

RichTextとFontIdの作成が、引数も多くわかりにくいかもしれませんが、ここさえ覚えれば、思ったようにテキストを表示できるようになります。

RichTextによるスタイル設定

テキストの表示に関する機能は、FontIdだけでなく、RichTextにもいろいろと用意されています。これらを使ってテキストのスタイルなどを設定することもできます。以下に主なメソッドを挙げておきましょう。

╋テキストの設定

```
変数 =《RichText》.text(テキスト);
```

╋テキストサイズの設定

```
変数 =《RichText》.size(サイズ);
```

╋テキストの強調

```
変数 =《RichText》.strong();
```

╋テキストを細くする

```
変数 =《RichText》.weak();
```

╋テキストの斜体

```
変数 =《RichText》.italics();
```

╋テキストの色

```
変数 =《RichText》.color(《Color32》);
```

╋テキストの背景色

```
変数 =《RichText》.background_color(《Color32》);
```

メソッドを見ればわかりますが、これらはすべて戻り値を持っています。返されるのは、設定

を変更したRichTextインスタンスです。

RichText自身を返すようになっているため、これらはメソッドチェーンとして連続呼び出しすることが可能です。例えば、egui::RichText::new(○○).size(○○).color(○○)というような形で連続して呼び出すことで、いくつもの設定をまとめて行えます。

◉ 色の値について

ややわかりにくいのは**「色」**関係でしょう。color/background_colorは、eguiの**「Color32」**という構造体の値を使います。

このColor32には、主な色の値が定数フィールドとして用意されています。用意されている値は以下のようになります。

TRANSPARENT	BLACK	DARK_GRAY	GRAY	LIGHT_GRAY
WHITE	BROWN	DARK_RED	RED	LIGHT_RED
YELLOW	LIGHT_YELLOW	KHAKI	DARK_GREEN	GREEN
LIGHT_GREEN	DARK_BLUE	BLUE	LIGHT_BLUE	GOLD
DEBUG_COLOR				

例えば、赤い色を使いたければ、egui::Color32::REDとすれば値が得られます。またRGBを指定してColor32インスタンスを作成するメソッドも用意されています。

✚色を作成する

```
変数 = egui::Color32::from_rgb(赤, 緑, 青);
```

✚色を作成する（事前乗算による透過度設定）

```
変数 = egui::Color32::from_rgba_premultiplied(赤, 緑, 青, アルファ);
```

from_rgbでは、引数にRGBおよびアルファチャンネルの各色の輝度をu8値（正の整数値）で指定します。値は0～255の範囲になります。主な色の値ならColor32にある値をそのまま使えばいいですが、それらにない色を自分で調整して作りたいときはこれらのメソッドを使えばいいでしょう。

◉ 試してみよう テキストの表示を調整する

では、RichTextの機能を使ってテキストの表示を細かく設定してみましょう。impl

eframe::App for MyEguiAppのコードを以下のように書き換えてください。

▼ リスト5-6

```
impl eframe::App for MyEguiApp {
  fn update(&mut self, ctx: &egui::Context, _frame: &mut eframe::Frame) {
    egui::CentralPanel::default().show(ctx, |ui| {
      ui.heading("Hello World!");
      let label_txt = egui::RichText::new("This is sample message.")
        .size(32.0)
        .color(egui::Color32::from_rgba_premultiplied(255,0, 0,100))
        .italics();
      let label = egui::Label::new(label_txt);
      ui.add(label);
    });
  }
}
```

▼ 図5-5：大きなサイズで淡い赤のイタリック体でテキストが表示される

これを実行すると、テキストのメッセージが淡い色のイタリック体で表示されます。ここでは RichTextを作成した後、size, color, italicsといたメソッドを連続して呼び出していますね。これ により、RichTextのテキスト表示に関する設定が変更されていたのです。

RichTextは、テキスト表示の基本となるものです。実際にコードを書いて使ってみれば、基 本的な使いかたはわかってきますから、サンプルコードをいろいろと修正してRichTextの使い かたをしっかり理解しておきましょう。

Section 5-2 主なGUIを利用する

> **ポイント**
> ▶ **Button**とクリックイベントの処理方法を学びましょう。
> ▶ マウスで選択する方式のウィジェットにはどんなものがあるか考えましょう。
> ▶ テキストの入力とその処理方法について理解しましょう。

Buttonの利用

eguiの基本的なコーディングがわかってきたところで、eguiに用意されているさまざまなUI部品について使いかたを説明していくことにしましょう。

まずは、**「ボタン」**からです。マウスでクリックする、いわゆるプッシュボタンのことですね。これはeguiに**「Button」**という構造体として用意されています。このButtonの作成は以下のように行います。

✚Buttonの作成

```
egui::Button::new(テキスト);
```

これで引数に指定したテキストを表示するボタンが作成されます。後は、これをUiのaddメソッドなどでUiに組み込めば使えるようになります。

この**「Button::newでインスタンスを作り、addで組み込む」**という作業は、Buttonを利用するときにもっとも多用される処理です。そこでこれをまとめて行ってくれるショートカットメソッドも用意されています。

✚Buttonを作り組み込む

```
《Ui》.button(テキスト)
```

Uiに用意されている**「button」**メソッドは、Button::newでインスタンスを作り、それをUiのaddで組み込む、といった処理をまとめて行ってくれます。ボタンの細かな設定などを行う必要

がなく、デフォルトで作成されるボタンを用意するだけでいい、という場合は、このui.buttonの
ほうが遥かに簡単でしょう。

● ボタンクリックの処理について

ボタンは、ただ組み込むだけでなく、ボタンをクリックしたときに処理を実行させる必要があ
ります。これは、実はボタンではなくUiに組み込む際の戻り値を使います。

addメソッドなどでUiにボタンを組み込むと、戻り値としてeguiの「**Response**」という値が
返されます。これは、ウィジェットからのレスポンスを管理するものです。ここにあるメソッドを
使い、ウィジェットがクリックされたかどうかなどを調べることができます。

✚ クリックしたときの処理

```
if 《Response》.clicked() {……}
```

クリックしたかどうかは、Responseの「**clicked**」で調べられます。このメソッドは、レスポン
スを返したウィジェットがクリックされていたならtrue、そうでなければfalseを返します。この値
がtrueならば、ウィジェットがクリックされたものとして処理を実行すればいいのですね。

ボタンをクリックして処理を行うコードを作る

では、実際にボタンを利用してみましょう。ここではボタンをクリックしたら数字をカウントし
ていくようなサンプルを作ってみます。合わせて、ウィンドウの大きさの調整など、もう少し見や
すいアプリにするための調整も行っておきましょう。

試してみよう　では、main.rsを開き、ソースコードを以下のように書き換えてください。

▼ リスト5-7

```
fn main() {
  let mut native_options = eframe::NativeOptions::default();
  native_options.default_theme = eframe::Theme::Light;
  native_options.initial_window_size = Some(egui::Vec2 {x:400.0, y:200.0});

  let _ = eframe::run_native("My egui App", native_options,
    Box::new(|cc| Box::new(MyEguiApp::new(cc))));
}

struct MyEguiApp {
  pub value:usize,
```

```
}

impl Default for MyEguiApp {
  fn default() -> MyEguiApp {
    MyEguiApp{
      value:0,
    }
  }
}

impl MyEguiApp {
  fn new(_cc: &eframe::CreationContext<'_>) -> Self {
    Self::default()
  }
}

impl eframe::App for MyEguiApp {
  fn update(&mut self, ctx: &egui::Context, _frame: &mut eframe::Frame) {
    egui::CentralPanel::default().show(ctx, |ui| {
      ui.heading("Hello World!");

      ui.spacing();

      let msg = format!("click {} times.", self.value);
      let label_txt = egui::RichText::new(msg)
        .size(32.0);
      let label = egui::Label::new(label_txt);
      ui.add(label);

      ui.separator();

      let btn_txt = egui::RichText::new("Click!")
        .font(egui::FontId::proportional(24.0));
      let btn = egui::Button::new(btn_txt);
      let resp = ui.add_sized(egui::Vec2 {x:150.0, y:40.0}, btn);
      if resp.clicked() {
        self.value += 1;
      }
    });
  }
}
```

▼図5-6：ボタンをクリックするたびに数字が1ずつ増えていく

これを実行すると、「**click 0 times**」というメッセージと「**Click**」ボタンがあるウィンドウが表示されます。ボタンをクリックすると、表示されるメッセージの数字が1ずつ増えていきます。

今回は、Buttonの作成と追加だけでなく、さまざまな修正がされていますので順に説明していきましょう。

◉ ウィンドウサイズの設定

まずは、アプリを起動しているmain関数からです。ここでは、新たに「**ウィンドウサイズの設定**」を行う処理を追加しています。

ここではNativeOptionsを作成後、テーマを設定する処理を用意してありましたね。今回はその後で更にウィンドウサイズを設定する処理を追加しています。

```
native_options.initial_window_size = Some(egui::Vec2 {x:400.0, y:200.0});
```

initial_window_sizeというのが、ウィンドウの初期サイズを指定するためのものです。これに値を指定しますが、この値はSomeというものを使います。これはOption列挙型の値でしたが覚えていますか？ そう、値がNoneである場合に用いられるものでしたね。ここでは、このSomeで値をラップしたものを設定します。

ラップする値は、eguiの「**Vec2**」という値です。これはxとyという2つの値を持つ構造体で、これを利用して横幅と高さの値を作成します。そしてこれをSomeでラップしてinitial_window_sizeに設定すればいいのです。

◉ MyEguiApp構造体とvalue

今回は、ボタンをクリックすると数字をカウントアップしていくようにします。ということは、**「現在のカウントはいくつか」**をどこかで記憶しておき、その値を増やしたり、それを元に表

示テキストを作成したりする必要があります。

こうしたアプリで必要となる値は、アプリの構造体に用意しておきます。ここでは MyEguiAppという構造体を用意していましたね。これにカウントする数字を保管しておくので す。サンプルコードを見ると、構造体はこうなっていました。

```
struct MyEguiApp {
  pub value:usize,
}
```

他から値が取り出せるように、valueはpubを指定しておきます。そして、defaultメソッドでイ ンスタンスを作成する際にvalueの値が初期化されるようにDefaultを実装しておきます。

```
impl Default for MyEguiApp {
  fn default() -> MyEguiApp {
    MyEguiApp{
      value:0,
    }
  }
}
```

Defaultを実装する処理では、「**default**」というメソッドを用意しておきます。これ はMyEguiAppインスタンスを作成して返すものですね。ここではvalueに0を設定して MyEguiAppを作り、これを返すようにしています。

これでvalueという値を持つMyEguiAppが作成され、これを利用してアプリが実行される ようになりました。後は、この構造体の値を利用してボタンクリックの処理やテキストの表示を 作っていけばいいのです。

◉ Buttonの作成と実装

では、Appにあるupdateメソッドでの処理に進みましょう。ここでButtonを作成し、クリック 時の処理をしています。

ではボタンの作成処理を見てみましょう。まず、ボタンに表示するためのRichTextインスタン スを用意しておきます。

```
let btn_txt = egui::RichText::new("Click!").font(egui::FontId::proportional(24.0));
```

これで、テキストサイズ24のRichTextが用意できました。続いて、これを使ってButtonインス

タンスを作成します。

```
let btn = egui::Button::new(btn_txt);
```

これでボタンが用意できました。後はこれをUiに組み込むだけです。が、今回はaddメソッド
は使いません。**「add_sized」**というものを使っています。

```
let resp = ui.add_sized(egui::Vec2 {x:150.0, y:40.0}, btn);
```

このadd_sizedは、引数に指定したサイズでウィジェットを組み込むためのものです。第1引
数に配置する大きさを示す値を用意し、第2引数に組み込むウィジェットを指定します。これも
Vec2を使って指定します。ここでは横幅150.0、高さ40.0に指定しておきました。こうすること
で、決まった大きさでボタンを表示させることができます。

ボタンを組み込んだら、その戻り値であるrespを使い、クリック時の処理を行います。

```
if resp.clicked() {
  self.value += 1;
}
```

selfは、このMyEguiApp構造体のインスタンス自身ですね。そのvalueの値を1増やしていま
す。ボタンクリックで行っているのはこれだけです。

では、なぜvalueの値を増やしただけで表示されるテキストが更新されるのか。それは、
Labelに表示するテキストを見ればわかります。

```
let msg = format!("click {} times.", self.value);
```

このようにして表示するテキストを用意しています。format!というマクロは既に使ったことが
ありましたね。println!と同様に、テキストに‖を使って値の配置場所を指定し、その後の引数に
ある値をそこに埋め込んでテキストを生成するものでした。ここではself.valueの値を使ってテ
キストを作成していたのです。この値が増えれば、ここで作成されるテキストも増えていくという
わけです。

eguiが即時モードにより、毎秒60フレームでUIを描画している、ということを思い出してくだ
さい。構造体の値を利用して表示を作成していれば、その値を変更すると次のフレームが描画
される際には更新された値を元に表示が作成されます。値を変更すれば、即座にそれが表示
に反映されるようになっているのです。

◉ スペースについて

最後に、スペースの調整を行っている文についても触れておきましょう。今回のサンプルでは、以下のような文がheadingの後で使われています。

```
ui.spacing();
```

これは、スペースを空けるためのものです。これを実行してから次のウィジェットをaddすれば、わずかにスペースを空けてウィジェットを表示します。

また、ラベルとボタンの間には、仕切り線が表示されていました。これは以下の文で行っています。

```
ui.separator();
```

UIがいくつかのグループに分かれているような場合、これにより途中で仕切り線を描くことでグループ分けして表示することができます。表示を整理するものとして覚えておくと良いでしょう。

チェックボックス

次はチェックボックスです。チェックボックスは、クリックしてチェックをON/OFFするUIですね。これはeguiに「**Checkbox**」という構造体として用意されています。インスタンスは以下のように作成します。

✚Checkboxの作成

```
egui::Checkbox::new(&mut 変数, テキスト);
```

第1引数には、Checkboxのチェック状態を示す値を設定する変数を用意します。これはmutで且つ借用を使います。これにより、この変数を元にチェック状態を表示するだけでなく、チェックボックスをクリックして変更することで変数の値も更新されるようになります。第2引数にはチェックの右側に表示されるラベルのテキストを指定します。

これで作成したCheckboxインスタンスをaddメソッドなどでUiに追加すれば、チェックボックスが使えるようになります。ただし、「**newしてadd**」は面倒なので、Buttonと同様に、これらをまとめてやってくれるショートカット関数も用意されています。

✚Checkbox を作成し add する

```
《Ui》.checkbox(&mut 変数, テキスト);
```

Checkbox::newの引数と同様に、チェック状態を示す変数とラベルのテキストを引数に指定します。これを実行すれば、それだけでCheckboxが作成されUiに組み込まれます。

◉ 試してみよう チェックボックスを利用する

では、実際にCheckboxによるチェックボックスを使ってみましょう。まずは、MyEguiApp構造体を修正します。構造体の定義と、Defaultの実装を以下のように修正してください。

▼ リスト5-8

```
struct MyEguiApp {
  pub value:bool,
}

impl Default for MyEguiApp {
  fn default() -> MyEguiApp {
    MyEguiApp{
      value:true,
    }
  }
}
```

valueの値をbool型に変更しました。Checkboxのチェック状態はON/OFFしかありませんから論理型の値になります。

試してみよう 続いて、GUIを作成しているimpl eframe::App for MyEguiAppのコードを修正しましょう。

▼ リスト5-9

```
impl eframe::App for MyEguiApp {
  fn update(&mut self, ctx: &egui::Context, _frame: &mut eframe::Frame) {
    egui::CentralPanel::default().show(ctx, |ui| {
      ui.heading("Hello World!");

      ui.spacing();

      let msg = format!("checked = {}.", self.value);
```

```
      let label_txt = egui::RichText::new(msg)
        .size(32.0);
      let label = egui::Label::new(label_txt);
      ui.add(label);

      ui.separator();

      let check_txt = egui::RichText::new("Checkbox")
        .size(24.0);
      let check = egui::Checkbox::new(&mut self.value, check_txt);
      let _resp = ui.add(check);
    });
  }
}
```

▼ 図5-7：CheckboxをクリックするとON/OFFされ、表示テキストも変わる

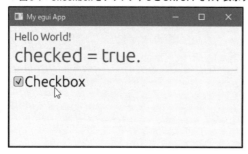

修正ができたら実際にアプリを実行し表示と動作を確認してください。チェックボックスをクリックするとチェックがON/OFFされ、同時にその上のメッセージにもチェック状態が表示されます。

ここでは、以下のようにしてCheckboxを作成し、組み込んでいます。

```
let check = egui::Checkbox::new(&mut self.value, check_txt);
let _resp = ui.add(check);
```

newの引数の指定がちょっと独特ですが、それだけきちんと記述すればそれほど使いかたの難しいものではありません。一度使ってみればすぐにわかるでしょう。

ラジオボタンの利用

続いて、ラジオボタンです。ラジオボタンはチェックボックスと違い、複数のボタンを用意して使うことになります。

ラジオボタンは、eguiの**「RadioButton」**という構造体として用意されています。これは以下のように作成します。

╋RadioButtonの作成

```
egui::RadioButton::new(&mut 変数, テキスト);
```

第1引数にはチェック状態を示す値を、そして第2引数にはラベルとして表示するテキストをそれぞれ用意します。これでラジオボタンを作成し、addで組み込んでいけばいいのですね。

ただし、このやり方ではラジオボタンを作成して1つ1つのチェック状態を手動で設定しなければいけません。これはかなり面倒ですね。そこで、ラジオボタンの選択した値と各ボタンの値を指定し、ボタンを選択すれば自動的にその項目が選択されるようにする仕組みをUiに用意しました。

╋RadioButtonを作成しaddする

```
《Ui》.radio_value(&mut 変数, 現在の値, テキスト);
```

radio_valueは、3つの引数を用意します。第1引数には、選択されたラジオボタンの値を指定します（選択状態を示す値ではありません。どのラジオボタンが選択されているか、を示す値です）。第2引数に、そのラジオボタンに割り当てる値を用意します。そして第3引数にラベル表示のテキストを用意します。

このようにして必要な数だけラジオボタンを作成し組み込むと、ラジオボタンをクリックしたらその項目が選択され、他が選択されない状態となります。そして第1引数に指定した変数には、常に**「現在選択されているラジオボタンの値」**が保管されるようになります。

◎ 試してみよう ラジオボタンを使ってみる

これは、実際に使ってみないと感覚がつかめないかもしれません。では早速ラジオボタンを使ってみましょう。まずラジオボタンの値を示すための列挙型を用意しておきます。以下のコードをmain.rsに追記してください（MyEguiApp構造体の前辺りでいいでしょう）。

▼ リスト5-10

```
#[derive(PartialEq, Debug)]
enum RadioValue { First, Second, Third }
```

ここでは、First, Second, Thirdという3つの値を持つ列挙型を定義しておきました。これを
ラジオボタンの値として使います。

試してみよう　続いて、MyEguiApp構造体を修正しましょう。構造体の本体部分とDefaultトレイトを以下
のように修正します。

▼ リスト5-11

```
struct MyEguiApp {
  pub value:RadioValue,
}

impl Default for MyEguiApp {
  fn default() -> MyEguiApp {
    MyEguiApp{
      value:RadioValue::First,
    }
  }
}
```

今回は、valueをRadioValue型にしてあります。そしてDefaultではRadioValue::Firstを初期
値に設定しておきました。

◎ 試してみよう RadioButton の実装

後は、ラジオボタンを組み込んで表示するだけです。では、impl eframe::App for
MyEguiAppのコードを以下のように書き換えてください。

▼ リスト5-12

```
impl eframe::App for MyEguiApp {
  fn update(&mut self, ctx: &egui::Context, _frame: &mut eframe::Frame) {
    egui::CentralPanel::default().show(ctx, |ui| {
      ui.heading("Hello World!");

      ui.spacing();

      let msg = format!("checked = {:?}.", self.value);
```

```
    let label_txt = egui::RichText::new(msg)
      .size(32.0);
    let label = egui::Label::new(label_txt);
    ui.add(label);

    ui.separator();

    let label_1 = egui::RichText::new("First").size(24.0);
    let label_2 = egui::RichText::new("Second").size(24.0);
    let label_3 = egui::RichText::new("Third").size(24.0);
    ui.horizontal(|ui| {
      ui.radio_value(&mut self.value, RadioValue::First, label_1);
      ui.radio_value(&mut self.value, RadioValue::Second, label_2);
      ui.radio_value(&mut self.value, RadioValue::Third, label_3);
    });
  });
 }
}
```

▼ 図5-8：3つのラジオボタンが表示される。クリックすると選んだ項目名が表示される

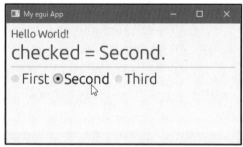

　　ここでは「First」「Second」「Third」という3つのラジオボタンが表示されます。ボタンをクリックするとその項目が選択され、上のラベルのテキストが変更されます。

◉ horizontalでRadioButtonをまとめる

　　ここでは、3つのラジオボタンを作成して組み込んでいます。が、ただ追加するのではなく、横一列に並んで表示されるように「horizontal」というものを使っています。これは複数のウィジェットを水平に配置するためのものです。同様に、垂直に配置する「vertical」というメソッドも用意されています。

➕水平にウィジェットを配置する

```
《Ui》.horizontal(|引数| {……});
```

➕垂直にウィジェットを配置する

```
《Ui》.vertical(|引数| {……});
```

これらは、それぞれ引数にクロージャを用意します。このクロージャの中で、組み込むウィジェットを作成しaddしていきます。クロージャの引数にはUiインスタンスが渡されるので、この中のメソッドを使ってウィジェットを組み込んでいけばいいでしょう。

サンプルコードでは、horizontalのクロージャで3つのラジオボタンを作成しています。

```
ui.horizontal(|ui| {
  ui.radio_value(&mut self.value, RadioValue::First, label_1);
  ui.radio_value(&mut self.value, RadioValue::Second, label_2);
  ui.radio_value(&mut self.value, RadioValue::Third, label_3);
});
```

こうなっていました。ui.radio_valueを使い、設定される値にはself.valueを、各ラジオボタンの値にはRadioValueの値をそれぞれ指定します。これで、そのラジオボタンを選択すると、指定されたRadioValueがself.valueに代入されるようになります。

後は、self.valueを使ってLabelに表示されるテキストを用意すればいいだけです。ラジオボタンに関しては、RadioButton::newは使わず、radio_valueで追加するのが基本と考えましょう。

スライダーの利用

続いて、数値を入力するためのUIについてです。数値をアナログ的に入力する代表的なUIは、「**スライダー**」でしょう。

スライダーはマウスでバーに付いたノブをドラッグすることでリアルタイムに数値を入力できるインターフェースです。これはeguiの「**Slider**」構造体として用意されています。

➕Sliderの作成

```
egui::Slider::new(&mut 変数, 範囲);
```

第1引数には、例によって&mutを指定した変数を用意します。これにより、スライダーで設

定された値がこの変数に書き込まれます。第2引数には、スライダーの範囲を指定します。これは、0..100というように「..」を使った範囲の値を用意します。

🎧 試してみよう Sliderを使う

では、実際にスライダーを利用してみましょう。まずMyEguiApp構造体を修正しておきます。MyEguiApp本体とimpl Default for MyEguiAppのコードを以下のように修正してください。

▼ リスト5-13

```
struct MyEguiApp {
  pub value:usize,
}

impl Default for MyEguiApp {
  fn default() -> MyEguiApp {
    MyEguiApp{
      value:0,
    }
  }
}
```

ここでは、valueの型をusizeに設定し、正の整数値が指定されるようにしました。

試してみよう　では、このvalueを値として使うようにしてSliderを作成しましょう。impl eframe::App for MyEguiAppのコードを以下に修正してください。

▼ リスト5-14

```
impl eframe::App for MyEguiApp {
  fn update(&mut self, ctx: &egui::Context, _frame: &mut eframe::Frame) {
    egui::CentralPanel::default().show(ctx, |ui| {
      ui.heading("Hello World!");

      ui.spacing();

      let msg = format!("value = {:?}.", self.value);
      let label_txt = egui::RichText::new(msg)
        .size(28.0);
      let label = egui::Label::new(label_txt);
      ui.add(label);
```

```
    ui.separator();

    let sldr = egui::Slider::new(&mut self.value, 0..=100); //☆
    ui.add(sldr); //☆
  });
 }
}
```

▼ 図5-9：スライダーをドラッグして動かすとリアルタイムに値が更新される

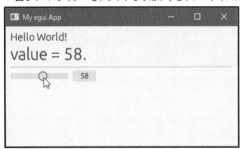

　ここでは0〜100の範囲で値を入力できるスライダーを1つ用意しました。そのままマウスでスライダーのノブをドラッグするとリアルタイムに値が入力されます。同時に上のメッセージも更新されるのがわかるでしょう。
　ここでは以下のような形でSliderを作成しています。

```
let sldr = egui::Slider::new(&mut self.value, 0..=100);
```

　self.valueを第1引数に指定し、値の範囲を0..=100としています。これで、0から100まで含む範囲になります。これで作成されたSliderをaddで追加すれば、もう使えるようになります。

ドラッグバリューの利用

　数値をアナログ的に入力できるUIには、もう1つ**「ドラッグバリュー」**というものもあります。これは表示されている数値をマウスで左右にドラッグすることで値をリアルタイムに変更するUIです。スライダーはある程度のスペースが必要になりますが、ドラッグバリューは数値を表示する小さなフィールドだけで使えるため、狭い場所に数値入力のUIを用意するような場合に用いられます。
　これはeguiに**「DragValue」**という構造体として用意されています。以下のようにインスタンスを作成します。

✚ DragValue の作成

```
変数 = egui::DragValue::new(&mut 変数);
```

引数には例によって&mutを指定した変数を用意します。これにより、DragValueで入力した値がこの変数に設定されます。

これでaddすればもうDragValueは使えるようになりますが、もう1つだけ覚えておきたい機能があります。それは「**ドラッグによる値の増減スピード**」の指定です。これはDragValueの「**speed**」メソッドで設定します。

✚ ドラッグによる増減スピードを調整する

```
変数 =《DragValue》.speed(数値);
```

speedは、ドラッグによって増減される値の量を指定するものです。この値を小さくすれば、ドラッグして増減される値の量が小さくなり、大きく増減しなくなります。speedで値を大きく設定すれば、ドラッグで急速に値が増減するようになります。

◎ 試してみよう DragValue を使う

では、実際にDragValueを使ってみましょう。先ほどのSliderを利用するコードを修正し、Sliderの代わりにDragValueを作成するようにしてみます。リスト5-14の☆マークが付けられた2行を以下のように書き換えてください。

▼ リスト5-15

```
let drg = egui::DragValue::new(&mut self.value).speed(1);
ui.add(drg);
```

▼ 図5-10：スライダーの代わりにドラッグバリューを追加する

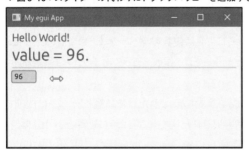

これでスライダーの代わりにドラッグバリューが追加されます。このUIは小さなフィールドになっており、表示されている数字の部分をマウスでドラッグすると値が増減します。非常に簡単なUIですし場所も取らないのでスライダーより使いやすいかもしれません。

選択ラベルの利用

複数の項目から1つを選ぶUIとして、先にラジオボタンを紹介しましたが、この他にもこうした**「選択項目から選ぶUI」**というのはあります。それは**「選択ラベル」**と呼ばれるものです。

選択ラベルというのは、マウスで選択できるラベルのことです。いくつかのラベルを並べて表示し、その中から1つをクリックすると、そのラベルが選択された状態になります。PCのUIというより、例えばゲームの設定などで使われるUIでしょう。

この選択ラベルは、eguiの**「SelectableLabel」**という構造体として用意されています。これは以下のように作成します。

✚SelectableLabelの作成

```
egui::SelectableLabel::new(論理値, テキスト);
```

第1引数には選択状態を示す論理値を指定します。trueだと選択された状態となり、falseだと非選択状態になります。第2引数にはラベルに表示するテキストを用意します。

SelectableLabelの作成とaddによる組み込みをまとめて行うUiの関数**「selectable_value」**も用意されています。

✚SelectableLabelを作成し追加する

```
《Ui》.selectable_value(論理値, テキスト);
```

newと同様に、選択状態を示す値とラベルのテキストを用意すれば、SelectableLabelを作成しUiに追加をします。

ラジオボタンと似ていますが、こちらは複数のラベルをまとめて管理するための仕組みが用意されていません。selectable_valueでは、作成するラベル1つ1つの選択状態を設定していかなければいけません。

これでラベルそのものは作成できますが、これだけでは選択ラベルは機能しません。ラベルをクリックしたらそのラベルが選択された状態になるように処理を行う必要があります。

これは、addした際の戻り値（Response）からclickedメソッドを呼び出して設定します。先にボタンクリックの処理を行った際に使いましたね。あれと同じようにしてクリック時の処理を

作成できます。

◎ 試してみよう 選択ラベルを使う

では、実際の利用例を挙げておきましょう。まず選択肢を列挙型の値として用意しておきましょう。以下の文を適当なところ（MyEguiAppの手前辺り）に追記してください。

▼ リスト5-16

```
#[derive(PartialEq, Debug)]
enum MyItem { First, Second, Third }
```

試してみよう 続いて、MyEguiAppを修正します。valueの値をMyItem利用の形に修正しましょう。MyEguiApp本体とimpl Default for MyEguiAppのコードを以下のように書き換えてください。

▼ リスト5-17

```
struct MyEguiApp {
  pub value:MyItem,
}

impl Default for MyEguiApp {
  fn default() -> MyEguiApp {
    MyEguiApp{
      value:MyItem::First,
    }
  }
}
```

試してみよう これでMyItemでvalueの値を設定するようになりました。では、SelectableLabelを表示するようにimpl eframe::App for MyEguiAppのコードを書き換えましょう。

▼ リスト5-18

```
impl eframe::App for MyEguiApp {
  fn update(&mut self, ctx: &egui::Context, _frame: &mut eframe::Frame) {
    egui::CentralPanel::default().show(ctx, |ui| {
      ui.heading("Hello World!");

      ui.spacing();
```

```
        let msg = format!("checked = {:?}.", self.value);
        let label_txt = egui::RichText::new(msg)
          .size(32.0);
        let label = egui::Label::new(label_txt);
        ui.add(label);

        ui.separator();

        ui.horizontal(|ui| {
          let label_1 = egui::RichText::new("First").size(24.0);
          if ui.add(egui::SelectableLabel::new(self.value == MyItem::First, label_1))
            .clicked() {
              self.value = MyItem::First
          }
          let label_2 = egui::RichText::new("Second").size(24.0);
          if ui.add(egui::SelectableLabel::new(self.value == MyItem::Second, label_2))
            .clicked() {
            self.value = MyItem::Second
          }
          let label_3 = egui::RichText::new("Third").size(24.0);
          if ui.add(egui::SelectableLabel::new(self.value == MyItem::Third, label_3))
            .clicked() {
            self.value = MyItem::Third
          }
        });
      });
  }
}
```

▼ 図5-11：3つの選択ラベルが表示される。ラベルをクリックするとそれが選択される

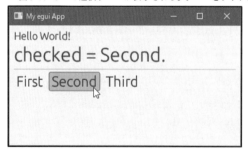

これを実行すると、「**First**」「**Second**」「**Third**」という3つの選択ラベルが横一列に並

んで表示されます。この中から使いたい項目を選択するとそれが選択状態に変わります。

ここでは、ui.horizontalを使い、3つのSelectedLabelを横一列に並べて表示しています。SelectedLabelは、以下のようにして作成しています（1つ目のSelectedLabelの場合）。

```
egui::SelectableLabel::new(self.value == MyItem::First, label_1)
```

第1引数には、選択状態を示す論理値を用意するんでしたね。これには、self.value == MyItem::Firstという式を用意しています。これで、self.valueの値がMyItem::Firstと等しければtrueとなり、選択状態となります。それ以外の場合はfalseになり、非選択状態になります。

作成したSelectedLabelは、addでUiに組み込んでいます。これは以下のようになります。

```
if ui.add(《SelectedLabel》).clicked() {
    self.value = MyItem::First
}
```

addで返されるResponseのclickedメソッドでクリックしたかどうかがわかります。これがtrueならば、self.value = MyItem::Firstを実行し、valueの値がMyItem::Firstとなるように変更します。

このように、構造体に「**どのラベルが選択されたか**」を保管する項目を用意しておき、その値とラベルに用意される値が等しいかどうかをチェックして選択状態を設定すれば、複数のラベルから1つだけを選択されるようにできます。

テキストエディットの利用

テキストの入力を行うためのUIも用意されています。これはeguiに「**TextEdit**」という構造体として用意されています。インスタンスの作成はnewは使わず、専用のメソッドを利用します。これは、1行だけが入力可能なものと複数行の入力が可能なものの2種類のメソッドが用意されています。

✚1行のみ入力可能なTextEditの作成

```
egui::TextEdit::singleline(&mut 変数)
```

✚複数行を入力可能なTextEditの作成

```
egui::TextEdit::multiline(&mut 変数)
```

これらのメソッドでインスタンスを作成し、addでUiに組み込んで使います。インスタンスの作成と組み込みを同時に行うショートカット関数も用意されています。

✚TextEditを作成し組み込む

```
《Ui》.text_edit_singleline(&mut 変数)
《Ui》.text_edit_multiline(&mut 変数)
```

いずれも引数には&mutを指定した変数を用意します。これにより、フィールドにテキストを入力すると、そのテキストがリアルタイムに変数へと代入されていきます。

◎ 試してみよう TextEidtを使う

では、実際にTextEditを使ってみましょう。ここでは1行のみと複数行の2つのTextEditを用意して使ってみることにします。

まず、値を保管するようにMyEguiApp構造体を修正しておきましょう。構造体本体とimpl Default for MyEguiAppのコードを以下のように書き換えてください。

▼ リスト5-19

```
struct MyEguiApp {
  pub message: String,
  pub content: String,
}

impl Default for MyEguiApp {
  fn default() -> MyEguiApp {
    MyEguiApp{
      message: String::from("Hello"),
      content: String::from("This is content."),
    }
  }
}
```

ここではmessageとcontentという2つのフィールドを用意しておきました。これらにそれぞれ2つのTextEditの値を保管させることにします。

◎ **試してみよう** TextEditを実装する

では、TextEditを作成し使えるようにしましょう。impl eframe::App for MyEguiAppのコードを以下のように修正してください。

▼ リスト5-20

```
impl eframe::App for MyEguiApp {
  fn update(&mut self, ctx: &egui::Context, _frame: &mut eframe::Frame) {
    egui::CentralPanel::default().show(ctx, |ui| {
      ui.heading("Hello World!");

      ui.spacing();

      let msg = format!("Title:\"{}\"\nContent:[{}]", self.message, self.content);
      let label_txt = egui::RichText::new(msg)
        .font(egui::FontId::proportional(24.0));
      let label = egui::Label::new(label_txt);
      ui.add(label);

      ui.separator();

      let te_sl = egui::TextEdit::singleline(&mut self.message)
        .font(egui::FontId::proportional(20.0));
      ui.add(te_sl);
      let te_ml = egui::TextEdit::multiline(&mut self.content)
        .font(egui::FontId::proportional(20.0));
      ui.add(te_ml);
    });
  }
}
```

▼図5-12：2つのフィールドに値を入力すると、それらの内容が上にまとめて表示される

　ここでは1行のみの入力を行うフィールドと、複数行の入力が可能なフィールドが用意されます。これらはそれぞれテキストを記入できます。入力すると、2つのフィールドの内容をまとめたものがリアルタイムに上のラベルに表示されます。

◉ TextEditの作成と設定

　では、TextEditを作成している処理を見てみましょう。ここでは、以下のようにフィールドを用意しています（1行のみのフィールドの場合）。

```
let te_sl = egui::TextEdit::singleline(&mut self.message)
    .font(egui::FontId::proportional(20.0));
```

　egui::TextEdit::singlelineでインスタンスを作成し、更にfontでフォントサイズを設定しています。これにより、フィールドのテキストサイズを変更しています。
　TextEditには、フィールドに関する設定用のメソッドがいろいろと用意されています。以下に主なものをまとめておきましょう。

✚ テキストの色を変更する

《TextEdit》.text_color(《Color32》)

✚ パスワード入力用にする

《TextEdit》.password(論理値)

➕ コードエディタ用にする

《TextEdit》.code_editor()

➕ ヒントテキストを設定する

《TextEdit》.hint_text(テキスト)

「**password**」は、フィールドをパスワード入力用にするためのものです。これは論理型で、trueにすると、入力したテキストがすべて●として表示されます。code_editorはコード入力に特化したもので、等幅フォントを使い、コードを書きやすくします。hint_textは、何もテキストが入力されていないときにヒントとして表示されるテキストを設定します。

◉ 入力イベントの処理

TextEditは、テキストを入力するとリアルタイムに&mut指定された変数に値が代入されるようになっています。とりあえず入力した値を利用するだけなら、これで十分でしょう。しかし、入力の際に何らかの処理を行いたいような場合は、入力時のイベント処理を利用する必要があります。

テキスト入力時のイベント処理は、addで返されるResponseの「**changed**」メソッドを使って行えます。これは入力された値が変更されているとtrueを返します。この値がtrueだった場合に必要な処理を実行すればいいのです。

試してみよう では、簡単な利用例を挙げておきましょう。先ほどのサンプルで、impl eframe::App for MyEguiAppのコードを修正してみましょう。

▼ リスト5-21

```
impl eframe::App for MyEguiApp {
  fn update(&mut self, ctx: &egui::Context, _frame: &mut eframe::Frame) {
    egui::CentralPanel::default().show(ctx, |ui| {
      ui.heading("Hello World!");

      ui.spacing();

      let msg = format!("input:\"{}\"", self.message);
      let label_txt = egui::RichText::new(msg)
        .font(egui::FontId::proportional(24.0));
      let label = egui::Label::new(label_txt);
      ui.add(label);
```

```
    ui.separator();

    let te_sl = egui::TextEdit::singleline(&mut self.message)
      .font(egui::FontId::proportional(20.0));
    let resp = ui.add(te_sl);
    if resp.changed() {
      self.content = format!("{}\n{}",
        self.message.to_uppercase(),
        self.message.to_lowercase());
    };

    let te_ml = egui::TextEdit::multiline(&mut self.content)
      .font(egui::FontId::proportional(20.0));
    ui.add(te_ml);
  });
 }
}
```

▼ 図5-13:1つ目のフィールドに入力すると、2つ目のフィールドにすべて大文字・すべて小文字に変換された値
　　が表示される

　　先ほどと同様に1行のみのフィールドと複数行のフィールドが用意されます。1つ目のフィールド（1行のみ入力可能なもの）にテキストを入力してみましょう。複数行入力可能なフィールドに、すべて大文字に変換したものと、すべて小文字に変換したものが出力されます。

　　では、1つ目のフィールドを組み込んでいる部分を見てみましょう。まず、TextEditを作成してte_slという変数に代入し、これをUiに追加します。

```
let resp = ui.add(te_sl);
```

　　このとき返された値がResponseです。この値のchangedの値がtrueならば、値が変更され

たとして処理を実行します。

```
if resp.changed() {
  self.content = format!("{}\n{}",
    self.message.to_uppercase(),
    self.message.to_lowercase());
};
```

ここでは、format!を使ってself.messageのテキストを元に表示するコンテンツを作成し、self.contentに設定しています。

すべて大文字／小文字のテキストは、Stringにある**「to_uppercase」**「**to_lowercase**」を使って取得できます。これらの値をひとまとめにして表示していたのですね。

これで、さまざまなUIの入力が行えるようになりました。ほぼすべてのUIで、入力した値はリアルタイムに指定の変数に取り出せるようになっているため、UIの設定値を利用するのはとても簡単です。実際に何度か利用するコードを書いて動かせば、すぐに使いかたは覚えられるでしょう。

Section
5-3

グラフィックの利用

ポイント
▶**Painter**による描画の仕組みを理解しましょう。
▶四角形、円、直線といった基本図形を描いてみましょう。
▶ユーザーイベントに応じた描画方法について学びましょう。

グラフィック描画とPainter

　アプリの表示は、UIのウィジェットさえ使えれば完璧というわけではありません。それ以上に利用することが多いのが**「グラフィック」**でしょう。画面にグラフィックを表示することは多いですし、ゲームのようにグラフィックを中心にしたプログラムもあります。

　eguiにも、もちろんグラフィックのための機能は用意されています。これは、eguiの**「Painter」**という構造体として用意されています。

　Painterは、eguiの特定のレイヤー上にグラフィックやテキストなどを描画するための機能を提供します。これはnewで新たに作成することもできますが、Uiのレイヤー上に描画をするのであればUiにある**「painter」**メソッドで取り出すことができます。

✚Painterを取得する

```
《Ui》.painter()
```

　このPainterには、さまざまな図形を描画するためのメソッド類がいろいろと用意されています。それらの使いかたを覚えれば、簡単な図形の描画などはすぐに行えるようになります。

◉基本のコードを用意する

　では、グラフィックの描画を行うためのコードを作成しておきましょう。ここではさまざまなグラフィックを描いていきますので、描画の処理だけを関数にまとめて記述できるようにしたほうが便利ですね。

試してみよう　では、main.rsのソースコードを以下のように書き換えてください。

▼ リスト5-22

```
fn main() {
  let mut native_options = eframe::NativeOptions::default();
  native_options.default_theme = eframe::Theme::Light;
  native_options.initial_window_size = Some(egui::Vec2 {x:400.0, y:300.0});

  let _ = eframe::run_native("My egui App", native_options,
    Box::new(|cc| Box::new(MyEguiApp::new(cc))));
}


#[derive(Default)]
struct MyEguiApp {
}


impl MyEguiApp {
  fn new(_cc: &eframe::CreationContext<'_>) -> Self {
    Self::default()
  }
}


impl eframe::App for MyEguiApp {
  fn update(&mut self, ctx: &egui::Context, _frame: &mut eframe::Frame) {
    egui::CentralPanel::default().show(ctx, |ui| {
      ui.heading("Hello World!");
      plot(ui);
    });
  }
}


fn plot(ui: &mut egui::Ui) {
  // ここに描画の処理を用意する
}
```

▼ 図5-14：グラフィック描画用の基本コード。Hello World! が表示されるだけでまだ何も描かれていない

これを実行すると、「**Hello World!**」とテキストが表示されるだけのシンプルなウィンドウ
が開かれます。まだグラフィックは何も表示されません。

ここでのコードは、Appトレイトのupdateメソッド内からplotという関数を呼び出すようにし
ています。そしてこのplot関数の中で、引数に渡されたUiインスタンスを使いさまざまな描画を
行っていくようにします。これなら、このplot関数だけ書き換えればさまざまなグラフィックを簡
単に描画できるようになります。

四角形の描画

では、まず基本の図形として「**四角形**」を描くことからはじめましょう。四角形の描画は、
Painterにいくつかのメソッドとして用意されています。

✚ 塗りつぶした四角形を描く

《Painter》.rect_filled(《Rect》,《Rounding》,《Color32》);

✚ 輪郭線だけの四角形を描く

《Painter》.rect_stroke(《Rect》,《Rounding》,《Stroke》);

✚ 塗りつぶしと輪郭線を指定して四角形を描く

《Painter》.rect(《Rect》,《Rounding》,《Color32》,《Stroke》);

これらを使えば、四角形を描くことができます。rect_filledは内部を塗りつぶした四角形、
rect_strokeは輪郭線だけの四角形、そしてrectは内部を塗りつぶし輪郭線も指定した四角形

を描きます。

とはいえ、引数には見たことのない値ばかりが並んでいますね。これらがどういうものかも知らなければ、図形を描くことはできません。

◉ 領域を示す Rect と位置を示す Pos2

最初にある「**Rect**」という値は、領域を示すためのものです。これはeguiに構造体として用意されています。このRectのインスタンスを作る方法はいろいろと用意されていますが、基本は以下のものになるでしょう。

✚ Rect インスタンスの作成

```
egui::Rect { min:《Pos2》, max:《Pos2》}
egui::Rect::from_min_max(《Pos2》,《Pos2》);
```

Rectにはminとmaxという2つのフィールドを持っています。これらは四角い領域のもっとも小さい地点（左上の地点）ともっとも大きい地点（右下の地点）を示すものです。

これらはいずれもeguiの「**Pos2**」という構造体の値で設定されます。これは位置を示すのに使われる値で、以下のようにインスタンスを作成します。

✚ Pos2 インスタンスの作成

```
egui::Pos2 { x: 横, y: 縦 }
egui::Pos2::new(横, 縦);
```

このPos2を使ってRectのminとmaxを指定すれば、領域を示すRectインスタンスが作成されます。

◉ 角の丸みを示す Rounding

「**Rounding**」という引数は、領域の四隅の丸みを指定するのに使うものです。これもeguiに構造体として用意されています。これも、インスタンスを作成する方法はいくつか用意されています。

✚ デフォルト値を得る

```
egui::Rounding::default();
```

➕ 指定した幅の丸みを得る

```
egui::Rounding::same(幅);
```

➕ 丸みのない値を得る

```
egui::Rounding::none();
```

特に丸みの指定を行う必要がないならば、Rounding::default()で得られる値をそのまま使えばいいでしょう。一定の丸みを付けたい場合は、sameで丸みの幅を指定して作成します。全く丸みを持たせたくない場合はnoneを使います。

◉ 線分情報の Stroke

「**Stroke**」は、図形の線分を描く際の情報を管理するためのものです。これは以下のようにしてインスタンスを作成します。

➕ Stroke インスタンスの作成

```
egui::Stroke { width:太さ, color:《Color32》};
egui::Stroke::new(太さ,《Color32》);
egui::Stroke::from( (太さ,《Color32》) );
```

引数には、線分の太さ（幅）と線の色を示すColor32を指定します。太さは実数で指定してください。

◉ 試してみよう 四角形を描く

これで四角形の描画に必要なものが一通りわかりました。では、これらを使って実際に簡単な四角形を描いてみましょう。plot関数を以下のように書き換えてください。

▼ リスト5-23

```
fn plot(ui: &mut egui::Ui) {
  ui.painter().rect_filled(
    egui::Rect::from_min_max(
      egui::Pos2::new(50.0, 50.0),
      egui::Pos2::new(150.0, 150.0)
    ),
    egui::Rounding::same(20.0),
```

```
    egui::Color32::RED
  );
  ui.painter().rect_stroke(
    egui::Rect::from_min_max(
      egui::Pos2::new(100.0, 100.0),
      egui::Pos2::new(200.0, 200.0)
    ),
    egui::Rounding::none(),
    egui::Stroke::new(10.0, egui::Color32::GREEN)
  );
}
```

▼図5-15：赤く塗りつぶした四角形と、緑の輪郭線だけの四角形が表示される

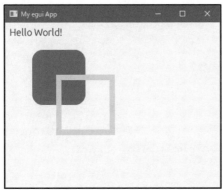

　実行すると、赤く塗りつぶされた四角形と、緑色の輪郭線だけの四角形が表示されます。ごく簡単なものですが、図形描画の基本がこれでわかるでしょう。

　赤く塗りつぶされた四角形は、rect_filledで描いています。これは以下のように記述されています。

```
ui.painter().rect_filled(
  egui::Rect::from_min_max(
    egui::Pos2::new(50.0, 50.0),
    egui::Pos2::new(150.0, 150.0)
  ),
  egui::Rounding::same(20.0),
  egui::Color32::RED
);
```

　長く見えますが、これ全部でrect_filledを呼び出しています。Rectのfrom_min_maxメソッ

ドでは引数に2つのPos2が必要ですし、その後にRounding、Color32といった値を用意するため、このように長い記述になりました。**「わかりにくい」**という人は、あらかじめRectを変数などに用意しておいてそれを使うといいでしょう。

試してみよう　　例えば、このように記述するのです。

▼ リスト5-24

```
fn plot(ui: &mut egui::Ui) {
  let rect_1 = egui::Rect::from_min_max(
    egui::Pos2::new(50.0, 50.0),
    egui::Pos2::new(150.0, 150.0)
  );
  let round_1 = egui::Rounding::same(20.0);

  ui.painter().rect_filled(rect_1, round_1, egui::Color32::RED);

  let rect_2 = egui::Rect::from_min_max(
    egui::Pos2::new(100.0, 100.0),
    egui::Pos2::new(200.0, 200.0)
  );
  let round_2 = egui::Rounding::none();
  let stroke_2 = egui::Stroke::from((10.0, egui::Color32::GREEN));

  ui.painter().rect_stroke(rect_2, round_2, stroke_2);
}
```

　　　　　まだRectの作成部分はわかりにくいかもしれませんが、painterのメソッドで描画をしている部分はだいぶわかりやすくなったでしょう。

円の描画

　　　　　続いて、円の描画です。円（真円）の描画は、Painterに用意されている以下の3つのメソッドを使って行います。

✚内部を塗りつぶした円を描く

《Painter》.circle_filled(《Pos2》, 半径,《Color32》);

✚ 輪郭線だけの円を描く

《Painter》.circle_stroke(《Pos2》, 半径,《Stroke》);

✚ 塗りつぶしと輪郭線を指定して円を描く

《Painter》.circle(《Pos2》, 半径,《Color32》,《Stroke》);

　見ればわかるように、基本的なアプローチは四角形の場合と同じです。内部を塗りつぶしたもの、輪郭線だけのもの、両方を描くものをそれぞれメソッドとして用意してあります。

　引数は、四角形とは少し違いますね。真円の場合、描く円は、中心の位置を示すPos2と半径の値（実数）で指定されます。他、塗りつぶしの色を示すColor32や線分情報のStrokeなども必要に応じて指定してやればいいでしょう。

◎ 試してみよう 円を表示する

　では、実際に円を描いて表示してみましょう。plot関数の内容を以下に書き換えてください。

▼ リスト5-25

```
fn plot(ui: &mut egui::Ui) {
  let pos_1 = egui::Pos2::new(100.0, 100.0);
  ui.painter().circle_filled(pos_1, 50.0, egui::Color32::RED);
  let pos_2 = egui::Pos2::new(150.0, 150.0);
  let stroke_2 = egui::Stroke::from((10.0, egui::Color32::GREEN));
  ui.painter().circle_stroke(pos_2, 50.0, stroke_2);
}
```

▼ 図5-16：赤い円と緑の輪郭線のみの円を描く

実行すると、赤く塗りつぶされた円と、緑の輪郭線のみの円が描かれます。まず円の中心地点をPos2値として用意し、これを使ってcircle_filledやcircle_strokeで円を描画しています。

直線の描画

続いて、直線の描画です。直線を描くメソッドは、3つのものが用意されています。以下に整理しておきましょう。

✚水平線を描く

```
《Painter》.hline(《RangeInclusive》,縦位置,《Stroke》);
```

✚垂直線を描く

```
《Painter》.vline(横位置,《RangeInclusive》,《Stroke》);
```

✚2点を結ぶ線を描く

```
《Painter》.line_segment([《Pos2》,《Pos2》],《Stroke》);
```

水平および垂直の線は、RangeInclusiveという値を使います。これは、長さの範囲を示すための構造体で、以下のように作成をします。

✚RangeInclusive の作成

```
std::ops::RangeInclusive::new(開始位置,終了位置);
```

水平では横の位置、垂直では縦の位置をこのRangeInclusiveで指定することで、その範囲の直線を描くことができます。

2点を結ぶline_segmentは、もっとシンプルです。2点のPos2値を配列にまとめて引数に用意すればいいんですね。

◎ 試してみよう 直線を描く

では、実際にこれらを利用した例を挙げておきましょう。plot関数を以下のように書き換えてください。

▼ リスト5-26

```
fn plot(ui: &mut egui::Ui) {
  let pos_1 = egui::Pos2::new(50.0, 50.0);
  let pos_2 = egui::Pos2::new(200.0, 200.0);
  let stroke_1 = egui::Stroke::new(5.0, egui::Color32::RED);
  let stroke_2 = egui::Stroke::new(5.0, egui::Color32::GREEN);
  ui.painter().vline(50.0, std::ops::RangeInclusive::new(50.0, 200.0), stroke_1);
  ui.painter().hline(std::ops::RangeInclusive::new(50.0, 200.0), 50.0, stroke_1);
  ui.painter().line_segment([pos_1, pos_2], stroke_2);
}
```

▼ 図5-17：縦横斜めの直線を描く

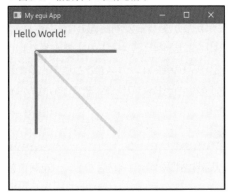

これを実行すると、50.0, 50.0の地点から、水平・垂直・斜めに直線が描かれます。それぞれ vline, hline, line_segmentを使っています。RangeInclusiveでは、50.0〜200.0の範囲を指定 してあります。

水平垂直の描画は、例えばマス目のように同じ長さの線分をいくつも並べて描くようなとき に重宝します。基本的な使いかただけでも覚えておきましょう。

テキストの描画

Painterには、図形だけでなくテキストを描くメソッドも用意されています。これは以下のよう に利用します。

✚ テキストの描画

《Painter》.text(《Pos2》,《Align2》, テキスト,《FontId》,《Color32》);

引数が非常に多いのでわかりにくく感じますが、使われている値のほとんどは既に利用しているものばかりです。最初のPos2は描画位置を指定します。FontIdは、UIのところで登場したものですね。これでフォントファミリーとテキストサイズを指定します。Color32はテキストの色を指定するものです。

「Align2」というのが初めて登場する値ですね。これはテキストの位置揃えを示す列挙型の値です。以下のような項目が用意されています。

LEFT_BOTTOM	LEFT_CENTER	LEFT_TOP
CENTER_BOTTOM	CENTER_CENTER	CENTER_TOP
RIGHT_BOTTOM	RIGHT_CENTER	RIGHT_TOP

この値によって描かれる位置がかなり変わるので注意してください。例えばLEFT_CENTERの場合、引数のPos2で指定した地点にテキストの左端が来るように描かれます。これがRIGHT_CENTERになると、Postの地点にテキストの右端が来るように描かれます。CENTER_CENTERでは、テキストの中心がPos2の位置に来るように描かれます。

◎ 試してみよう テキストを表示する

では、実際に簡単なテキストを表示する例を挙げておきましょう。plot関数を以下のように書き換えてください。

▼ リスト5-27

```
fn plot(ui: &mut egui::Ui) {
  ui.painter().text(
    egui::Pos2 {x:50.0, y:50.0},
    egui::Align2::LEFT_CENTER,
    "Hello!",
    egui::FontId::proportional(24.0),
    egui::Color32::RED
  );
  ui.painter().text(
    egui::Pos2 {x:50.0, y:100.0},
    egui::Align2::LEFT_CENTER,
    "Sample Message.",
    egui::FontId::proportional(36.0),
    egui::Color32::BLUE
  );
}
```

▼図5-18：赤と青のテキストが表示される

実行すると、赤い「**Hello!**」と、青い「**Sample Message.**」の2つのテキストが表示されます。このtextメソッドは引数が多いため、非常に複雑そうに見えますが、実際に行っているのはtextを2回呼び出すことだけです。

シェイプの利用

　　Painterで描ける図形は、四角形・真円・直線といった簡単なものだけです。では、もっと複雑な図形を描くには？　それは「**シェイプ**」を利用します。

　　シェイプは、図形の形状を管理する構造体です。これはeframe::epaintというモジュールに用意されています。図形の形状ごとに多数のものが用意されており、これらを利用して図形を作成できます。

　　シェイプとして作成された図形は、Painterの「**add**」メソッドで追加すると描画されるようになります。

　　では、どのようなシェイプがあるのか、以下にざっと整理しておきましょう。

➕四角形シェイプ

```
RectShape::filled(《Rect》,《Rounding》,《Color32》);
RectShape::stroke(《Rect》,《Rounding》,《Stroke》);
```

➕正円シェイプ

```
CircleShape::filled(《Pos2》,半径 ,《Color32》);
CircleShape::stroke(《Pos2》,半径 ,《Stroke》);
```

➕直線シェイプ

```
PathShape::line([《Pos2》×2],《Stroke》);
```

➕ベジエ曲線シェイプ

```
QuadraticBezierShape::from_points_stroke([《Pos2》×3], 論理値,《Color32》,《Stroke》);
CubicBezierShape::from_points_stroke([《Pos2》×4], 論理値,《Color32》,《Stroke》);
```

➕テキストシェイプ

```
TextShape::new(《Pos2》,《Gallery》);
```

　　ベジエ曲線シェイプの引数だけ説明が必要でしょう。第1引数に始点、コントロールポイント、終点の位置をPos2配列にまとめたものを用意します。また第2引数の論理値は図形が閉じるかどうかを示すものでtrueにすると終点と始点を結び閉じた図形にします。

　　これらのシェイプを作成してaddすることで、さまざまな図形を追加し描き足していくわけですね。

◉ 試してみよう シェイプで図形を描く

　　では、シェイプの利用例を挙げておきましょう。簡単な例として、PathShapeを使って多角形の図形を描いてみます。plot関数を以下に書き換えてください。

▼ リスト5-28

```
fn plot(ui: &mut egui::Ui) {
  let data = vec![
    egui::Pos2::new(50.0, 100.0),
    egui::Pos2::new(250.0, 100.0),
    egui::Pos2::new(75.0, 225.0),
    egui::Pos2::new(150.0, 50.0),
    egui::Pos2::new(225.0, 225.0)
  ];
  let stroke_1 = egui::Stroke::new(5.0, egui::Color32::RED);

  let mut shape_1 = eframe::epaint::PathShape::line(data, stroke_1);
  shape_1.closed = true;
  ui.painter().add(shape_1);
}
```

▼図5-19：シェイプを使って多角形を描く

　実行すると五芒星の図形を描きます。ここでは、Pos2のVec値をあらかじめ用意しておき、それを利用してPathShapeを作成しています。

```
let mut shape_1 = eframe::epaint::PathShape::line(data, stroke_1);
```

　これでPathShapeインスタンスを作成しています。作成後、インスタンスの値を以下のように変更しています。

```
shape_1.closed = true;
```

　このclosedは、閉じた図形かどうかを示す値です。これをtrueにして閉じた図形にしています。後はaddでシェイプをPainterに追加すれば、作成した図形が描かれます。

グラフィック描画とイベント処理

　グラフィックは、ただ用意したものを描くだけでなく、ユーザーの操作などに応じて描画することもあります。こうした場合、ユーザーの操作（マウスクリックやドラッグなど）と描画をうまく連携して処理する必要があります。

　ユーザーの操作は、先にウィジェットを扱ったときに説明しました。ウィジェットをaddしたときのResponseからメソッドを使って操作の状況を調べて処理すればいいんでしたね。clickedメソッドを使えば、クリックしたときの処理を作成できました。

　では、例えば「クリックしたところに図形を描く」というようなことをしたい場合、どうすればいいのでしょうか。クリックのイベントを使い、アプリの構造体にクリックした位置の値を保管し、それを元に描画を行えばできそうですね。

ただし、ここで注意しておきたいのが**「イベントの処理は、ウィジェットを追加しないとできない」**という点です。Uiにウィジェットを組み込んだときにResponseが得られるわけで、何のウィジェットも組み込んでいなければResponseも得られないのです。

グラフィックを描画する場合、余計なウィジェットを組み込みたくない、という人も多いでしょう。またウィジェットでグラフィックが隠れてしまったら本末転倒です。そこで、ここではウィジェットを組み込むのではなく、ウィジェットを組み込む領域を指定し、そこでのResponseを取得するメソッドを利用します。

➕指定した領域の Response を得る

```
let resp = ui.allocate_response(《Vec2》,《Sense》);
```

この**「allocate_response」**は、第1引数に領域を示すVec2値を指定し、そこでのResponseを取得します。第2引数の**「Sense」**というのは、ウィジェットで受け付けるユーザー操作を示す構造体です。これは以下のような形をしています。

➕Sense 構造体

```
pub struct Sense {
  pub click: bool,
  pub drag: bool,
  pub focusable: bool,
}
```

これでクリック、ドラッグ、フォーカスといったユーザー操作を受け付けるかどうかを示すのですね。特定の操作だけ受け付けるのであれば、Sense内にあるメソッドでインスタンスを作成できます。

➕クリックの Sense を得る

```
Sense::click();
```

➕ドラッグの Sense を得る

```
Sense::drag();
```

✚ ホバーの Sense を得る

```
Sense::hover();
```

✚ クリック、ドラッグ、ホバーの Sense を得る

```
Sense::click_and_drag();
```

これらのメソッドを使って必要な操作を受け付けるSenseを用意し、これを引数に指定して
allocate_responseを呼び出せば、指定したエリアでSenseの操作を受け付けるResponseが得
られます。後は、そこからメソッドを使って操作状況を調べ処理を行えばいいのです。

◎ 試してみよう クリックした位置に描く

では、実際の利用例として、「**クリックした場所に図形を描く**」という例を作成してみま
しょう。

まず、MyEguiAppを修正します。MyEguiApp本体部分を以下のように修正し、impl
Default for MyEguiAppのコードを追加してください。

▼ リスト5-29
```
struct MyEguiApp {
  click_pos: Vec<egui::Pos2>,
}

impl Default for MyEguiApp {
  fn default() -> MyEguiApp {
    MyEguiApp{
      click_pos: vec![]
    }
  }
}
```

ここでは、click_posという項目にVec値を保管するようにしてあります。領域内をクリックし
たら、その位置をVecに追加して保管していくわけです。

試してみよう では、UIと描画処理を作成しましょう。impl eframe::App for MyEguiAppのコードとplot
関数を以下のように書き換えてください。

▼ リスト5-30
```
impl eframe::App for MyEguiApp {
```

```
fn update(&mut self, ctx: &egui::Context, _frame: &mut eframe::Frame) {
  egui::CentralPanel::default().show(ctx, |ui| {
    ui.heading("Hello World!");
    let resp = ui.allocate_response(egui::vec2(400.0, 300.0), egui::Sense::click());
    if resp.clicked() {
      let p = resp.interact_pointer_pos().unwrap();
      self.click_pos.push(p);
    }
    plot(ui, &self.click_pos);
  });
}
}

fn plot(ui: &mut egui::Ui, pos: &Vec<egui::Pos2>) {
  for p in pos {
    ui.painter().circle_filled(*p, 25.0,
      egui::Color32::from_rgba_premultiplied(255, 0, 0, 100));
  }
}
```

▼図5-20：ウィンドウ内をマウスでクリックすると、その地点に赤い円が追加される

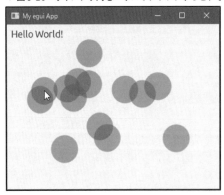

実行したら、ウィンドウ内をマウスでクリックしてみましょう。その場所に赤い円が描かれます。適当にクリックしていくと、その場所にどんどん円が追加されていきます。

ここでは、updateメソッド内で以下のようにしてResponseを取得しています。

```
let resp = ui.allocate_response(egui::vec2(400.0, 300.0), egui::Sense::click());
```

領域は、ウィンドウのサイズと同じ400×300の大きさに指定しておきました。そして

Sense::click()でクリックの操作を受け付けるResponseを取得します。そしてclickedでクリックされていた場合は、クリック地点をself.click_posに追加します。

```
if resp.clicked() {
  let p = resp.interact_pointer_pos().unwrap();
  self.click_pos.push(p);
}
```

クリックした地点は、Responseの「**interact_pointer_pos**」というメソッドで得ることができます。ただし、得られるのはOption値なので、unwrapしてVec2値を取り出し、self_click_posにpushで追加します。

後は、plot関数でself.click_posから順に値を取り出し、circle_filledで円を描いていくだけです。このplotはMyEguiApp構造体外のものなので、引数でself.click_posの値を借用で渡し、それを使って処理する用意してあります。

このように、Responseさえ用意できれば、ユーザーの操作に応じたグラフィック描画を作成することは簡単に行えます。UIのウィジェットとグラフィックが一通り使えるようになれば、eguiで簡単なアプリは作れるようになるでしょう。

axumを使った
Webアプリケーション
開発

Rustは、Webアプリケーションの開発にも利用できます。
ここでは「axum」フレームワークを利用したWeb開発について
説明しましょう。またテンプレートエンジンとして「Tera」を利用した
Webページ作成についても一通り説明し、一般的なWebアプリを作るための
知識を一通り身につけましょう。

axumの基本

ポイント

▶ axum による Web アプリケーションの基本コードを理解しましょう。

▶ ルーティングの用意とハンドラ関数の定義について学びましょう。

▶ パスやクエリを使ったパラメータの受け渡しを行ってみましょう。

Webアプリケーションの開発

デスクトップアプリケーションの開発よりも、現在では「**Webアプリケーション**」の開発のほうが需要は高まっているでしょう。パソコンで動くアプリケーションは、以前ならば開発の基本といえました。しかし、Web技術の進化により、現在では従来デスクトップアプリとして提供されてきたかなりのものがWebベースに移行しています。

Webベースならば、Webブラウザさえあればどのようなプラットフォームからでも利用することができます。PCだけでなくタブレットやスマホからも利用できます。もちろん、ネイティブに書かれたデスクトップアプリと比べれば処理のスピードも遅いですし、ネイティブな環境にアクセスできないなどいろいろ制約はあります。しかしこうした制約が問題とならないのであれば、新たなアプリケーションを開発するときWebアプリケーションを選択したほうがいいかもしれません。

Rustでも、もちろんWebアプリケーションを開発することはできます。「**Webアプリケーションの開発**」と一口にいっても、これにはさまざまな形があります。

◆ 一般的な HTTP サーバーに Web サイトとして用意するケース。これがもっとも多いでしょう。データベースなどを必要としないものであれば、これで十分対応できます。

◆ PHP など Web サーバーに組み込まれているプログラミング言語を利用してサーバー側の処理を開発するケース。既存の Web サーバーを利用して本格的な Web アプリを作る場合、このケースとなるでしょう。

◆ Web サーバープログラムそのものを作成していくケース。すべてをプログラムとして開発するため負担は大きくなりますが、もっとも開発の自由度は高くなります。

Webが登場してそれほどたってない頃は、最初の「**Webサイトとして作る**」方式が一般的

でした。それがWebサーバーが進化するに連れ2番目の方式に移行していきます。更に、クラウドサービスの普及に伴い、3番目の方式が急速に増えています。

◉ Webサーバーを作る、とは？

クラウドサービスでは、クラウド上にプログラムを動かすための環境が割り当てられます。そこに必要なプログラムをインストールし実行することができます。Webサーバープログラムを作成してインストールし起動すれば、クラウド環境で自分だけのWebサーバーを運用できるようになります。

とはいえ、**「Webサーバー自体を作るなんて無理だろう」** と思う人も多いことでしょう。もちろん、すべてを一からコーディングして作ろうとしたら大変です。しかし、Webアプリケーションの基本的な機能と仕組みを備えたフレームワークを利用することで、比較的簡単にWebサーバーで動くWebアプリケーションを開発することができるのです。

Rustにも、こうしたWebアプリケーション開発のフレームワークはいろいろとリリースされています。主なものを以下に挙げておきましょう。

actix-web	非常に高速なパフォーマンスを誇るWebフレームワークです。actixという並行処理のための抽象化モデルに基づいており、高い安全性や拡張性を誇ります。
Rocket	シンプルで直感的なAPIを持つWebフレームワークです。マクロや属性を多用しており、わかりやすいコーディングスタイルとなっています。
axum	これもシンプルなAPIのWebフレームワークです。モジュラ方式で小さな部品を組み合わせる形でルートや処理を定義でき、カスタマイズが容易です。
warp	関数型プログラミングの考え方に基づいたWebフレームワークです。Filterと呼ばれる部品を組み合わせてルートや処理を定義します。非同期処理やストリーミングなどに強みがあります。

◉ axumとは？

本書では、**「axum」** というフレームワークを利用することにします。axumは、非常にシンプルでわかりやすいコーディングで開発が行えます。また、ベースに定評のあるフレームワークを使うことで堅牢で安定したプログラムを作成できます。

試してみよう では、プロジェクトでaxumを使えるようにパッケージのインストールを行いましょう。プロジェクトのCargo.tomlファイルを開き、[dependencies]に以下の文を追記してください。

▼ リスト6-1

```
axum = "0.6.9"
hyper = { version = "0.14", features = ["full"] }
tokio = { version = "1.25", features = ["full"] }
tower = { version = "0.4", features = ["full"] }
```

これは執筆時 (2023年3月) の最新バージョンとなっています。axumを利用するためには、axum本体の他に以下のようなフレームワークが必要になります。

hyper	HTTP ライブラリです。
tokio	非同期処理のためのライブラリです。
tower	抽象化レイヤーのライブラリです。

これらを利用してaxumは作られています。このため、これらすべてを[dependencies]に記述しアプリケーションにインストールしておく必要があります。features = ["full"]というのは、クレートのフィーチャーと呼ばれるオプション機能を有効にするものです。わかりやすくいえば**「これをつけるとクレートの全機能が有効になる」**と考えておいてください。

axum の基本コード

では、axumでどのようにWebアプリケーションを作っていくのか、その基本的な処理の流れを説明していきましょう。

axumでWebアプリケーションを作成する場合、2つの部品を用意する必要があります。1つは**「Router」**です。これはルーティングを管理するためのものです。もう1つは**「Server」**で、これがサーバープログラムの本体部分になります。

この2つを用意すれば、Webアプリケーションサーバーとしてプログラムが実行できるようになります。

◉ Router の用意

まずは**「Router」**の作成から説明しましょう。Routerは、Webアプリのルーティング (どのパスにアクセスしたらどの処理を実行するか、といった情報を管理するもの) を扱うための構造体です。これはaxumクレートに用意されており、newでインスタンスを作成します。

✚ Router インスタンスの作成

```
変数 = axum::Router::new();
```

インスタンスを作成したら、**「route」**メソッドを使ってルーティングの設定を追加していきます。これは以下のように呼び出します。

✚ルーティングを追加する

```
《Router》.route( パス,《MethodRouter》);
```

Routerにある**「route」**メソッドでルーティングを追加します。第1引数には、ルーティングを割り当てるパスをテキストで指定します。そして第2引数には、ルーティング時の処理を扱うための**「MethodRouter」**という構造体を用意します。

✚MethodRouoterの作成

```
axum::routing::get( 関数 );
```

MethodRouter構造体は、HTTPのメソッドごとに用意されている関数を使って作成します。ここではもっともよく使われる例として、GETアクセスのための**「get」**関数によるルーティング設定を挙げておきます。

引数には関数(クロージャ)を用意します。この関数から返されるテキストが、そのまま指定のルートにアクセスした際のコンテンツとして出力されます。

以上の処理をまとめると、ざっと以下のような形でRouter作成を行うことになるでしょう。

```
axum::Router::new()
  .route( パス, axum::routing::get( 関数 ));
```

routeメソッドはRouter自身を返すようになっているので、連続してrouteを呼び出すことで複数のルーティングを作成していくことができます。

◉ Serverの作成と実行

続いて、**「Server」**の作成です。これはaxumクレートに用意されている構造体です。この構造体は、newでインスタンスを作成することはしません。**「bind」**というメソッドを使い、オブジェクトを生成します。

✚Serverからbindを実行する

```
変数 = axum::Server::bind(《SocketAddress》);
```

引数に用意されるSocketAddressというのは、サーバーに割り当てるアドレスを指定するためのものです。これはテキストで用意したIPアドレスから簡単に生成できます。

このbindは、実はServerインスタンスを作るものではありません。これで作成されるのは

「**Builder**」という構造体のインスタンスです。このBuilderから、「**serve**」というメソッドを呼び出してServerを作成し、起動します。

✚ サーバーを起動

```
《Builder》.serve(《IntoMakeService》);
```

引数に用意される「**IntoMakeService**」というのは、先ほど作成しておいたRouterから作成されるもので、Routerのルーティングを別のサービスとして登録するためのものです。これにより、Routerで指定したルーティング情報をサービスとして組み込んだサーバープログラムが起動します。

Webアプリケーションサーバーの基本は、これだけです。これらがわかれば、とりあえず簡単なサーバーは動かせるようになります。

試してみよう サーバープログラムを動かす

では、実際に簡単なWebアプリケーションサーバーのプログラムを作成して動かしてみましょう。プロジェクトに必要なパッケージ類は用意できていますか。では、main.rsのソースコードを以下のように書き換えてください。

▼ リスト6-2

```rust
#[tokio::main]
async fn main() {
  let app = axum::Router::new()
    .route("/", axum::routing::get(|| async { "Hello, World!" }));

  axum::Server::bind(&"127.0.0.1:3000".parse().unwrap())
    .serve(app.into_make_service())
    .await
    .unwrap();
}
```

▼ 図6-1：http://localhost:3000にアクセスすると、「Hello, World!」と表示される

　記述したらプロジェクトをビルドし実行してください。これはWebアプリケーションサーバー
なので、実行すると起動したままで終了しません。プログラムが動いていることを確認した
ら、Webブラウザを開き、http://localhost:3000にアクセスをしてみましょう。すると、「**Hello,
World!**」とテキストが表示されます。これが、今回のサーバープログラムで表示されたコンテ
ンツです。

◉ ルーティング処理を整理する

　では、ここで実行している処理を見てみましょう。まずはRouterの作成です。これは以下のよ
うに行っています。

```
let app = axum::Router::new()
  .route("/", axum::routing::get(|| async { "Hello, World!" }));
```

　axum::Router::newで新しいインスタンスを作成し、routeでルーティングを追加します。第
1引数には"/"とルートのパスを指定し、第2引数のaxum::routing::getでは以下のような関数を
用意しています。

```
|| async { 表示するテキスト }
```

　asyncというのは、非同期での実行を示すものです。これにより、この関数は非同期で実行
されるようになります。関数の内容は、ただテキストを返しているだけですね。これが、そのまま
"/"にアクセスした際に表示されていた、というわけです。

◉ Server の処理について

　もう1つのServerの処理についても見てみましょう。ここでは以下のようにしてBuilderの作成
と実行をしています。

```
axum::Server::bind(&"127.0.0.1:3000".parse().unwrap())
  .serve(app.into_make_service())
  .await
  .unwrap();
```

　bindメソッドの引数には、&"127.0.0.1:3000"というようにしてテキストリテラルの参照を用意
しています。そこから.parse()を呼び出して値をServerAddressに変換します。ただし、この戻り
値はOptionになっているため、unwrapして値を取り出します。これでbindが実行され、Builder

が得られます。

そこから更に「**serve**」メソッドを呼び出してServerを作成し実行します。引数には、変数app（Routerが入っている）の「**into_make_service**」というメソッドを呼び出していますね。これにより、Routerのルーティング情報がIntoMakeServiceとして取り出されます。

これでサーバーは実行されますが、これは非同期されており、最後にawaitしてからunwrapしています。こうすることで、サーバーは実行中の状態を保ち続けます。このawait.unwrap()を忘れると、そのまま処理が非同期で完了し、プログラムが終了してしまうので注意してください。

複数のルーティングを用意する

基本がわかったところで、少しずつaxumの使いこなしについて考えていくことにしましょう。まずは、「**複数のルーティング**」の利用についてです。

ルーティングは、Routerのrouteメソッドで作成できました。これはRouter自身を戻り値として返すため、メソッドチェーンとして連続的に呼び出すことができます。

```
axum::Router::new()
  .route(……)
  .route(……)
  ……
```

こんな感じですね。それぞれに割り当てるパスと処理を用意すれば、複数のルーティングをまとめて設定することができます。

ただし、すべてのルーティング処理をこれらの中に組み込んでいくと、とてつもなく長い文になってしまうでしょう。そこで、getで実行する関数は別に定義しておき、それをgetの引数に指定するようにします。

試してみよう　では、実際にやってみましょう。main.rsを修正してください。

▼ リスト6-3

```
#[tokio::main]
async fn main() {
  let app = axum::Router::new()
    .route("/", axum::routing::get(handler_top))
    .route("/other", axum::routing::get(handler_other));

  axum::Server::bind(&"127.0.0.1:3000".parse().unwrap())
    .serve(app.into_make_service())
```

```
    .await
    .unwrap();
}

async fn handler_top() -> String {
  "Hello, World!".to_string()
}
async fn handler_other() -> String {
  "This is other page...".to_string()
}
```

▼ 図6-2：/other にアクセスすると別のページが表示される

　ここではルート（/）と/otherの2つのルートを用意しています。それぞれのページにアクセスしてみてください。ルートでは先ほどまでと同様に「**Hello, World!**」とテキストが表示されますが、/otherにアクセスすると「**This is other page...**」とメッセージが表示されます。
　ルーティングを設定している部分を見ると、このようになっていますね。

```
let app = axum::Router::new()
  .route("/", axum::routing::get(handler_top))
  .route("/other", axum::routing::get(handler_other));
```

　routeメソッドを連続して呼び出し、2つのルーティングを設定しています。そしてgetには、それぞれhander_topとhandler_otherという関数が指定されています。これらの関数は、main関数の後で定義されています。

```
async fn handler_top() -> String {
  "Hello, World!".to_string()
}
async fn handler_other() -> String {
  "This is other page...".to_string()
}
```

　引数のないシンプルなメソッドですね。戻り値はStringになっています。それから、関数の前

に「**async**」がつけられており、これが非同期関数として定義されていることがわかります。get
に割り当てる関数は、このように非同期にしておくのが基本です。

このhandler_topやhandler_otherのように、Routerのrouteでパスに割り当てる関数は、一
般に「**ハンドラ関数**」と呼びます。

パラメータを利用する

アクセスした際に何らかの情報をサーバー側に送って処理したい、ということはよくありま
す。このようなときに用いられるのがURLに付加するパラメータでしょう。

URLにパラメータとして必要な情報を付加するには2つの方法があります。1つは、URLの
パスの一部をパラメータとして受け取るようにするものです。例えば、http://localhost:3000/
abc/123というようにアクセスしたら、abcと123をパラメータとして取り出せるようにするわけで
す。

これには、axum::extractモジュールにある「**Path**」という構造体の使い方を知る必要があ
ります。これはURLのパスを扱うためのもので、このPathを使ってパスの一部をパラメータと
して取り出せるようにします。

これには、routeで指定するパスと、getで設定される関数の両方に仕掛けが必要になりま
す。

◉ パスの用意

まずは、パスの指定です。パスの一部を値として取り出すためには、コロン (:) をつけて変
数をパスに用意しておきます。このような形です。

```
"/パス/:変数"
```

例えば「**:hoge**」と指定すれば、その部分がhogeという変数として扱われるようになります。
変数は1つだけでなく、必要に応じて複数用意することもできます。例えば、"/○○/:id/:name"
というように指定すれば、idとnameという変数に値を取り出せます。

◉ 関数の用意

続いて、指定のパスにアクセスした際に呼び出されるハンドラ関数を作成します。これは、
以下のような形になります。

```
async fn 関数 (axum::extract::Path(変数): axum::extract::Path<型>) {……}
```

引数には、axum::extract::Path(変数)という値を用意します。これにより、パスに用意した変数がPath()の変数に渡されるようになります。値の型は、Path<型>で指定したものになります。こうして渡された値を利用して処理を行えばいいのです。

◉ パスを使ってユーザーIDを渡す

では、実際の利用例を挙げておきましょう。簡単なものとして、ユーザーIDの値をパスで渡し表示する例を考えてみます。

試してみよう まずはルーティングの設定からです。main.rsを開き、main関数に用意したaxum::Router::newの文を以下のように修正しておきます。

▼ リスト6-4

```
let app = axum::Router::new()
  .route("/", axum::routing::get(handler_top))
  .route("/usr/:user_id", axum::routing::get(handler_param));
```

ここでは、"/usr/:user_id"というようにパスを用意しました。これで、/usr/○○というようにアクセスをすると、まるまるがuser_idという変数として取り出されるようになります。

試してみよう では、getの引数に指定したhandler_param関数を定義しましょう。以下の関数を追記してください。

▼ リスト6-5

```
async fn handler_param(axum::extract::Path(user_id):
    axum::extract::Path<String>) -> String {
  format!("User ID: {}", user_id)
}
```

▼ 図6-3：/usr/○○とアクセスすると、「User ID：○○」と表示される

これで完成です。プロジェクトを実行し、/usr/○○というようにしてアクセスしてみてください（○○には適当な値を指定しておきます）。すると、「**User ID:○○**」というようにメッセージが表示されます。

ここでは関数の引数にaxum::extract::Path(user_id): axum::extract::Path<String>と値が用意されています。これでパスに用意されたuser_idの値がそのままuser_idという引数として渡されるようになります。

必要な値さえ得られれば、後はそれを利用して表示を作成するだけです。パスの利用は、割り当てる関数の引数を用意するだけで利用できるようになるのです。

複数の値を渡すには？

1つだけの値を渡すなら簡単に行えます。では、複数の値を渡すにはどうすればいいのでしょうか。

ハンドラ関数の引数に用意できるPathは1つだけです。パスに2つの変数を用意したからといって、ハンドラ関数にPath引数を2つ用意することはできません。

では、どうするのか。Pathで渡される値をタプルにするのです。これは実際にやってみればすぐにわかります。

試してみよう まず、ルーティングを修正しましょう。main関数のRouter::newの文を以下のように修正してください。

▼ リスト6-6

```
let app = axum::Router::new()
  .route("/", axum::routing::get(handler_top))
  .route("/usr/:id/:user", axum::routing::get(handler_param));
```

今回は、"/usr/:id/:user"というようにパスを指定しました。これで、:idと:userという2つの変数が渡されるようになります。

では、ハンドラ関数側はどのようにすればいいのでしょう。これは以下のようになります。handler_param関数を修正してください。

▼ リスト6-7

```
async fn handler_param(axum::extract::Path((id,user)):
    axum::extract::Path<(usize,String)>) -> String {
  format!("User ID:{}. name:{}.", id, user)
}
```

▼図6-4：IDと名前をパスにつけるとそれらが表示される

　これで、例えば/usr/123/johnとアクセスすると、「**User ID:123. name:john.**」と表示されます。idとuserの2つの値が渡せることがわかりますね。

　ここでは仮引数にPath((id,user))というように値を用意しています。(id,user)というタプルとして取り出すのですね。仮引数の型はPath<(usize,String)>となります。このように複数の値をパス経由で渡すときはタプルとして受け取ります。

クエリパラメータの利用

　もう1つのパラメータは「**クエリパラメータ**」と呼ばれるものです。これはパスの後に「**?キー=値＆キー＝値&……**」というようにキーと値のセットを&記号でつなげた形としています。これにより、指定したキーで値を受け渡すことができるわけです。

　このクエリパラメータは、必要に応じて柔軟に値を用意できます。パスを利用する場合、あらかじめパスのテキストに「**:○○**」という形で変数を埋め込んでおかなければいけません。これはつまり、変数として用意されたものだけしか値を渡せないということになります。クエリパラメータの場合、パスのように事前に渡す値を定義する必要はありません。

◉関数にクエリパラメータを渡す

　では、クエリパラメータはどのように利用すればいいのでしょうか。これは、Routerにrouteで割り当てるハンドラ関数を以下のように定義するだけです。

```
async fn 関数(axum::extract::Query(変数):
    axum::extract::Query<std::collections::HashMap<String, String>>) -> String {……}
```

　非常に長く見えますが、読み見れば引数が1つ追加されているだけであることがわかるでしょう。用意されているのは、axum::extract::Query(変数)というものです。これにより、引数に指定した変数にクエリパラメータの情報が代入されます。

　この引数の値は、axum::extractモジュールの「**Query**」という構造体です。これには、ジェネリクスで<std::collections::HashMap<String, String>>と指定がされています。HashMap

の値としてクエリパラメータが渡されるようになっているのですね。後はここからキーを指定して必要な値を取り出していけばいいのです。

◎ 試してみよう クエリパラメータを利用する

では、実際の利用例を挙げておきましょう。ここでは利用者のIDと名前をパラメータとして渡すようにしてみます。

まずはルーティングの用意です。main関数のaxum::Router::newの文を以下のように修正してください。

▼リスト6-8

```
let app = axum::Router::new()
  .route("/", axum::routing::get(handler_top))
  .route("/qry", axum::routing::get(handler_query));
```

ここでは、/qryというパスにクエリパラメータを処理するhandler_queryという関数を割り当ててあります。クエリパラメータは、パスには何の記述も用意する必要はありません。

試してみよう　では、handler_query関数を用意しましょう。以下のように追記してください。

▼リスト6-9

```
async fn handler_query(axum::extract::Query(params):
    axum::extract::Query<std::collections::HashMap<String, String>>) -> String {
  format!("id:{}, name:{}.", params["id"], params["name"])
}
```

▼図6-5：/qry?id=○○&name=○○という形でアクセスするとIDと名前が表示される

プロジェクトを実行したら、/qry?id=○○&name=○○というような形でアクセスしてみましょう。IDと名前がメッセージとして表示されます。例えば、/qry?id=123&name=taroとアクセスすると「**id:123, name:taro.**」と表示されます。

ここでは、引数に渡されるparamsから必要な値を取り出し利用しています。このparamsにはHashMapが収められているので、params["id"], params["name"]というようにすればidとnameの値を取り出すことができます。

これで、URLを介して利用者とサーバープログラムの間で必要な情報をやり取りできるようになりました。Webページを使えるようになればフォームの送信などが利用できるようになりますが、現段階ではこれで十分でしょう。

JSONデータを出力する

こうしたWebアプリケーションでは、データをJSON形式でやり取りすることが多いものです。例えば、JSONでデータを出力するWeb APIを用意しておき、そこにWebページからアクセスして必要な情報を取り出したりするわけですね。

そのためには、JSONデータの作成と出力の方法を知っておかないといけません。ここまではすべてテキストとしてコンテンツを出力していましたが、JSONのデータを出力する方法についても触れておきましょう。

JSONを利用する場合、テキストとしてJSONフォーマットのコンテンツを生成してもいいのですが、それではかなり面倒な作業をしなければいけません。RustにはJSONを利用するためのパッケージもありますから、こうしたものを利用するのがいいでしょう。

試してみよう ここでは、「**serde**」というパッケージを使います。serdeは、JSONなど各種のデータをRustの構造体に変換するための機能を提供します。

Cargo.tomlを開き、[dependencies]のところに以下を追記してください。

▼ リスト6-10

```
serde = { version = "1.0", features = ["derive"] }
serde_json = "1.0"
```

「**serde**」が本体、「**serde_json**」はJSON利用のためのパッケージになります。これらを利用することで、JSONデータを扱いやすくなります。

◉ 構造体とJSON

では、どのようにしてJSONデータを利用するのでしょうか。serdeでJSONを利用するには、まずJSONフォーマットで利用したい構造体を定義しておく必要があります。この構造体は、以下のような属性を用意します。

```
#[derive(serde::Serialize, serde::Deserialize)]
```

serdeのSerializeとDeserializeを指定することで、構造体のシリアライズ／デシリアライズが可能になります。

構造体のインスタンスをJSONフォーマットのデータに変換するには、serde_jsonの「**json**」関数を使います。

```
変数 = serde_json::json(構造体);
```

このようにして呼び出すと、構造体を変換して返します。といっても、いきなりJSONのデータになるわけではありません。返されるのは、serde_jsonの「**Value**」という列挙型の値です。この列挙型には各種の型が項目として用意されており、それぞれに値が保管できます。これで構造体を値に持つ列挙型の値が得られるわけですね。

◉ JSONを返す関数の定義

こうして得られたValueを、ルーティング処理を行う関数から返すようにすれば、JSONデータが出力できるようになります。これには、以下のような形で関数を定義する必要があります。

```
async fn 関数() -> axum::Json<serde_json::Value> {……}
```

戻り値に、axum::Jsonを指定します。これはJSONの構造体で、ジェネリクスとしてValueを指定しておきます。

そして関数の戻り値として、以下のような形で値を出力します。

```
axum::Json(《Value》)
```

JSONデータは、axumの「**Json**」という構造体として用意します。引数にValueを指定して呼び出すことで、Jsonインスタンスが作成されます。これをそのまま戻り値として返せばいいのです。

これで、構造体をもとにValueを作成し、それをもとにJSONデータを出力する、という一連の流れが作成できます。

試してみよう JSON形式で指定IDのデータを出力する

では、実際にJSONデータを出力する簡単なサンプルを作ってみましょう。プロジェクトのCargo.tomlには、serdeとserde_jsonのパッケージを追記してありますか。準備ができたら、main.rsのソースコードを修正していきましょう。

まずは、serdeから以下のトレイトをインポートしておきましょう。

▼ リスト6-11

```
use serde::{Serialize, Deserialize};
```

これらは属性で使うので、useで名前だけで使えるようにしておきました。

試してみよう　続いて、ルーティングにJSON用の設定情報を追記しておきます。main関数の
axum::Router::new文を以下のように修正しましょう。

▼ リスト6-12

```
let app = axum::Router::new()
  .route("/", axum::routing::get(handler_top))
  .route("/json/:id", axum::routing::get(handler_json)) ;
```

ここでは、/jsonに:idとパラメータを用意しておきました。この:idの値をもとにデータを出力さ
せることにします。getの引数には、「**handler_json**」と関数を指定しておきました。

◎ 試してみよう JSON用構造体を用意する

では、JSONで利用する構造体を定義しましょう。適当なところ（main関数の
#[tokio::main]の手前あたり）に以下のコードを追記してください。

▼ リスト6-13

```
#[derive(Serialize, Deserialize, Debug)]
struct Mydata {
  name:String,
  mail:String,
  age:u32,
}
```

ここでは、derive属性にSerialize, Deserialize, Debugという3つの項目を指定してあります
（Debugは、今回は特に使わないので無くても問題ありません）。これでserdeでシリアライズ
できる構造体が用意できました。この中にはname, mail, ageといった値を用意しておきます。

◎ 試してみよう JSONを出力するハンドラ関数を作る

では、ルーティングに指定しておいたhandler_json関数を作成しましょう。以下のコードを
main.rsに追記してください。

▼ リスト6-14

```
async fn handler_json(axum::extract::Path(id):
    axum::extract::Path<usize>) -> axum::Json<serde_json::Value> {
  let data:[Mydata;3] = [
    Mydata {name:String::from("Taro"),
      mail:String::from("taro@yamada"), age:39},
    Mydata {name:String::from("Hanako"),
      mail:String::from("hanako@flower"), age:28},
    Mydata {name:String::from("Sachiko"),
      mail:String::from("sachiko@happy"), age:17},
  ];
  let item = &data[id];
  let data = serde_json::json!(item);
  axum::Json(data)
}
```

▼ 図6-6：/json/番号というようにアクセスすると、指定した番号のデータがJSONフォーマットで出力される

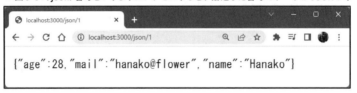

完成したら実際にアクセスしてみましょう。/json/番号というようにして取り出したいデータのIDを数字で指定すると、その番号のデータが出力されます。例えば、/json/1とすれば、インデックスが1のデータがJSON形式で出力されます。ここでは3つのMydataを用意しているので、0～2の範囲でデータを取り出せます。

では、関数の内容を見ていきましょう。この関数は以下のような形で定義されていますね。

```
async fn handler_json(axum::extract::Path(id):
    axum::extract::Path<usize>) -> axum::Json<serde_json::Value> {……}
```

引数にはaxum::extract::Path(id)が渡され、パスに用意したidパラメータがこれで取り出せるようになっています。また戻り値はaxum::Json<serde_json::Value>を指定しておきます。

関数内では、まずデータをdata配列に用意してあります。ここではサンプルとして3つのMydataを保管しておきました。この部分はそれぞれでカスタマイズしてみてください。

関数で行っていることは割と単純です。渡されたIDをもとにdataからMydataを取り出し、それをserde_jsonで変換します。

```
let item = &data[id];
let data = serde_json::json!(item);
```

　　これでMydataはValueとして取り出されました。後はこれを引数に指定してaxumのJson構
造体を作成して返すだけです。

```
axum::Json(data)
```

　　これでMydataがJSONフォーマットで出力されるようになります。構造体をそのままJSONに
変換できるため、さまざまなデータをWeb APIとして配信するのに重宝するでしょう。

テンプレートエンジンの利用

ポイント
▶ Teraテンプレートエンジンを準備し使えるようにしましょう。
▶ テンプレートファイルの使い方を理解しましょう。
▶ テンプレートファイルで値を表示できるようになりましょう。

テンプレートエンジンについて

　axumを使ってWebアプリケーションを作成する基本部分はわかってきました。けれど、これ以上のことを行わせるためには、**「Webページを作って出力する」**ということができないといけません。そのためには、これまでの**「Stringを返して出力する」**というやり方では限界があります。

　Webページを作成するには、HTMLを簡単に扱えるような仕組みが必要です。こうした機能を提供してくれるのが**「テンプレートエンジン」**と呼ばれるものです。

　テンプレートエンジンは、テンプレートとして用意された情報をもとにHTMLのソースコードを生成します。Rustのaxumで利用できるテンプレートエンジンはいくつかあります。

handlebars	JavaScriptのHandlebar.jsにインスパイアされて開発されたRust用のテンプレートエンジンです。シンプルでロジックレスなテンプレートを作成します。
minijinja	PythonのJinja2の文法を採用して作られています。Jinja2に用意されている主な機能を一通り実現しています。
Tera	Python Djangoのテンプレートエンジンなどの影響を強く受けたもので、フィルターやマクロなど非常に豊富な機能を持っており、カスタマイズ性の高いエンジンです。

　ここでは、この中から**「Tera」**テンプレートエンジンを利用してみましょう。Teraは、Pythonのテンプレートエンジンの影響を強く受けており、非常に機能も強力です。またaxumからの利用も比較的簡単なので、すぐに使えるようになるでしょう。

試してみよう Teraを準備する

では、Teraをプロジェクトにインストールしましょう。プロジェクトのCargo.tomlを開き、[dependencies]に以下の文を追記しましょう。

▼ リスト6-15

```
axum-template = "0.14.0"
tera = "1.17.1"
```

これでTeraが追加されます。Teraはこの本体パッケージだけインストールすれば使えるようになります。

試してみよう テンプレートを作成する

では、実際にテンプレートファイルを作成し、axumから利用してみましょう。まずはテンプレートファイルを入れておくフォルダを用意します。プロジェクトのフォルダ内に**「templates」**という名前でフォルダを作成してください。ここにテンプレートファイルを保管することにしましょう。

フォルダができたら、その中に新しいテンプレートファイルを用意します。**「index.html」**という名前のファイルを作り、以下のように記述してください。

▼ リスト6-16

```html
<html>
  <head>
    <title>{{title}}</title>
    <!-- CSS only -->
    <link href="https://cdn.jsdelivr.net/npm/bootstrap@5.0.2/dist/css/bootstrap.css"
    rel="stylesheet" crossorigin="anonymous">
  </head>
  <body class="container">
    <h1 class="display-6 my-2">{{title}}</h1>
    <p class="my-2">{{message}}</p>
  </body>
</html>
```

テンプレートファイルといっても、特別なものではありません。見ればわかるように、一般的なHTMLファイルとだいたい同じです。ファイル名も**「〇〇.html」**といった名前にしておきます。

ただし、よく見ると通常のHTMLとは違う部分も見つかります。<title>及び<h1>、<p>のところに、こんな記述がありますね。

```
{{title}}
{{message}}
```

　これらは、Teraのテンプレートエンジンに用意されている機能の1つです。この‖○○‖という記述は、テンプレート内に値を埋め込むためのものです。‖‖‖‖を使うことで、テンプレートの中に値を埋め込んで出力できます。

　埋め込む値は、Rustのソースコード側で用意できます。つまりRustで作成した値を‖‖‖‖を使ってWebページに出力できるようになっているのです。

　ここでは「**title**」と「**message**」という値を埋め込んでいます。Rustのソースコード側で、これらの値を用意し、テンプレートに渡せば、それが表示されるというわけです。

試してみよう axumからteraを利用する

　では、ソースコードを修正し、作成したindex.htmlテンプレートファイルを読み込んでWebページとして表示させてみましょう。main.rsを開いてください。そして、まずmain関数を以下のように修正します。

▼ **リスト6-17**

```
#[tokio::main]
async fn main() {
  let app = axum::Router::new()
    .route("/", axum::routing::get(handle_index));

  axum::Server::bind(&"127.0.0.1:3000".parse().unwrap())
    .serve(app.into_make_service())
    .await
    .unwrap();
}
```

　ここでは"/"のパスにルーティング設定を用意してあります。getで実行するhandle_index関数に、teraを使ってWebページを生成し表示する処理を用意すればいいわけですね。

試してみよう handle_index関数の作成

　では、ルーティングで呼び出されるハンドラ関数を作りましょう。以下の関数をmain.rsの適当なところ（main関数の下あたり）に追記してください。

▼ リスト6-18

```
async fn handle_index()-> axum::response::Html<String> {
  let tera = tera::Tera::new("templates/*").unwrap();

  let mut context = tera::Context::new();
  context.insert("title", "Index page");
  context.insert("message", "これはサンプルです。");

  let output = tera.render("index.html", &context);
  axum::response::Html(output.unwrap())
}
```

▼ 図6-7：ルートにアクセスすると用意したWebページが表示される

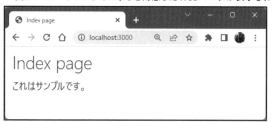

　記述したら、プロジェクトを実行し、http://localhost:3000/にアクセスしてみましょう。すると **「Index page」** というタイトルのWebページが表示されます。これが、用意したindex.htmlテンプレートによるWebページです。表示されている **「Index page」** というタイトルや、その下に表示されるメッセージは、すべてhandle_index関数で用意した値がテンプレートに渡され表示されているのです。

◎ 試してみよう Teraインスタンスの作成

　では、Teraを使ってどのようにWebページを作成し表示するのか、その手順を整理していきましょう。最初に行うのは、Teraインスタンスの作成です。

```
let tera = tera::Tera::new("templates/*").unwrap();
```

　Teraは、teraクレートに **「Tera」** という構造体として用意されています。これは、newを使ってインスタンスを作成します。newの引数には、テンプレートファイルのパスを指定します。ここでは"templates/*"と値を用意していますね。これにより、**「templates」** フォルダ内にあるすべてのファイルが指定されます。最後の **「*」** はワイルドカードで、ここにはあらゆるテキストがは

め込まれることを示します。つまり、「**templates/○○**」という形でパスを指定できるものはすべてテンプレートエンジンからテンプレートファイルとして使えるようになるわけです。

◉ Contextの用意

次に行うのは、コンテキストの用意です。コンテキストは、テンプレートエンジンとの間でやり取りするデータを管理するものです。これはteraクレートに「**Context**」という構造体として用意されています。

これを利用するには、まずnewでインスタンスを作成します。

```
let mut context = tera::Context::new();
```

これで、値のない空のコンテキストが用意できました。これに、テンプレート側に渡す値を追加していきます。コンテキストへの値の追加は「**insert**」というメソッドを使って行います。

```
context.insert("title", "Index page");
context.insert("message", "これはサンプルです。");
```

これが値をコンテキストに追加している部分です。コンテキストに値を追加するには、「**insert**」メソッドを使います。第1引数にキー（追加する値に付ける名前）を、第2引数に保管する値を指定します。

例えば、insert("title", "Index page")というのは、「**title**」という名前で「**Index page**」というテキストを保管しているわけです。このようにして、名前をつけてさまざまな値を追加していけます。

◉ レンダリングの実行

これでTeraとコンテキストが用意できました。後はこれらを使ってテンプレートファイルを読み込みレンダリングするだけです。これは以下のように行っています。

```
let output = tera.render("index.html", &context);
```

Teraの「**render**」メソッドは、指定したテンプレートファイルを読み込みWebページをレンダリングします。第1引数には読み込むテンプレートファイル名を、第2引数には先ほど作成したContextを借用で指定します。なおテンプレートファイル名は、Tera::newした際に指定したパスから検索されます。指定のパスにないとテンプレートファイルが見つからずエラーになるので

注意しましょう。

renderにより、テンプレートファイルの内容とContextをもとにWebページがレンダリングされます。このとき、Contextにある値をテンプレート内の‖‖部分に埋め込んで書き出しているのです。

これでWebページのソースコード（HTMLのソースコード）が生成されました。ただし、戻り値はResultなので、利用の際はunwrapする必要があります。

◉Htmlインスタンスを返す

Webページが用意できたら、後はこれを戻り値として返すだけです。といっても、ただ返すわけではありません。axum::responseモジュールの「**Html**」という構造体のインスタンスとして返します。

```
axum::response::Html(output.unwrap())
```

これが関数の戻り値です。axum::responseモジュールにある「**Html**」構造体は、引数にHTMLのソースコードを用意します。HTMLのWebページは、これまでのようにただ値をテキストとして返すだけではいけません。Htmlの戻り値として値を返してください。

この関数の戻り値がどうなっていたのかを思い出しましょう。このhandle_index関数では、戻り値としてaxum::response::Html<String>というものが指定されていました。HTMLの出力は、このHtmlインスタンスを返すようにする必要があるのです。

試してみよう フォームの送信

Webページの表示がわかったら、もう少しインタラクティブな操作を行ってみましょう。ユーザーとのやり取りを行う基本といえば、「**フォームの送信**」です。これをテンプレート利用で行ってみましょう。

まず、テンプレートファイルを修正しておきます。先ほど作成したindex.htmlファイルを開き、以下のように修正しましょう。

▼ リスト6-19

```
<html>
  <head>
    <meta http-equiv="content-type" content="text/html; charset=utf-8">
    <title>{{title}}</title>
    <link href="https://cdn.jsdelivr.net/npm/bootstrap@5.0.2/dist/css/bootstrap.css"
```

```
      rel="stylesheet" crossorigin="anonymous">
  </head>
  <body class="container">
    <h1 class="display-6 my-2">{{title}}</h1>
    <div class="alert alert-primary">
      <p class="my-2">{{message}}</p>
    </div>
    <form method="post" action="/post">
      <div class="mb-3">
        <label for="name" class="form-label">
          Your name:</label>
        <input type="text" class="form-control"
          name="name" id="name">
      </div>
      <div class="mb-3">
        <label for="mail" class="form-label">
          Email address</label>
        <input type="text" class="form-control"
          name="mail" id="mail">
      </div>
      <input type="submit" class="btn btn-primary"
        value="Submit">
    </form>
  </body>
</html>
```

　　ここでは、2つの入力フィールドを持つフォームを用意しました。2つの＜input type="text"＞は、それぞれnameとidを"name", "mail"としてあります。そして＜form＞にはmethod="post" action="/post"と属性を用意しました。これで、/postにPOST送信するフォームが用意できました。

◎ 試してみよう /postのルーティングを用意する

　　では、Rustのソースコードを修正しましょう。まずはルーティング関係からです。main.rsを開き、main関数のaxum::Router::new文を以下のように修正してください。

▼ リスト6-20

```
let app = axum::Router::new()
  .route("/", axum::routing::get(handle_index))
  .route("/post", axum::routing::post(handle_post));
```

"/post"のルーティングを追加しています。ここでは、axum::routingの**「post」**という関数を利用していますね。これは、POSTメソッドによるアクセスのルーティングを作成するためのものです。<form>ではmethod="post"でPOST送信していましたね。こうしたものは.getでは受け付けられません。postを利用する必要があります。

試してみよう フォーム用の構造体を用意する

次に行うのは、送信されたフォームの情報を扱うための構造体の定義です。まずmain.rsの冒頭に以下のuse文を追記しておきましょう（既に書いてある人はそのままにしておきます）。

▼ リスト6-21

```
use serde::{Serialize, Deserialize};
```

これでシリアライズ関係のマクロが利用できるようになりました。これを使い、フォーム用の構造体を定義します。以下の文をmain.rsに追記してください。

▼ リスト6-22

```
#[derive(Serialize, Deserialize)]
struct Myform {
  name: String,
  mail: String,
}
```

フォームで利用する構造体は、#[derive(Deserialize)]を指定する必要があります。これにより、送信されたフォームからインスタンスを生成するデシリアライズが行えるようになります。なおフォームとして利用するだけならSerializeは不要ですが、このMyformは後でまた別のところで利用するため、ここではシリアライズ可能であることを示すSerializeも付けてあります。

構造体には、nameとmailという2つの項目を用意しました。いずれもString型です。これらが、index.htmlに用意したフォームのnameとmailの値を受け取ります。

フォーム用の構造体は、このように**「フォームに用意されている入力コントロールのnameと同じ名前とタイプの項目を用意」**するのが基本です。

試してみよう post用ハンドラ関数を作成する

では、/postに割り当てるハンドラ関数を作成しましょう。Routerでは、handle_postという関数が割り当てられていましたね。では以下のソースコードをmain.rsに追記してください。な

お、使わなくなったハンドラ関数（handler_json）は削除しておきましょう。

▼ リスト6-23

```
async fn handle_post(axum::Form(myform): axum::Form<Myform>)
    -> axum::response::Html<String> {
  let msg = format!("I am {}<{}>.", myform.name, myform.mail);
  let tera = tera::Tera::new("templates/*").unwrap();

  let mut context = tera::Context::new();
  context.insert("title", "Index page");
  context.insert("message", &msg);

  let output = tera.render("index.html", &context);
  axum::response::Html(output.unwrap())
}
```

▼ 図6-8：フォームに値を書いて送信すると、その内容が表示される

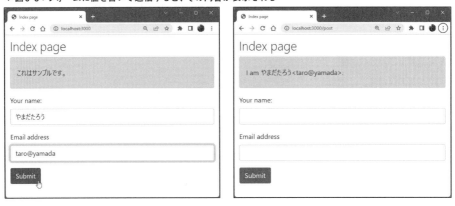

　ではプロジェクトを実行して実際にフォームを使ってみましょう。表示されるフォームに名前とメールアドレスを入力して送信すると、それらの内容をまとめてメッセージとして表示します。ごく簡単なものですが、フォームから送信された値が取り出され利用できることがわかるでしょう。

◉ ハンドラ関数のポイント

　ここでの最大のポイントは、関数の引数にあります。この関数は以下のように引数が指定されていますね。

```
async fn handle_post(axum::Form(myform): axum::Form<Myform>)
```

　　axum::Form(myform)という値が引数として用意されています。これは、axum::Formにより「**myform**」という変数に値が割り当てられることを示しています。値の型にはaxum::Form<Myform>と指定がされています。このジェネリクスのMyFormが、axum::Formのmyformに代入されることを示しています。

　　このように、引数でそのままフォーム用構造体のインスタンスが渡されるようになっていますから、後はここから値を取り出して利用するだけです。ここでは、myformの中にある値をもとにメッセージを用意しています。

```
let msg = format!("I am {}<{}>.", myform.name, myform.mail);
```

　　これで表示するメッセージができました。後はそれらをContextにまとめてレンダリングするだけです。フォームの利用は、構造体さえ用意できれば割と簡単なのです。

　　もう1点、注意したいのは、Contextにinsertする部分です。ここでは変数msgを以下のように追加していますね。

```
context.insert("message", &msg);
```

　　msgではなく&msgである点に注目してください。Contextにinsertする値は、引数に借用を使います。そのまま値を渡すことはしません。

　　これまではテキストリテラルを渡していました。テキストリテラルは&strで参照の値なのでそのまま指定して問題なかったのですが、それ以外の値を渡す場合は注意してください。

Teraテンプレートを使いこなす

Section 6-3

ポイント

▶ テンプレートでコードを実行しましょう。

▶ if や for を使った表示の方法について理解しましょう。

▶ フィルターの仕組みを知り、使えるようになりましょう。

{% %}の利用

Teraのテンプレートエンジンには、テンプレートで利用できるさまざまな機能が用意されています。一番の基本は||||による値の埋め込みですが、それ以外にも覚えておくと便利な機能がたくさんあるのです。

まずは、もう1つの基本タグである|% %|からです。

|% %|は、主に2通りの使い方がされます。1つは、式などを実行させるためのものです。このタグの内部に式などの文を記述しておくと、それを実行できるのです。

```
{% 式などの文 %}
```

このような形ですね。実行できる式は、Teraに用意されている演算子などを組み合わせて作成します。Rustの文が直接実行できるわけではないので注意してください。もっとも簡単な四則演算の式は、普通に書いて実行できます。こんな具合ですね。

```
{% 123 * 45 + 678 %}
```

また、計算結果を変数に代入して使うこともできます。この場合は、「**set**」というキーワードを使います。

```
{% set 変数 = 式 %}
```

これで式の結果を変数に代入します。この変数は、||||を使って出力させることができます。ま

た別の式の中で値として利用することも可能です。

◎ 試してみよう テンプレート内で計算する

では、実際に簡単な例を作成してみましょう。index.htmlを開き、＜body＞タグの部分を以下のように書き換えてください。

▼ リスト6-24

```
<body class="container">
  <h1 class="display-6 my-2">{{title}}</h1>
  <div class="border border-primary p-3 my-3">
    {% set v1 = value * 1.08 %}
    {% set v2 = value * 1.1 %}
    <p class="my-2">value: {{ value }}</p>
    <p class="my-2">value1: {{ v1 }}</p>
    <p class="my-2">value2: {{ v2 }}</p>
  </div>
  </div>
</body>
```

ここでは、valueという変数をハンドラ関数側からContextを使って受け取る前提で記述をしています。このvalueをもとに以下のような計算を行っています。

```
{% set v1 = value * 1.08 %}
{% set v2 = value * 1.1 %}
```

valueの1.08倍と1.1倍の値をそれぞれ変数v1, v2に設定しています。そしてそれらの値をその後で表示させていますね。こんな具合に、Contextで渡された値を使ってテンプレート内で簡単な計算が行えるのです。

◎ 試してみよう main.rsを修正する

では、修正したindex.htmlを使うようにmain.rsを修正しましょう。まずはmain関数からです。Router::newの文を以下のように修正してください。

▼ リスト6-25

```
let app = axum::Router::new()
  .route("/:value", axum::routing::get(handle_index));
```

これで、/:valueというようにパスが設定できました。リクエストハンドラでは、valueという名前でパスのパラメータを受け取れるようになります。

試してみよう　では、ハンドラ関数であるhandle_index関数を以下のように修正しましょう。

▼ リスト6-26

```
async fn handle_index(axum::extract::Path(value):
    axum::extract::Path<usize>
    )-> axum::response::Html<String> {
  let tera = tera::Tera::new("templates/*").unwrap();

  let mut context = tera::Context::new();
  context.insert("title", "Index page");
  context.insert("value", &value);

  let output = tera.render("index.html", &context);
  axum::response::Html(output.unwrap())
}
```

▼ 図6-9：パスに整数をつけてアクセスすると計算結果が表示される

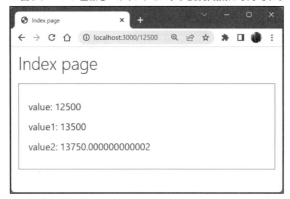

今回、引数の型はPath<usize>となっている点に注目してください。今回パラメータから渡される値はそのままテンプレート側で計算に使います。従って、Contextには数値型の値として渡す必要があります。

また、Contextにはinsert("value", &value)というようにvalueの参照を指定している点も注意しましょう。Contextにinsertする値は引数に借用を使う、ということを忘れないように。

修正できたらプロジェクトを実行し、/12500というように整数をつけてアクセスしてください。するとパラメータで渡された値と、その1.08倍、1.1倍の値がそれぞれ表示されます。

（※なお、引数に指定した値によっては、1.1倍の値に.000001というような細かな端数が表示されることがあります。これはコンピュータ特有の現象で、バグではありません。コンピュータは内部で値を2進数として処理をしています。0.1倍すると結果が2進数の循環小数となってしまうことがあるため、こうした端数が発生することがあります）

覚えておきたい記述法

値を計算したり出力したりする機能は、基本的な使い方の他にいろいろなオプションが用意されています。そうした「**覚えておくと更に便利なオプション**」についてここでまとめて説明しておきましょう。

◎ {% raw %}で生の文を出力する

まずは、Teraの記述をレンダリングせずテキストとして出力させるものです。これは、|% %|の使い方の1つで「**raw**」というキーワードを使います。

```
{% raw %}
……表示内容……
{% endraw %}
```

このように記述することで、間に記述された文をそのまま（レンダリングすることなく）出力させることができます。

試してみよう 試しに、先ほど記述した例で、index.html内の|% %|や|||を埋め込んだ<div>部分を以下のように修正してみましょう。

▼ リスト6-27
```
<div class="border border-primary p-3 my-3">
  {% raw %}
    {% set v1 = value * 1.08 %}
    {% set v2 = value * 1.1 %}
    <p class="my-2">value: {{ value }}</p>
    <p class="my-2">value1: {{ v1 }}</p>
    <p class="my-2">value2: {{ v2 }}</p>
  {% endraw %}
</div>
```

▼図6-10：マウスポインタのある行が{% raw %}によるもの

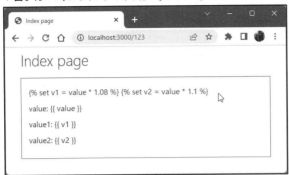

修正したら実際にアクセスしてみましょう。すると、四角い枠内には以下のようなテキストが表示されます。

```
{% set v1 = value * 1.08 %} {% set v2 = value * 1.1 %}
value: {{ value }}
value1: {{ v1 }}
value2: {{ v2 }}
```

{% %}や{{ value }}が値に変換されず、そのままテキストとして表示されていることがわかります。

ただし、<p>タグは表示されず、ちゃんとHTMLのタグとして処理されています。つまり{% raw %}は、Teraによる{{}}や{% %}といった記述部分をレンダリングせず直接出力するものなのです。HTMLのタグはそのままHTMLとして処理されます。

◉値の接続

もう1つ覚えておきたいのが、{{}}内で複数の値を接続して記述する方法です。これには「~」という演算子を使います。

```
{{ 値1 ~ 値2 ~ 値3 …… }}
```

こんな具合に~記号を使って複数の値をつなげて記述し表示させることができます。これらの値は、同じ型にする必要はありません。テキストや数字など異なる型の値も1つにつなげて表示させることができます。

試してみよう　これも例を挙げましょう。{% %}や{{}}で値を出力している<div>部分を以下のように書き換えてみてください。

▼ リスト6-28

```
<div class="border border-primary p-3 my-3">
  {% set v1 = value * 1.08 %}
  {% set v2 = value * 1.1 %}
  <p class="my-2">value: {{ value }}</p>
  <p class="my-2">value1: {{ value ~ " * 1.08 = " ~ v1 }}</p>
  <p class="my-2">value2: {{ value ~ " * 1.1 = " ~ v2 }}</p>
</div>
```

▼ 図6-11：実行すると〇〇 * 1.08 = ××というようにテキストが表示される

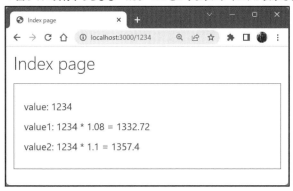

これを実行すると、計算した値の表示が「〇〇 * 1.08 = ××」というような形で表示されます。この部分を見てみましょう。

```
value1: {{ value ~ " * 1.08 = " ~ v1 }}
value2: {{ value ~ " * 1.1 = " ~ v2 }}
```

このようにvalueとv1, v2といった変数、そしてテキストを~でつなげていることがわかります。~を使うと、このように変数を組み合わせて表示を作成できます。

ifによる条件分岐

Teraには、制御フローに相当する機能があります。これを利用することで特定の条件のときに表示を行ったり、必要な表示を繰り返し行ったりできるようになります。

まずは、条件分岐からです。これは指定した条件によって表示を変更するためのものです。これには|% if %|というキーワードを使います。

✚ifの基本形

```
{% if 条件 %}
……条件がtrueのときの表示……
{% else %}
……条件がfalseのときの表示……
{% endif %}
```

条件には、論理型の値として得られる変数や式を用意します。これで、値がtrueならば、その後に記述された内容が表示されるようになります。{% else %}を用意している場合は、falseのときにその後の内容が表示されます。この{% else %}はオプションであり、省略することもできます。

試してみよう　では、これも簡単な利用例を挙げておきましょう。index.htmlの<body>部分を以下のように修正してください。

▼ リスト6-29

```
<body class="container">
  <h1 class="display-6 my-2">{{title}}</h1>
  {% if value % 2 == 0 %}
  <div class="border border-primary p-3 my-3">
    <p class="my-2">value: {{ value ~ "は、偶数です。" }}</p>
  </div>
  {% else %}
  <div class="alert alert-primary p-3 my-3">
    <p class="my-2">value: {{ value ~ "は、奇数です。" }}</p>
  </div>
  {% endif %}
</body>
```

▼ 図6-12：パスにつける整数が偶数と奇数で表示が変わる

ここでは、パスにパラメータとしてつけた整数値が偶数か奇数かをチェックし、それによって表示内容が変わるようにしています。偶数だと四角い枠線内に「〇〇は、**偶数**です。」と表示され、奇数ならば淡い青の網掛けの中に「〇〇は、**奇数**です。」と表示されます。

◉ 更に分岐したいときは？

この|% if %|は、論理値をもとに分岐するものですから、基本は二者択一の表示を作ります。けれど、場合によっては3つ4つに分岐するような表示を作りたいこともあるでしょう。

そのような場合には、|% elif %|というものが使えます。

✚ if の基本形

```
{% if 条件 %}
……条件がtrueのときの表示……
{% elif 条件 %}
……条件がtrueのときの表示……

……必要なだけelifを用意……

{% else %}
……すべての条件がfalseのときの表示……
{% endif %}
```

|% elif %|は、|% if %|がfalseだったときに次の条件を指定するものです。これは必要に応じていくつでも用意することができます。その後に|% else %|を用意し、ここですべての条件がfalseだった場合の処理が用意できます。

試してみよう では、これも利用例を挙げておきましょう。

▼ リスト6-30

```
<body class="container">
  <h1 class="display-6 my-2">{{title}}</h1>
  {% if value % 3 == 0 %}
  <div class="border border-primary p-3 my-3">
    <p class="my-2">value: {{ value ~ "は、グーです。" }}</p>
  </div>
  {% elif value % 3 == 1 %}
  <div class="border border-primary p-3 my-3">
    <p class="my-2">value: {{ value ~ "は、チョキです。" }}</p>
  </div>
```

```
  {% else %}
  <div class="alert alert-primary p-3 my-3">
    <p class="my-2">value: {{ value ~ "は、パーです。" }}</p>
  </div>
  {% endif %}
</body>
```

▼図6-13：パスにつけた値を3で割ったあまりで「グー」「チョキ」「パー」の表示を行う

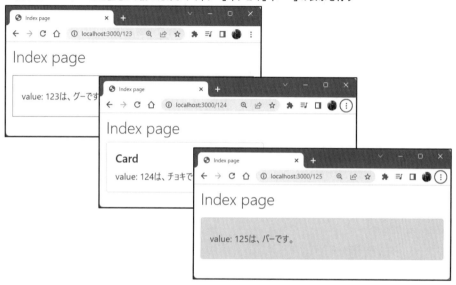

　今回は、パスにつけたパラメータの値を3で割って、そのあまりで**「グー」「チョキ」「パー」**と表示を変えるようにしました。実際にさまざまな整数値をパラメータとして渡して表示を確認してみてください。

　ここで行っている条件武器を整理するとこのようになっています。

```
{% if value % 3 == 0 %}
……グーの表示……
{% elif value % 3 == 1 %}
……チョキの表示……
{% else %}
……パーの表示……
{% endif %}
```

　最初に、if value % 3 == 0の条件をチェックし、これがtrueならグーを表示します。falseの

場合は、次のelif value % 3 == 1をチェックし、trueならチョキを表示します。そしてすべての条件にfalseのときにパーの表示をします。

ここではifとelifが1つずつあるだけですが、elifが複数ある場合も動作としては同じです。上から順に**「条件をチェックし、trueなら表示、falseなら次の条件に進む」**を繰り返していき、最後のelseで**「すべてfalseの場合」**の表示を作成すればいいのです。

繰り返し表示する

もう1つの制御フローに相当するものは**「繰り返し」**です。これは、配列などのコレクションから順に値を取り出して表示するもので、以下のように使います。

```
{% for 変数 in 配列 %}
……変数を表示……
{% endfor %}
```

これで、配列から値を順に変数に取り出してその中の表示を出力していきます。では、これも実際の利用例を作成しましょう。

試してみよう まず、main.rs側を修正しましょう。main関数のRouter::newで作成したRouterでルーティングを設定している文を以下のように修正しておきます。

▼ リスト6-31

```
let app = axum::Router::new()
  .route("/", axum::routing::get(handle_index));
```

パラメータを削除しました。そしてhandle_index関数では、Myformの配列を用意してテンプレート側に渡すようにします。

試してみよう 以下のように関数を修正してください。

▼ リスト6-32

```
async fn handle_index()-> axum::response::Html<String> {
  let data = [
    Myform {name:"taro".to_string(), mail:"taro@yamada".to_string()},
    Myform {name:"hanako".to_string(), mail:"hanako@flower".to_string()},
    Myform {name:"sachiko".to_string(), mail:"sachiko@happy".to_string()},
    Myform {name:"jiro".to_string(), mail:"jiro@change".to_string()},
  ];
  let tera = tera::Tera::new("templates/*").unwrap();
```

```
let mut context = tera::Context::new();
context.insert("title", "Index page");
context.insert("data", &data);

let output = tera.render("index.html", &context);
axum::response::Html(output.unwrap())
}
```

ここでは変数dataにMyformインスタンスの配列を用意してあります。そしてこれをcontext.insert("data", &data);というようにしてContextに追加し、これとinde.htmlテンプレートファイルをレンダリングしています。

後は、このdataを繰り返し表示する処理をテンプレート側に用意すればいいわけですね。

◎ 試してみよう {% for %}で配列を一覧表示する

では、テンプレート側を作成しましょう。index.htmlを開き、\<body\>部分を以下のように修正してください。

▼ リスト6-33

```
<body class="container">
  <h1 class="display-6 my-2">{{title}}</h1>

  <ul class="list-group">
  {% for item in data %}
    <li class="list-group-item">
      {{item.name }} &lt;{{item.mail}}&gt;
    </li>
  {% endfor %}
  </ul>
</body>
```

▼ 図6-14：dataの内容が一覧表示される

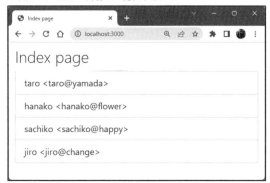

実行したら、トップページ（"/"のパス）にアクセスしましょう。するとdataで渡されたMyform
の内容が一覧リストとして表示されます。表示される項目は「**taro \<taro@yamada\>**」という
ようにnameとmailをそれぞれ取り出し組み合わせているのがわかります。

では、dataの値を繰り返し処理している部分を見てみましょう。繰り返しは以下のようになっ
ていますね。

```
{% for item in data %}
　……繰り返し表示する内容……
{% endfor %}
```

これで、変数dataから値をitemに取り出し、表示を行うようになります。表示内容は、取り出
した変数itemを利用して作成をします。

```
<li class="list-group-item">
  {{ item.name }} &lt;{{ item.mail }}&gt;
</li>
```

Myformは内部にnameとmailという項目を持っていました。これらは、|| item.name ||という
ようにして出力できます。あるいは、|| item["name"] ||という書き方もできます。

キー＆バリューのコレクション

このforは、配列だけでなくマップのようなキーを使って値を管理するコレクションでも利用
できます。この場合、以下のような形で記述をします。

```
{% for 変数1, 変数2 in マップ %}
……変数を表示……
{% endfor %}
```

　　　　マップから取り出されるのは、キーと値です。これらは、それぞれ変数1と変数2に代入されます。これらの変数を使って表示を作成すればいいのです。

試してみよう　　では、これも例を挙げておきましょう。まずmain.rs側を修正します。handle_index関数を以下のように修正してください。

▼ リスト6-34

```rust
async fn handle_index()-> axum::response::Html<String> {
  let mut map = std::collections::HashMap::new();
  map.insert("taro", ("taro@yamada", 39));
  map.insert("hanako", ("hanaok@flower", 28));
  map.insert("sachiko", ("sachiko@happy", 17));

  let tera = tera::Tera::new("templates/*").unwrap();

  let mut context = tera::Context::new();
  context.insert("title", "Index page");
  context.insert("data", &map);

  let output = tera.render("index.html", &context);
  axum::response::Html(output.unwrap())
}
```

　　　　ここでは変数mapにHashMapインスタンスを代入しています。この中には、名前をキーとして、メールアドレスと年齢をタプルにまとめたものを保管しています。名前を指定すれば、その人の情報がタプルで取り出せるようになるわけです。

試してみよう　　では、このHashMapをテンプレート側で処理しましょう。index.htmlの<body>部分を以下のように修正します。

▼ リスト6-35

```html
<body class="container">
  <h1 class="display-6 my-2">{{title}}</h1>

  <ul class="list-group">
  {% for key, value in data %}
    <li class="list-group-item">
```

```
    [{{loop.index}}] {{ key }}({{value.1}}) &lt;{{value.0}}&gt;
  </li>
{% endfor %}
</ul>
</body>
```

▼ 図6-15：マップからキーと値を取り出し一覧表示する

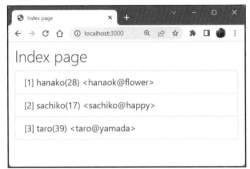

　ここでは、「**hanako(28) <hanaok@flower>**」というような形式でHashMapの内容が一覧表示されています。hanakoという名前はマップのキーであり、その他の年齢とメールアドレスは値のタプルに保管されているものですね。これらが1つのテキストにまとめられ表示されているのがわかります。

　HashMapを繰り返し処理している部分を見ると、このようになっていますね。

```
{% for key, value in data %}
　……繰り返し表示する内容……
{% endfor %}
```

　{% for %}で、dataから取り出されたキーと値がそれぞれkey, valueに代入されています。valueはタプルの値ですから、{{value.0}}でメールアドレスが、{{value.1}}で年齢がそれぞれ取り出せます。後は、これらを組み合わせて表示を作成するだけです。

◉ loop.index について

　ここでは、{% for %}の繰り返し内で見たことのないものを1つ使っています。それは、{{loop.index}}というものです。loopというのは、繰り返し構文内で用意される、繰り返しの情報がまとめられたオブジェクトなのです。

　loop.indexは、現在のインデックスを示す値です。これを利用することで、繰り返しの表示に通し番号を表示させていたのですね。これは結構便利なのでここで合わせて覚えておきましょう。

フィルターの利用

より複雑な処理をテンプレートに組み込みたい場合は、すべてを|% %|で記述するよりももっと便利な方法があります。それは**「フィルター」**というものです。

フィルターは、あらかじめRust側で定義した関数を使ってテンプレートの表示を変換する機能です。テンプレート側には、呼び出すフィルター名と引数となる値を記述しておくと、用意されたフィルター用関数を使って表示を生成します。Rust側に処理を用意するため、複雑な処理も実装することができます。

フィルターは、関数とその登録処理、そしてテンプレート側の記述の3つを用意する必要があります。簡単に使い方を説明しましょう。

◉ フィルター用関数の定義

フィルター用の関数は、形が決まっています。基本的に以下のような引数と戻り値を持っている必要があります。

```
fn 関数(引数1: &Value, 引数2: &HashMap<String, Value>)
    -> Result<Value> {……}
```

仮引数は2つあり、1つ目がteraクレートにあるValueインスタンス、2つ目がHashMapになります。1つ目のValueはテンプレートから渡される値です。この値をもとにフィルター処理が実行されます。HashMapはフィルターの属性値がまとめられています（これの使い方は後で説明します）。

戻り値は、Resultインスタンスです。Resultというのは、エラー処理の際に説明しましたね。何らかの値かエラーが返されるようなときに利用されました。ただし、このResultは、これまで利用してきたcoreクレートのResultではありません。これはteraクレートのResultなのです。Teraに用意されている、Tera専用のResultなのですね。

通常、Resultは<T, E>というように値とエラー時の値の2つをジェネリクスとして用意する必要がありますが、tera::Resultは受け取る値のみをジェネリクスに用意すればいいようになっています。エラー時の値は不要です。

◉ フィルターの登録

作成したフィルター関数は、Teraのインスタンスに登録する必要があります。これは**「register_filter」**というメソッドを利用します。

```
《Tera》.register_filter( 名前, 関数 );
```

第1引数には、フィルターに付ける名前をテキストで指定します。第2引数には、先ほどのフィルター用関数を指定します。これでフィルターが登録され、テンプレート内から指定した名前で使えるようになります。

◉ フィルターの利用

登録されたフィルターは、テンプレートで以下のような形で記述し利用することができます。

```
{{ 値 | 名前 }}
```

フィルターの利用には、フィルターの名前だけでなく、必ず値を1つ用意します。フィルターは、**「用意した値に対して何らかの処理を行う」**というものです。この値が、フィルター関数のValueに渡され、必要な処理が行われます。これにより、この‖‖部分にフィルター処理した結果が表示されるようになるのです。

試してみよう　サンプルフィルターを作る

では、実際に簡単なフィルターを作って、フィルターの利用の基本を理解していきましょう。

ここではごく簡単な例として、名前を値として渡すと**「こんにちは、〇〇さん！」**と挨拶文を表示する、というものを作成してみます。まずはフィルター関数を作成しましょう。main.rsを開き、以下の関数を適当なところに追記してください。

▼ リスト6-36

```
fn hello_filter(value: &tera::Value,
    _: &std::collections::HashMap<String, tera::Value>)
    -> tera::Result<tera::Value> {
  let s = tera::try_get_value!("hello_filter", "value", String, value);
  Ok(tera::Value::String(format!("こんにちは、{}さん！", s)))
}
```

非常に複雑そうに見えますが、関数内で実行している文はたったの2行です。ただし、どちらも説明が必要でしょう。まず1行目の文です。

```
let s = tera::try_get_value!("hello_filter", "value", String, value);
```

ここでは、teraクレートのtry_get_valueマクロを実行しています。これはフィルターから渡される値を取り出すものです。try_get_valueは、4つの引数があり、それぞれ以下のようになっています。

"hello_filter"	フィルターの名前
"value"	値の名前
String	予想される型
value	実際の変数

ここでは、hello_filterフィルターのvalueというString型の値を取り出していたのですね。これで値が得られたら、それを使ってテキストを作成します。

```
Ok(tera::Value::String(format!("こんにちは、 {}さん!", s)))
```

ここで作成するテキスト（String）は、teraクレートのValueモジュールにあるStringを使います。このStringは、Valueの1つで、これにより**「Stringの値を持つValue」**を作成しているのですね。引数にはformatを使い作成したテキストを指定します。これで、tera::Value::Stringのテキストが作成されます。

作った値は、そのまま返してはいけません。Okでラップして返します。関数の戻り値がtera::Result<tera::Value>となっていたことを思い出しましょう。返すのは、ResultにValueをラップしたものでなければいけないのです。

◉ 試してみよう ハンドラ関数の修正

では、作成したフィルターを利用するようにするため、ハンドラ関数を修正しましょう。handle_index関数を以下のように書き換えてください。

▼ リスト6-37

```
async fn handle_index()-> axum::response::Html<String> {
  let mut tera = tera::Tera::new("templates/*").unwrap();
  tera.register_filter("hello", hello_filter);

  let mut context = tera::Context::new();
  context.insert("title", "Index page");
  context.insert("name", "山田タロー");

  let output = tera.render("index.html", &context);
  axum::response::Html(output.unwrap())
}
```

ここでは、作成したフィルターをTeraに登録する作業を追加しています。これを行っているのが以下の文です。

```
tera.register_filter("hello", hello_filter);
```

Teraの「**register_filter**」関数は、第1引数で指定した名前で第2引数のフィルター関数を登録します。ここでは、hello_filterを"hello"という名前で登録しました。これにより、テンプレート側では「**hello**」という名前でフィルターを利用できるようになります。

また、Contextに"name"という値を追加してあります。これはhelloフィルターで利用するための値です。

◎ 試してみよう **テンプレートでフィルターを使う**

では、テンプレートを修正してhelloフィルターを利用してみましょう。index.htmlの<body>を以下のように修正してください。

▼ リスト6-38
```
<body class="container">
  <h1 class="display-6 my-2">{{title}}</h1>
  <div class="alert alert-primary">
    <p class="my-2">{{ name | hello }}</p>
  </div>
</body>
```

▼ 図6-16：「こんにちは、山田タローさん！」とメッセージが表示される

これを実行すると、「**こんにちは、山田タローさん！**」とメッセージが表示されます。ハンドラ関数側でContextに用意したnameの値をもとに、helloフィルターでメッセージを生成し表示しているのですね。

ここにある∥ name | hello ∥という記述が、helloフィルターを利用している部分です。フィル

ターは以下のように記述して使います。

```
{{ 値 | フィルター名 }}
```

値の部分には、テキストなどの値を直接書いてもいいですし、この例のように変数を指定しても構いません。これにより指定のフィルターが実行され、表示が作成されます。

フィルターでオブジェクトを扱う場合

基本がわかったら、もう少し複雑なものを作ってみましょう。例として、IDを渡すと指定のデータを取得し表示する、というものを作ってみましょう。

フィルターで複雑なオブジェクトを利用することはできないわけではありません。ただし、戻り値として返す値はtera::Valueにする必要があり、これには独自に定義した構造体などを利用することはできません。またフィルターが返された値をそのまま出力するようになっていることを考えれば、オブジェクトをそのまま返すのではなく、オブジェクトの値をテキストにまとめたものを返すようにするのがよいでしょう。

試してみよう 実際に簡単な例を作ってみます。まず、IDの値をもとにデータを取得するフィルターを作ってみましょう。main.rsに以下の関数を追記してください。

▼ リスト6-39

```
fn sample_filter(value: &tera::Value,
    _: &std::collections::HashMap<String, tera::Value>)
    -> tera::Result<tera::Value> {
  let data = [
    ("taro", "taro@yamada", 39, "male"),
    ("hanako", "hanako@flower", 28, "female"),
    ("sachiko", "sachiko@happy", 17, "female"),
    ("jiro", "jiro@change", 6, "male")
  ];
  let n = tera::try_get_value!("sample_filter", "value", usize, value);
  let item = data[n];
  Ok(tera::Value::String(format!("{}({},{})<{}>.",
    item.0, item.3, item.2, item.1)))
}
```

こうなりました。data配列にデータを用意し、try_get_valueで取得した値をもとにdataからタプルを取り出し、それをformat!でテキストにまとめたものをValueにしてOkしています。途中

でタプルとして値を取り出すという点は新しいですが、最終的にOk(tera::Value::String(……))でテキストのValueにして返す、というところは同じですね。

今回はエラー処理などは特にしていないので、フィルターから渡される値がdataのインデックスの範囲にないとエラーになるので注意してください。

◎ 試してみよう ハンドラ関数を定義する

では、このフィルターをハンドラ関数で登録しましょう。handle_indexを以下のように修正してください。

▼ リスト6-40

```
async fn handle_index()-> axum::response::Html<String> {
  let mut tera = tera::Tera::new("templates/*").unwrap();
  tera.register_filter("sample", sample_filter);

  let mut context = tera::Context::new();
  context.insert("title", "Index page");
  context.insert("id", &1);

  let output = tera.render("index.html", &context);
  axum::response::Html(output.unwrap())
}
```

register_filterを使い、sample_filterを"sample"という名前で登録しました。またフィルター用に"id"という値をContextに用意しておきます。

◎ 試してみよう sample フィルターをテンプレートで使う

では、登録したフィルターを使ってみましょう。index.htmlを開き、<body>部分を以下のように修正してください。

▼ リスト6-41

```
<body class="container">
  <h1 class="display-6 my-2">{{title}}</h1>
  <div class="alert alert-primary">
    <p class="my-2">{{ id | sample }}</p>
  </div>
</body>
```

373

▼ 図6-17：idで指定した値をもとにデータを取得し表示する

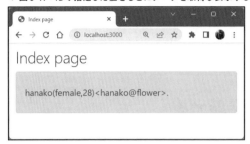

　これを実行すると、「**hanako(female,28)<hanako@flower>.**」といったテキストが表示されます。フィルターを使い、data配列から取り出したタプルのデータをテキストにまとめて表示していることがわかりますね。

　複雑なデータを扱う場合も、「**それがどのように出力されるか**」を考え、テキストとして返すようにすればいいでしょう。

フィルターの属性を利用する

　フィルターでは、｜の左側において渡される値の他に「**属性**」と呼ばれるものを使うことができます。これはフィルター名の後に()で記述するもので、例えばこんな形で使います。

```
{{ 値 ｜ フィルター( キー1=値1, キー2=値2, …… ) }}
```

　()内に、キーと値をイコールでつなげる形で値を記述していきます。この属性を利用することで、複数の値をフィルター関数に渡し利用することができます。

　では、フィルター関数側では、どのようにして属性を扱うのでしょうか。これは、フィルター関数の第2引数で渡されるHashMapを利用します。この中に、フィルターで用意された属性の値がまとめられているのです。ここから値を取り出して利用すれば、属性を使ったフィルター処理が作れます。

◎ 試してみよう 計算するcalcフィルターを作る

　では、実際に属性を利用した例を作ってみましょう。まずはフィルターの作成です。main.rsに以下の関数を追記してください。

▼ リスト6-42

```
fn calc_filter(_: &tera::Value,
```

```
  map: &std::collections::HashMap<String, tera::Value>)
   -> tera::Result<tera::Value> {
 let price = map.get("price").unwrap().as_f64().unwrap();
 let tax = map.get("tax").unwrap().as_f64().unwrap();
 let res = price * tax;
 Ok(tera::Value::String(format!("price:{} * tax:{} = {}", price, tax, res)))
}
```

これが、属性を利用したフィルターです。ここでは、HashMapから"price"と"tax"という属性
値をそれぞれ変数に取り出しています。これを行っているのが以下の文です。

```
let price = map.get("price").unwrap().as_f64().unwrap();
let tax = map.get("tax").unwrap().as_f64().unwrap();
```

mapから"price"と"tax"という値をそれぞれ変数に取り出しています。ただgetで取り出すだ
けでなく、もっと面倒な作業になっていますね。まず、getで得られる値はOptionsであるため、
unwrapする必要があります。

これで値は得られるのですが、しかしHashMapに保管されているのはValueの値です。この
ため、getした値から特定の値として取り出さないといけません。Valueには、さまざまな値を指
定の型として取り出すメソッドを持っています。「as_f64」はその1つで、これは値をf64という
型の値として取り出しています。こうしたメソッドは他にもいろいろと用意されています。

▼ Valueの値を取得するメソッド

as_array	値を配列として取り出す
as_array_mut	変更可能な配列として取り出す
as_u64	u64整数型として取り出す
as_i64	i64整数型として取り出す
as_f64	f64浮動小数型として取り出す
as_string	String型として取り出す
as_object	オブジェクト（tera::Map）として取り出す
as_object_mut	変更可能なオブジェクトとして取り出す
as_null	型の値として取り出す

取り出される値はいずれもOptionsでラップされているのでunwrapして利用する必要がある
でしょう。

1

2

3

4

5

Chapter
6

◎ 試してみよう フィルターの登録

では、作成したフィルターを登録しましょう。handle_index関数を以下のように修正してください。

▼ リスト6-43

```
async fn handle_index()-> axum::response::Html<String> {
  let mut tera = tera::Tera::new("templates/*").unwrap();
  tera.register_filter("calc", calc_filter);

  let mut context = tera::Context::new();
  context.insert("title", "Index page");

  let output = tera.render("index.html", &context);
  axum::response::Html(output.unwrap())
}
```

ここではtera.register_filter("calc", calc_filter);というようにしてcalc_filterを"calc"という名前で登録しています。また今回はテンプレート側に属性として値を用意するので、フィルター用の値などは特に用意していません。

◎ 試してみよう テンプレートでフィルターを利用する

では、用意したcalcフィルターを使ってみましょう。index.htmlを開き、<body>を以下のように修正してください。

▼ リスト6-44

```
<body class="container">
  <h1 class="display-6 my-2">{{title}}</h1>
  <div class="alert alert-primary">
    <p class="my-2">{{ false | calc(price=1234, tax=1.1) }}</p>
  </div>
</body>
```

▼図6-18：実行すると、金額と消費税10%の価格が表示される

これを実行すると、「**price:1234 * tax:1.1 = 1357.4**」といったテキストが表示されます。これがフィルターによる表示です。ここでは、以下のようにしてフィルターを呼び出していますね。

```
{{ false | calc(price=1234, tax=1.1) }}
```

| の左側の値は、今回は特に使わないのでfalseを指定しておきました。calcフィルターには、()でprice=1234, tax=1.1というように2つの値を用意しています。これらの値が、フィルター関数側でHashMapから取り出され利用されていた、というわけです。

フィルターを使うと、このようにかなり複雑な処理も簡単にテンプレートに組み込むことができます。フィルターは、関数さえきちんと定義できれば使えるようになります。

handlebarsテンプレートエンジンの利用

Teraは非常に優れたテンプレートエンジンですが、中には**「別のエンジンを使いたい」**という人もいることでしょう。そこでもう1つのテンプレートエンジン**「handlebars」**の使い方についても触れておきましょう。

試してみよう handlebarsを利用するには、Cargo.tomlの[dependencies]部分に以下のように記述をします。なお、Teraを使う際に既にaxum-templateを追記している場合は書く必要はありません。

▼リスト6-45

```
axum-template = "0.14.0"
handlebars = "4.3.6"
```

handlebarsを利用する場合も、axum-templateは必要です。基本的にaxumでテンプレートエンジンを使う場合は必ず用意すると考えておきましょう。

◉ 試してみよう テンプレートファイルの用意

では、テンプレートファイルを用意しましょう。プロジェクトフォルダ内の「**src**」フォルダの中に、「**templates**」という名前のフォルダを用意してください。ここがテンプレートファイルの配置場所になります。

このフォルダ内に、「**index.hbs**」という名前でファイルを作成しましょう。そして以下のように記述をします。

▼ リスト6-46

```
<html>
  <head>
    <title>{{ title }}</title>
    <!-- CSS only -->
    <link href="https://cdn.jsdelivr.net/npm/bootstrap@5.0.2/dist/css/bootstrap.css"
    rel="stylesheet" crossorigin="anonymous">
  </head>
  <body class="container">
    <h1 class="display-6">{{ title }}</h1>
    <p class="my-2">{{ message }}</p>
  </body>
</html>
```

Handlebarsのテンプレートファイルは、このように「**.hbs**」という拡張子をつけるのが一般的です。ただのHTMLのソースコードのように見えますが、中に{{ title }}や{{ message }}といった記述が見えますね。handlebarsでも、Teraと同様に{{}}という記号を使って変数を埋め込むことができます。

◉ 試してみよう main.rsの作成

では、Rustのソースコードを作成しましょう。main.rsの内容を以下のように書き換えてください。

▼ リスト6-47

```
#[tokio::main]
async fn main() {
  let app = axum::Router::new()
    .route("/", axum::routing::get(handle_index));

  axum::Server::bind(&"127.0.0.1:3000".parse().unwrap())
```

```
    .serve(app.into_make_service())
    .await
    .unwrap();
}

async fn handle_index()-> axum::response::Html<String> {
  let mut params = std::collections::HashMap::new();
  params.insert("title", "Index page");
  params.insert("message", "This is sample page message!");

  let mut handlebars = handlebars::Handlebars::new();
  handlebars
    .register_template_string("hello", include_str!("templates/index.hbs"));

  let template = handlebars.render("hello", &params).unwrap();
  axum::response::Html(template)
}
```

▼ 図6-19：アクセスすると、index.hbsテンプレートファイルを使ったWebページが表示される

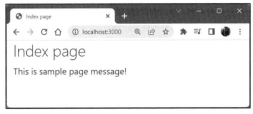

http://localhost:3000/にアクセスすると、「**Index page**」というタイトルとメッセージのテキストが表示されます。このタイトルとメッセージは、Rust側で用意されたものです。Teraと同様に、handlebarsもハンドラ関数を定義し、そこで必要な値を用意してテンプレートに渡して表示させることができます。

handlebarsの利用手順

では、ソースコードを見てみましょう。main関数は、Routerでルーティングの設定を行い、サーバーを実行しているだけですね。既に何度も行っているものですから説明は不要でしょう。

handlebarsを利用しているのは、ハンドラ関数であるhandle_index内です。ここで実行しているhandlebars関連の処理を説明しましょう。

⦿ Handlebars インスタンスの作成

handlebarsは、handlebarsクレートに「**Handlebars**」という構造体として用意されています。まず、このインスタンスを作成します。

```
let mut handlebars = handlebars::Handlebars::new();
```

インスタンスは、このようにnewで作成するだけです。このインスタンスは後で設定の操作などを行うため、mutにしておきます。

⦿ テンプレートの登録

続いて、使用するテンプレートを登録します。これにはいくつか方法がありますが、ここでは「**register_template_string**」を使っています。

```
handlebars.register_template_string("hello", include_str!("templates/index.hbs"));
```

このregister_template_stringは、テンプレートのテキストに名前をつけて登録するものです。第1引数にはテンプレート名、第2引数にはテンプレートのテキストを指定します。

ここでは第2引数に「**include_str**」というマクロを利用しています。これは引数に指定したパスからテキストを読み込むもので、これで「**templates**」フォルダ内のindex.htbからテキストを読み込んでいます。

⦿ テンプレートをレンダリングする

これでテンプレートは登録できましたが、まだレンダリングはされていません。続いてレンダリングを行いましょう。これはhandlebarsの「**render**」メソッドを使います。

```
let template = handlebars.render("hello", &params).unwrap();
```

renderは、登録されたテンプレートと、テンプレートに渡すデータからWebページのコンテンツを生成します。第1引数にはテンプレート名を指定し、第2引数にはデータをまとめたHashMapを指定します。このHashMapは、この関数の冒頭で作成しておいたもので、"title"と"message"という値が用意されています。

これで、指定のデータをテンプレートの||||にはめ込むなどのテンプレートの処理を実行した結果が得られます。ただし戻り値はResultなので、unwrapしてテキストを取り出します。

後は、得られたテキストをHTMLのソースコードとして出力するだけです。

```
axum::response::Html(template)
```

これでテンプレートを利用したWebページが出力されます。Teraと作業手順は異なりますが、基本的な考え方（テンプレートファイルからテンプレートを読み込み、テンプレートエンジンに登録し、レンダリングする）はほぼ同じことがわかるでしょう。

試してみよう 条件分岐と繰り返し

handlebarsにも、条件に応じて表示を変更したり、データをもとに繰り返し表示を作成したりする構文に相当する機能があります。簡単な例を挙げましょう。index.hbsの<body>部分を以下のように書き換えてください。

▼ リスト6-48

```
<body class="container">
  <h1 class="display-6">{{ title }}</h1>
  {{#if flg}}
  <p class="alert alert-primary">
    {{ num }}は、偶数です。</p>
  {{else}}
  <p class="alert alert-secondary">
    {{ num }}は、奇数です。</p>
  {{/if}}
  <hr>
  <ul>
    {{#each data}}
    <li>{{this}}</li>
    {{/each}}
  </ul>
</body>
```

ここでは、まずflgの値をもとに表示を分岐しています。これは以下のような形になっていることがわかるでしょう。

```
{{#if 条件}}
……true時の表示……
{{else}}
```

```
……false時の表示……
{{/if}}
```

　　　　条件には、論理型の値や変数を指定します。Teraと違い、ここに式などを記述することはできません。従って、論理型の値をあらかじめハンドラ関数側で用意し、それをここで指定する形になります。

　　　　また繰り返し表示については、以下のようになっています。

```
{{#each 配列など}}
……繰り返す表示……
{{/each}}
```

　　　　あらかじめデータを配列などにまとめたものを用意することで、そこから順に値を取り出し表示させることができます。

　　　　どちらも、Teraとは若干書き方は違いますが、ほぼ同じような働きをするものですね。Teraで使い方がわかっていれば、そう利用に困ることはないでしょう。

◎ 試してみよう ハンドラ関数を修正する

　　　　では、修正したテンプレートで利用する値を渡すようにハンドラ関数を修正しましょう。main.rsのhandle_index関数を以下のように書き換えてください。

▼ リスト6-49

```rust
async fn handle_index()-> axum::response::Html<String> {
  let num = 1234;
  let params = serde_json::json!({
    "title": "Index page",
    "num": num,
    "flg": num % 2 == 0,
    "data": ["apple", "banana", "orange"]
  });

  let mut handlebars = handlebars::Handlebars::new();
  handlebars
    .register_template_string("hello", include_str!("templates/index.hbs")).unwrap();

  let template = handlebars.render("hello", &params).unwrap();
  axum::response::Html(template)
```

```
}
```

▼図6-20：条件による表示の切り替えとデータの繰り返し表示がされた

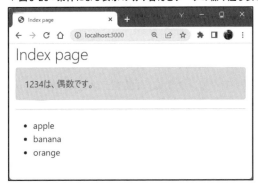

実行すると、「**1234は、偶数です。**」という表示の下に「**apple**」「**banana**」「**orange**」といったリストが表示されます。表示を確認したら、関数に用意されている変数numの値をいろいろと書き換えて表示を試してみてください。偶数か奇数かで表示が変化することが確認できるでしょう。

◉ JSONでデータを用意する

先ほどの例では、レンダリングする際にテンプレートに渡す値としてHashMapを使いました。値がテキストだけだったのでこれでよかったのですが、今回はテキストと数値、配列といった値を渡さないといけません。

このように複雑な値をひとまとめにして渡したいときは、serde_jsonのjson!マクロを利用すると便利です。json!は、先にWeb APIなどでJSONデータを出力させるときに使いましたね。データをJSONフォーマットの形にまとめて扱うのに利用します。作成される値はValueという構造体になっていますが、これをそのままrenderの引数に渡せば、テンプレート側で使うことができます。

ここでは、"title", "num", "flg", "data"といった項目を持つデータをjson!でValueに変換しています。後はこれをそのままrenderに渡せばいいだけです。

基本的な考え方は同じ

以上、簡単ですがhandlebarsテンプレートエンジンの利用について簡単に説明しました。handlebarsには、この他にもさまざまな機能が用意されています。興味のある人はhandlebarsのサイトで調べてみてください。

https://docs.rs/handlebars/

　axumでは、Teraとhandlebarsの他、minijinjaというテンプレートエンジンも使えます。それぞれ全く違うテンプレートエンジンですから、利用の仕方も違ってきます。ただし、実際にTeraとhandlebarsを比べてみてわかったでしょうが、具体的なコーディングは違っても、**「テンプレートファイルを読み込んでレンダリングする」「値をテンプレートエンジンに追加するとテンプレート側で利用できる」**といった基本的な仕組みはだいたい同じような形になっていることがわかります。

　テンプレートエンジンにはどれも必要な機能は一通り揃っていますから、**「このテンプレートエンジンを使わないとこれが作れない」**というような状況になることはまずありません。まずはシンプルで使いやすいTeraを使ってみてください。その上で、不満があるなら他のものも検討してみればいいでしょう。

Index 索 引

著者略歴

掌田 津耶乃 (しょうだ つやの)

日本初のMac専門月刊誌「Mac+」の頃から主にMac系雑誌に寄稿する。ハイパーカードの登場により「ビギナーのためのプログラミング」に開眼。以後、Mac、Windows、Web、Android、iOSとあらゆるプラットフォームのプログラミングビギナーに向けた書籍を執筆し続ける。

最近の著作

「Spring Boot 3 プログラミング入門」（秀和システム）

「C#フレームワーク ASP.NET Core 入門 .NET 7 対応」（秀和システム）

「Google AppSheetで作るアプリサンプルブック」（ラトルズ）

「マルチプラットフォーム対応 最新フレームワーク Flutter 3 入門」（秀和システム）

「見てわかる Unreal Engine 5 超入門」（秀和システム）

「AWS Amplify Studioではじめるフロントエンド+バックエンド統合開発」（ラトルズ）

「もっと思い通りに使うための Notion データベース・API 活用入門」（マイナビ）

著書一覧

http://www.amazon.co.jp/-/e/B004L5AED8/

ご意見・ご感想

syoda@tuyano.com

Rustハンズオン

発行日　2023年　5月25日	第1版第1刷

著　者　掌田　津耶乃

発行者　斉藤　和邦
発行所　株式会社　秀和システム
〒135-0016
東京都江東区東陽2-4-2　新宮ビル2F
Tel 03-6264-3105 (販売) Fax 03-6264-3094
印刷所　三松堂印刷株式会社

ISBN978-4-7980-6935-7 C3055

定価はカバーに表示してあります。
乱丁本・落丁本はお取りかえいたします。
本書に関するご質問については、ご質問の内容と住所、氏名、
電話番号を明記のうえ、当社編集部宛FAXまたは書面にてお送
りください。お電話によるご質問は受け付けておりませんので
あらかじめご了承ください。